高等职业教育“十三五”精品规划教材

Office 2016 办公自动化案例教程

主　编　林沣　钟明

副主编　邱琳　习波　梁瑾　贝小为　刘茗

中国水利水电出版社
www.waterpub.com.cn

·北京·

内 容 提 要

本书根据作者多年的实践和教学经验，从办公人员的实际需求出发，以全国计算机等级考试——MS Office 模块操作部分为基础，精心挑选了 14 个常见的办公案例和 1 个综合案例编写而成。

全书分为 4 个部分，共 15 章，包括 Word 软件应用、Excel 软件应用、PowerPoint 软件应用以及综合案例四大部分，其中 Word 软件应用涵盖了案例 1～案例 6，主要介绍了制作公务文档、复杂表格制作、流程图制作、长篇文档编辑排版、批量制作工作证、文章的样式与排版等知识；Excel 软件应用涵盖了案例 7～案例 11，主要介绍了员工工资表数据统计分析、人口普查数据统计分析、统计和分析销售情况、费用报销管理和统计、复杂成绩统计分析等知识；PowerPoint 软件应用涵盖了案例 12～案例 14，主要介绍了演示文稿高级制作、演示文稿整合制作、相册演示文稿制作等知识；第四部分为综合实训部分，涵盖了 Word、Excel、PowerPoint 等软件高级应用知识，作为提升训练。

本书既可以作为高等本、专科院校和中高等职业院校办公自动化课程的教材或教学参考书，也可作为各类办公人员的培训教材，同时可供广大计算机爱好者自学参考。

本书的案例素材，读者可以从中国水利水电出版社网站以及万水书苑下载，网址为：http://www.waterpub.com.cn/softdown/和 http://www.wsbookshow.com。

图书在版编目（ＣＩＰ）数据

Office 2016办公自动化案例教程 / 林沣，钟明主编. -- 北京 : 中国水利水电出版社，2019.1（2023.1 重印）
高等职业教育“十三五”精品规划教材
ISBN 978-7-5170-7444-1

Ⅰ. ①O… Ⅱ. ①林… ②钟… Ⅲ. ①办公自动化－应用软件－高等职业教育－教材 Ⅳ. ①TP317.1

中国版本图书馆CIP数据核字(2019)第031187号

策划编辑：石永峰　　责任编辑：赵佳琦　　封面设计：李　佳

书　名	高等职业教育“十三五”精品规划教材 Office 2016 办公自动化案例教程 OFFICE 2016 BANGONG ZIDONGHUA ANLI JIAOCHENG
作　者	主　编　林沣　钟明 副主编　邱琳　习波　梁瑾　贝小为　刘茗
出版发行	中国水利水电出版社 （北京市海淀区玉渊潭南路 1 号 D 座　100038） 网址：www.waterpub.com.cn E-mail：mchannel@263.net（答疑） sales@mwr.gov.cn 电话：（010）68545888（营销中心）、82562819（组稿）
经　售	北京科水图书销售有限公司 电话：（010）68545874、63202643 全国各地新华书店和相关出版物销售网点
排　版	北京万水电子信息有限公司
印　刷	三河市鑫金马印装有限公司
规　格	184mm×260mm　16 开本　15 印张　372 千字
版　次	2019 年 1 月第 1 版　2023 年 1 月第 4 次印刷
印　数	8001—10000 册
定　价	42.00 元

前　言

随着计算机科学和信息技术的飞速发展和计算机的普及教育，许多单位对工作人员的办公处理能力提出了越来越高的要求，学习办公自动化知识，适应信息化发展的需要，已经成为各专业学生的共识。培养一大批信息处理人才，不仅是经济和社会发展的需要，也是计算机和信息技术教育者的历史责任。

办公自动化是建立在办公室工作基础上的计算机技术应用和推广的一门科学，是现在企业发展必不可少的一种新型的办公方式。Office 软件是目前使用最广泛、最流行的办公自动化软件之一，它以界面简洁明了、功能丰富而强大赢得了广泛的用户。Office 2016 是 Microsoft 目前最新的办公处理软件，是目前各大企业，包括等级考试都推荐使用的版本，具有功能强大、操作方便、使用更加安全和稳定等特点。本书详细介绍 Word 2016、Excel 2016、PowerPoint 2016 等常用组件的使用方法，其卓越的文本处理功能、数据分析系统以及超强动感的演示文稿制作都给予用户空前便捷的办公体验。

为帮助广大用户快速掌握 Office 常用组件在办公领域的运用技巧、提高办公操作技能，编者根据多年的实践和教学经验，从办公人员的实际需求出发，以通俗易懂的语言，精心挑选了 14 个常用的办公案例和 1 个综合案例编写了这本《Office 2016 办公自动化案例教程》，围绕 Office 2016 中最常用的三大组件（Word、Excel、Powerpoint）在办公领域的应用，针对办公用户的需要对这三大组件的应用技术进行了重点讲解。全书分为四个部分，共 15 章，包括 Word 模块、Excel 模块、PowerPoint 模块以及综合实训模块四大部分，其中 Word 模块涵盖了案例 1～案例 6，主要介绍了制作公务文档、复杂表格制作、流程图制作、长篇文档编辑排版、批量制作工作证、文档样式与排版等知识；Excel 模块涵盖了案例 7～案例 11，主要介绍了员工工资表数据统计分析、人口普查数据统计分析、统计和分析销售情况、费用报销管理和成绩统计分析等知识；PowerPoint 模块涵盖了案例 12～案例 14，主要介绍了演示文稿高级制作、演示文稿整合制作、相册演示文稿制作等知识；第四部分为实训强化模块，涵盖了 Word、Excel、PowerPoint 等高级应用知识，作为提升训练。

本书最大的特点就是结合全国计算机等级 MS Office 模块和商业办公案例，采用丰富的实例进行讲解，将知识点融入实例中，让学生在循序渐进中掌握相关技能。本书所有实例均是与办公人员日常工作密切相关的常用案例，都是经过作者反复推敲和研究后制作的，实例涉及的技能由浅入深，知识扩展度大，注重实践，重点培养技能的渐进性和读者的综合应用能力，进一步提高读者的办公操作技能。每一章均采用"案例简介—案例制作—案例小结—思考练习"的结构进行安排。"案例简介"介绍本案例所要实施的案例的使用情况和背景；"案例制作"是剖析了案例的具体解决过程和方法；"案例小结"对案例的关键知识点及操作技巧进行补充；"思考练习"巩固和强化案例的实践。本书内容由浅入深，由基础知识到实际应用，并提供常见问题的解决技巧，帮助读者达到学以致用的目的，提高职场的办公应用能力。

本书内容简明扼要，结构清晰；案例丰富，强调实践；图文并茂，直观明了；目标明确，重点突出；循序渐进，技巧为先，适用于初步掌握 Office 基础，并且希望提高 Office 办公应用能力的中高级用户，正在工作中需要使用计算机进行办公的各类从业人员。

本书由广西机电职业技术学院林沣、钟明任主编，邱琳、习波、梁瑾、贝小为、刘茗任副主编，玉杨阳参编。

为配合教学，编者提供了书中相关的实例和思考练习的素材，需要者可通过中国水利水电出版社网站（http://www.waterpub.com.cn/softdown/）下载。

由于编者水平有限，加之编写时间较短，不足与错误之处在所难免，敬请广大读者朋友批评指正。我们的联系方式为 gxcmelinfeng@126.com。

编　者

2019 年 1 月

目　　录

案例 1　制作公务文档

扫码看视频

学习目标

- 熟练掌握文档的基本编辑和格式设置。
- 掌握文档的页面设置。
- 掌握特殊符号的插入。
- 掌握公文版头、主体、版记的制作方法。

1.1　案例简介

李达是××市气象局新上任的秘书，根据 2015 年年度工作计划，领导让李达联合××市安全生产监督管理局起草一份《关于开展 2015 年防雷安全大检查工作的通知》的公文。初来乍到的李达该如何制作公文呢？接下来先了解一下公文的一般格式及相关规定，然后再看李达如何完成这份联合公文的制作。

公文，是公务文书的简称。公务文书是法定机关与组织在公务活动中，按照特定的体式，经过一定的处理程序形成和使用的书面材料，又称公务文件。它是传达和贯彻党和国家的方针政策、实现单位管理职能、上传下达、联系各方的工具，是依法行政和进行公务活动的重要工具。

公文格式，即公文规格样式，是指公文中各个组成部分的构成方式，它和文种是公文外在形式的两个重要方面，直接关系到公文效用的发挥。公文格式包括公文用纸、装订要求和文件版面等。公文格式不规范、不标准，往往会影响和妨碍其作用的发挥。

根据《党政机关公文格式》（GB/T 9704－2012），公文由版头（公文编号、机密等级、紧急程度、发文机关标志、文号）、主体（标题、主送机关、正文、附件、发文机关、发文日期）和版记（抄送单位、印发机关、印发时间）组成，但不是每一份公文都全部包含这些内容，样例如图 1-1 所示。

1.2　案例制作

本案例是根据领导的要求制作一份由××市气象局和××市安全生产监督管理局联合发布的《关于开展 2015 年防雷安全大检查工作的通知》公文，最终效果如图 1-2 所示。

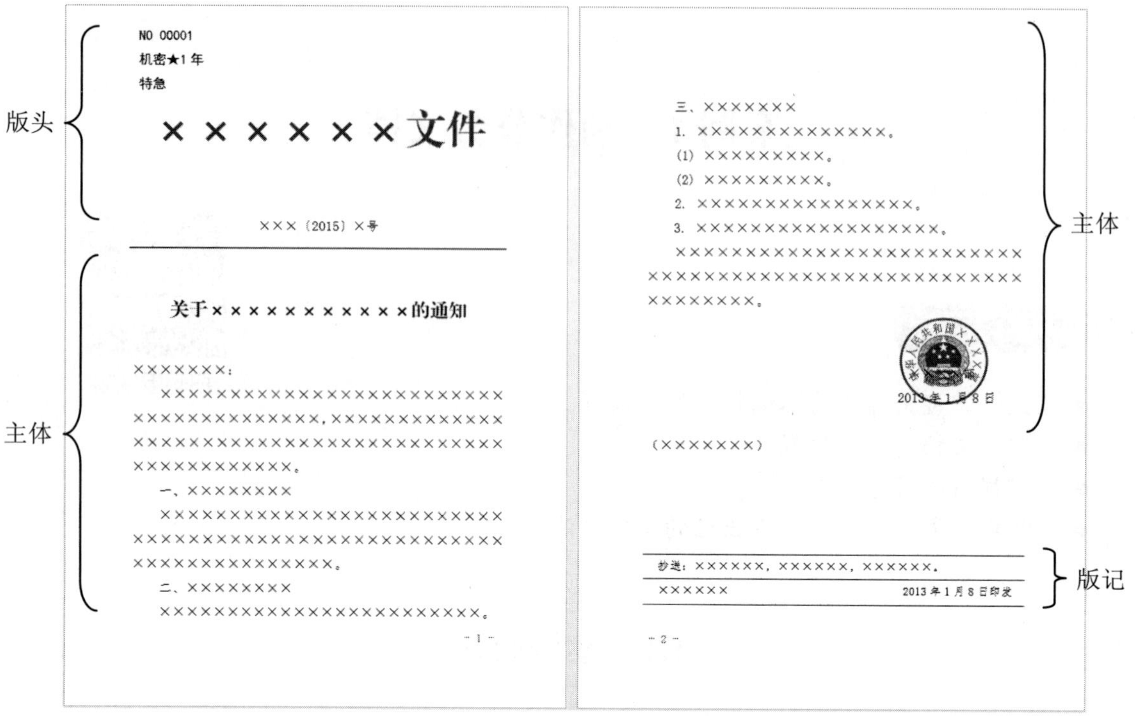

NO 00001
机密★1 年
特急

××××××文件

×××〔2015〕×号

关于×××××××××××的通知

×××××××:

××××××××××××××××××××××××××××××××××××××,××。

一、××××××××

×××。

二、××××××××

×××××××××××××××××××××××××。

- 1 -

三、×××××××

1. ××××××××××××××。

(1) ×××××××××。

(2) ×××××××××。

2. ××××××××××××××××。

3. ×××××××××××××××××。

××。

2013 年 1 月 8 日

(×××××××)

抄送:××××××,××××××,××××××。

××××××　　2013 年 1 月 8 日印发

- 2 -

图 1-1　《党政机关公文格式》(GB/T 9704－2012)样例

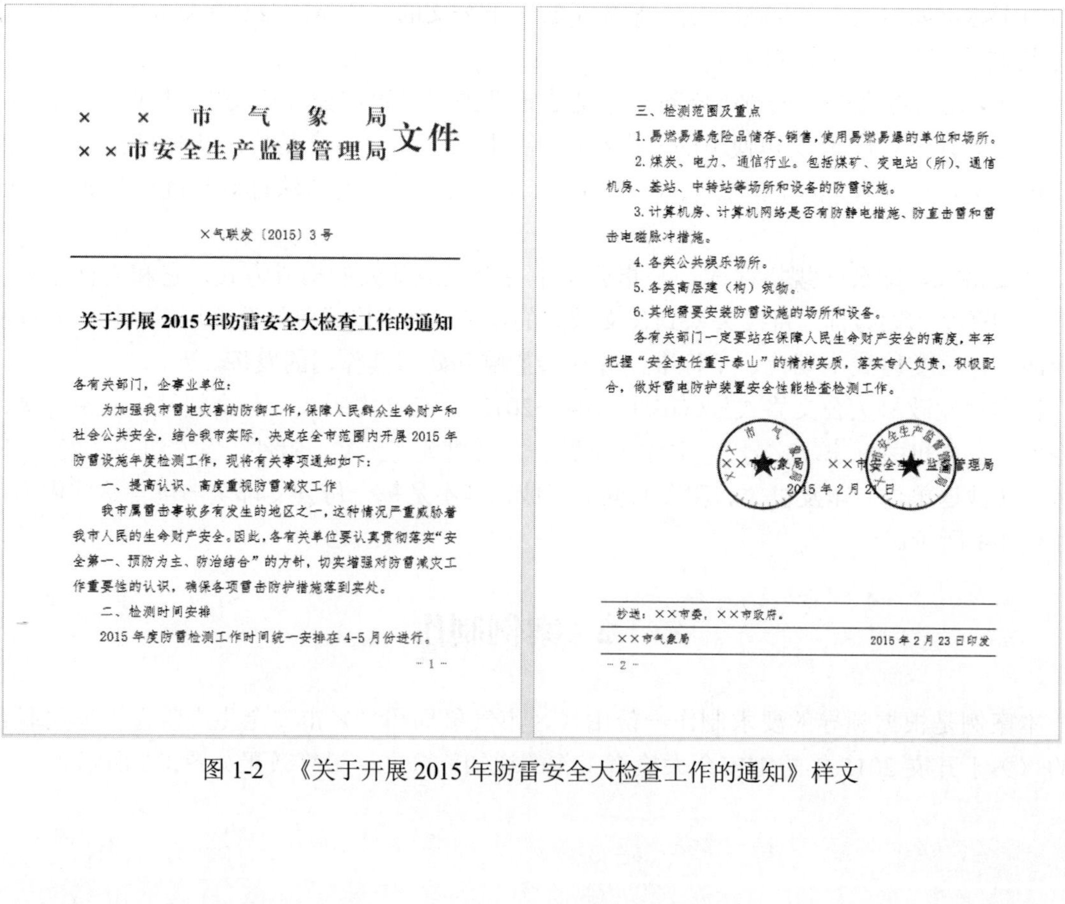
××市气象局
××市安全生产监督管理局文件

×气联发〔2015〕3 号

关于开展 2015 年防雷安全大检查工作的通知

各有关部门,企事业单位:

为加强我市雷电灾害的防御工作,保障人民群众生命财产和社会公共安全,结合我市实际,决定在全市范围内开展 2015 年防雷设施年度检测工作,现将有关事项通知如下:

一、提高认识、高度重视防雷减灾工作

我市属雷击事故多有发生的地区之一,这种情况严重威胁着我市人民的生命财产安全。因此,各有关单位要认真贯彻落实"安全第一、预防为主、防治结合"的方针,切实增强对防雷减灾工作重要性的认识,确保各项雷击防护措施落到实处。

二、检测时间安排

2015 年度防雷检测工作时间统一安排在 4-5 月份进行。

- 1 -

三、检测范围及重点

1. 易燃易爆危险品储存、销售,使用易燃易爆的单位和场所。

2. 煤炭、电力、通信行业。包括煤矿、变电站(所)、通信机房、基站、中转站等场所和设备的防雷设施。

3. 计算机房、计算机网络是否有防静电措施、防直击雷和雷击电磁脉冲措施。

4. 各类公共娱乐场所。

5. 各类高层建(构)筑物。

6. 其他需要安装防雷设施的场所和设备。

各有关部门一定要站在保障人民生命财产安全的高度,牢牢把握"安全责任重于泰山"的精神实质,落实专人负责,积极配合,做好雷电防护装置安全性能检查检测工作。

××市气象局　　××市安全生产监督管理局

2015 年 2 月 21 日

抄送:××市委,××市政府。

××市气象局　　2015 年 2 月 23 日印发

- 2 -

图 1-2　《关于开展 2015 年防雷安全大检查工作的通知》样文

1.2.1 创建公文文档

新建 Word 文档“公文制作.docx”，并保存在 D 盘的 OFFICE 文件夹。

操作步骤如下：

（1）打开 Word 2016，单击【文件】→【新建】→【空白文档】，新建一个空白文档。

（2）单击【文件】→【另存为】，在计算机中选择【D:\OFFICE】路径，在【文件名】中输入“公文制作”，保存类型选择【Word 文档（*.docx）】，单击【保存】按钮进行保存。

1.2.2 页面设置

公文有严格的页面格式，文档版面的要求：纸张大小为“A4”，页边距上为“3.7 厘米”、下为“3.5 厘米”、左为“2.8 厘米”、右为“2.6 厘米”，页面每页 22 行，每行 28 个字。

操作步骤如下：

（1）选择【布局】选项卡，单击【页面设置】组右下角的扩展按钮，弹出【页面设置】对话框。

（2）选择【页边距】选项卡，设置页边距上为“3.7 厘米”、下为“3.5 厘米”、左为“2.8 厘米”、右为“2.6 厘米”，如图 1-3 所示。

（3）选择【文档网格】选项卡，设置网格、行数，如图 1-3 所示。

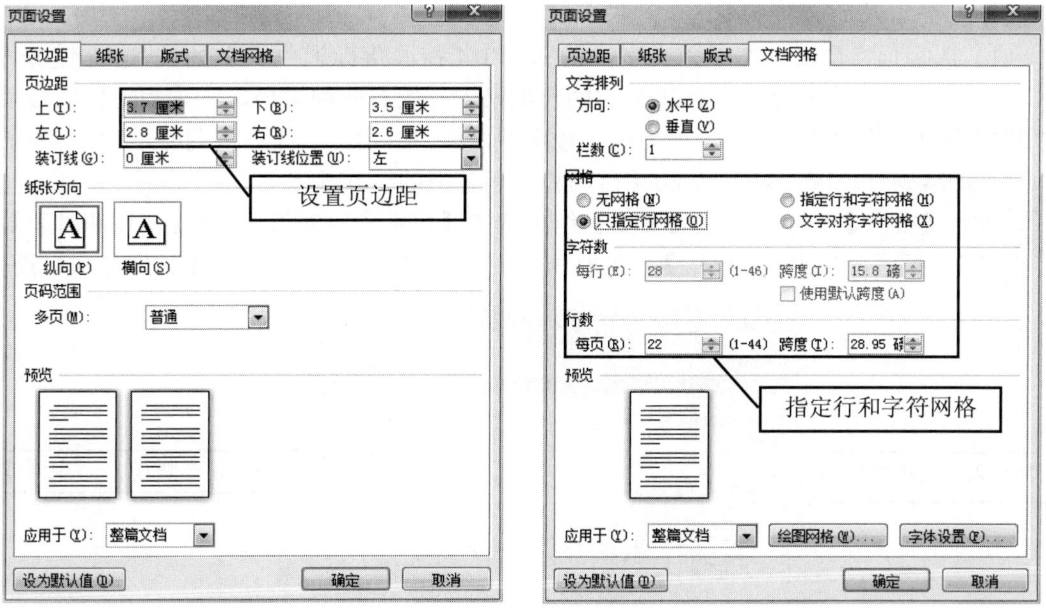

图 1-3 公文页面设置

1.2.3 文字录入

新建 Word 文档时，插入点在工作区的左上角闪烁，选择中文输入法，录入公文内容，如图 1-4 所示。

××市气象局××市安全生产监督管理局文件
×气联发〔2015〕3 号
关于开展 2015 年防雷安全大检查工作的通知
各有关部门，企事业单位：
为加强我市雷电灾害的防御工作，保障人民群众生命财产和社会公共安全，结合我市实际，决定在全市范围内开展 2015 年防雷设施年度检测工作，现将有关事项通知如下：
一、提高认识、高度重视防雷减灾工作
我市属雷击事故多有发生的地区之一，这种情况严重威胁着我市人民的生命财产安全。因此，各有关单位要认真贯彻落实“安全第一、预防为主、防治结合”的方针，切实增强对防雷减灾工作重要性的认识，确保各项雷击防护措施落到实处。
二、检测时间安排
2015 年度防雷检测工作时间统一安排在 4-5 月份进行。
三、检测范围及重点
1.易燃易爆危险品储存、销售，使用易燃易爆的单位和场所。
2.煤炭、电力、通信行业。包括煤矿、变电站（所）、通信机房、基站、中转站等场所和设备的防雷设施。
3.计算机房、计算机网络是否有防静电措施、防直击雷和雷击电磁脉冲措施。
4.各类公共娱乐场所。
5.各类高层建（构）筑物。
6.其他需要安装防雷设施的场所和设备。
各有关部门一定要站在保障人民生命财产安全的高度，牢牢把握“安全责任重于泰山”的精神实质，落实专人负责，积极配合，做好雷电防护装置安全性能检查检测工作。
××市气象局××市安全生产监督管理局
2015 年 2 月 21 日
抄送：××市委，××市政府。
××市气象局　2015 年 2 月 23 日印发

图 1-4　公文内容

操作步骤如下：

（1）选择顶格位置开始录入文字，依据图 1-4 在段落标记“↵”处按 Enter 键分段。

（2）在录入发文日期时，由于公文的日期录入一般有两种类型，一种为阿拉伯数字型，如“2015 年 11 月 11 日”；另一种为中文数字型，如“二〇一五年十一月十一日”。为了保证输入日期的准确性，统一采用 Word【日期和时间】中的格式输入。

切换到【插入】选项卡，在【文本】组中单击【日期和时间】，打开【日期和时间】对话框，如图 1-5 所示，在【可用格式】中选择所需的日期格式，单击【确定】按钮完成日期插入。

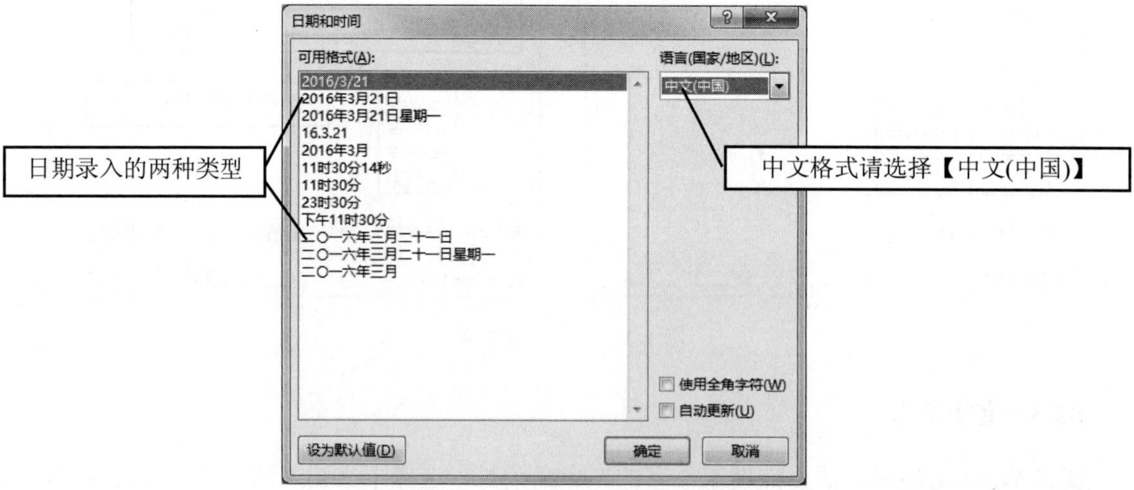

图 1-5　【日期和时间】对话框

注：当【可用格式】显示为英文日期时，单击对话框右侧【语言(国家/地区)】下的下拉按钮并选择【中文(中国)】。

1.2.4　制作发文机关标志

1. 参照样文设置发文机关标志

录入文字的第一段为发文机关标志，发文机关标志由发文机关名称和“文件”组成。如果是由两个机关联合发文，一般应将两个机关名称合并在一行内显示，置于“文件”之前。

操作步骤如下：

（1）利用 Word“双行合一”功能制作发文机关标志，选定发文机关名称“××市气象局××市安全生产监督管理局”。

（2）在【开始】菜单中单击【中文版式】按钮 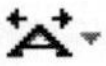，在其下拉列表中选择【双行合一】命令，如图 1-6 所示。

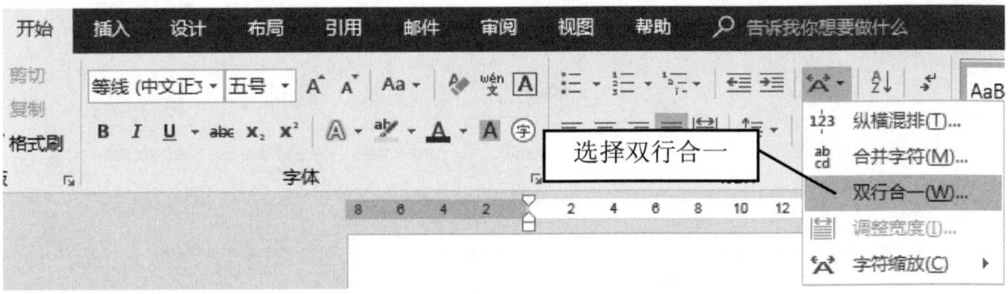

图 1-6　选择【双行合一】命令

（3）在弹出的【双行合一】对话框的【文字】文本框中可以看到要进行双行合一的文字和预览效果。为了使两个单位名称各占一行显示，可以在【文字】文本框中对要处理的文字进行编辑。把光标定位到两个单位之间，通过按空格键增加两个单位之间的间距，直至两个单位各占一行后单击【确定】按钮即可，如图 1-7 所示。

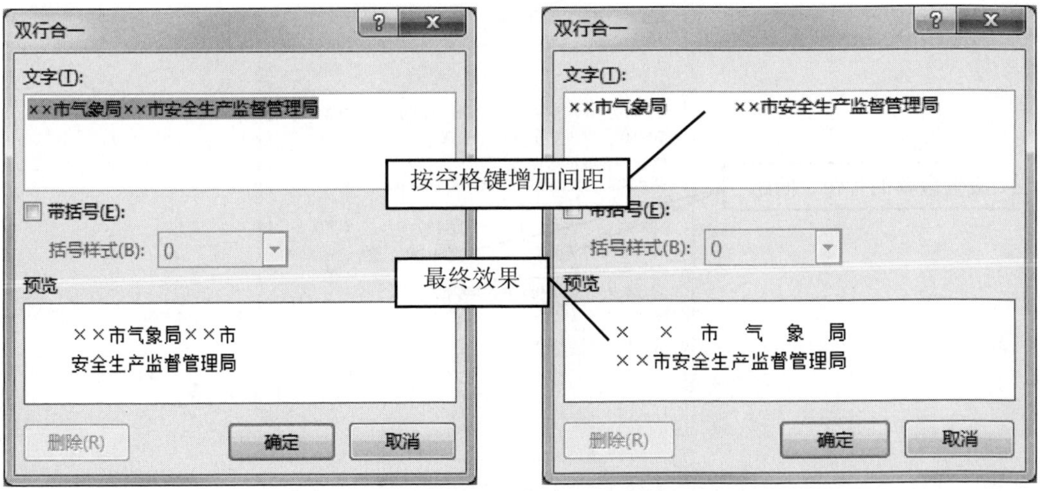

图 1-7　调整发文机关单位文字

注：如果有超过 2 个以上的单位联合发文，发文机关标志则需要采用表格布局的方式完成。

2. 设置发文机关标志字体格式和段落格式

操作步骤如下：

（1）选定发文机关标志，在【开始】选项卡【字体】组中，将字体设置为“方正小标宋简体”，字号“50 号”“红色”。

注：由于 Word 字体库中并没有“方正小标宋简体”字体，需将下载好的字体文件“方正小标宋简体.ttf”复制到【C:\Windows\Fonts】路径下的字体文件夹中才能使用，如图 1-8 所示。

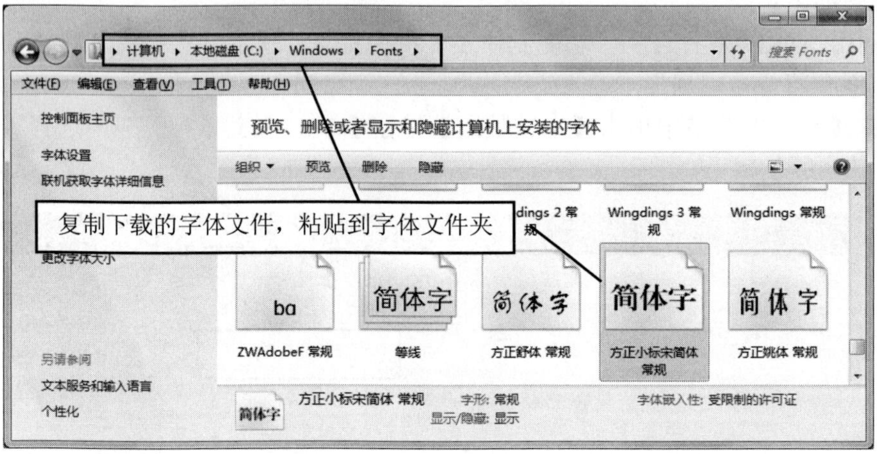

图 1-8 复制字体到字体文件夹

（2）设置发文机关标志段落格式，单击【开始】选项卡【字体】组右下角的扩展按钮，在【段落】对话框中设置【对齐方式】为“分散对齐”，【间距】为段后“2 行”，【行距】为“单倍行距”，如图 1-9 所示。

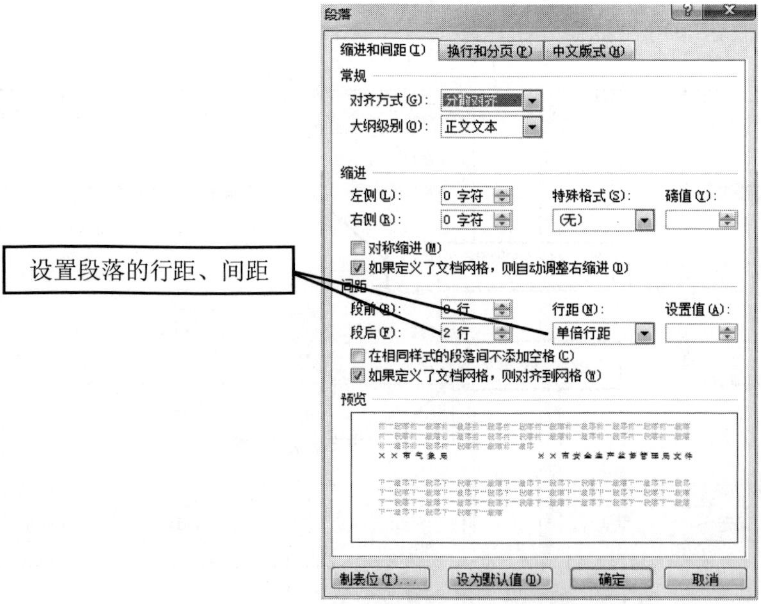

图 1-9 段落格式设置

1.2.5 文档字体和段落格式设置

在 Word 中，以段落为排版的基本单位，每个段落都可以有自己的格式设置。在编辑文档时，按下 Enter 键表明段落结束，每一个段落都有一个段落标记符“↵”。根据录入文字的内容划分，第 2 段为发文字号，第 3 段为公文标题，第 4 段为主送机关，第 5 段～第 13 段为公文正文，第 14 段为发文机关，第 15 段为发文日期，第 16 段为抄送机关，最后一段是印发机关和印发时间，分别选定这些段落设置各段的字体和段落格式。

操作步骤如下：

（1）选定发文字号，设置字体为“仿宋”，字号“三号”，对齐方式为“居中对齐”，间距为段后“2 行”，行距为“单倍行距”。

（2）选定公文标题，设置字体为“方正小标宋简体”，字号“二号”，对齐方式为“居中对齐”，间距为段后“1 行”，行距为“单倍行距”。

（3）选定主送机关，设置字体为“仿宋”，字号“三号”，对齐方式为“两端对齐”，行距为“单倍行距”。

（4）选定公文正文，设置字体为“仿宋”，字号“三号”，对齐方式为“两端对齐”，特殊格式为“首行缩进 2 字符”，行距为“单倍行距”。

（5）在公文正文结尾处按 Enter 键插入 2 行空行，选定发文机关，设置字体为“仿宋”，字号“三号”，对齐方式为“右对齐”，行距为“单倍行距”，两个单位之间插入多个空格间隔。

（6）选定发文日期，设置字体为“仿宋”，字号“三号”，对齐方式为“右对齐”，行距为“单倍行距”，在日期的右侧插入多个空格，让发文日期在发文机关居中位置。

（7）在公文正文结尾处按 Enter 键插入空行，让抄送机关、印发机关和印发时间紧贴文档的边界，选定抄送机关、印发机关和印发时间，设置字体为“仿宋”，字号“四号”，对齐方式为“左对齐”，特殊格式为“首行缩进 1 字符”，行距为“单倍行距”，其中印发机关和印发时间之间插入多个空格，让印发时间贴近右边界。

1.2.6 绘制公文反线

反线，别称水线，是印刷物的表格界线、轮廓线或装饰线的铅制边线。在本例中为部分内容插入反线，在公文的版头和正文之间插入一根“2 磅”粗细“红色”的水平直线，版记部分上下各插入一根“1.25 磅”粗细“黑色”的水平直线，版记内容之间插入一根“1 磅”粗细“黑色”的水平直线，直线的宽度与版心同宽，均为“15.6 厘米”。

操作步骤如下：

（1）单击【插入】→【形状】，在扩展菜单中选择【直线】。

（2）在页面上鼠标变成【十】图标，在发文号与标题之间的合适位置，按住鼠标左键拖动绘制一根线，若要绘制水平直线，则在按住鼠标左键的同时按住 Shift 键水平拖动鼠标即可。

（3）由于在【形状轮廓】→【粗细】中并没有“2 磅”的线宽，这时需要采用另一种方法设置。选中直线右击，在弹出的菜单中选择【设置形状格式】命令，如图 1-10 所示，然后在弹出的【设置形状格式】对话框中进行设置。线条的宽度为“2 磅”，在线条颜色修改颜色为“红色”，然后单击【关闭】按钮，如图 1-11 所示。

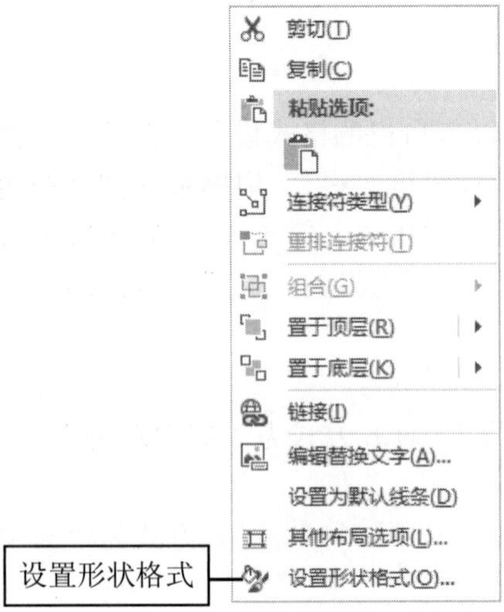

图 1-10　形状菜单

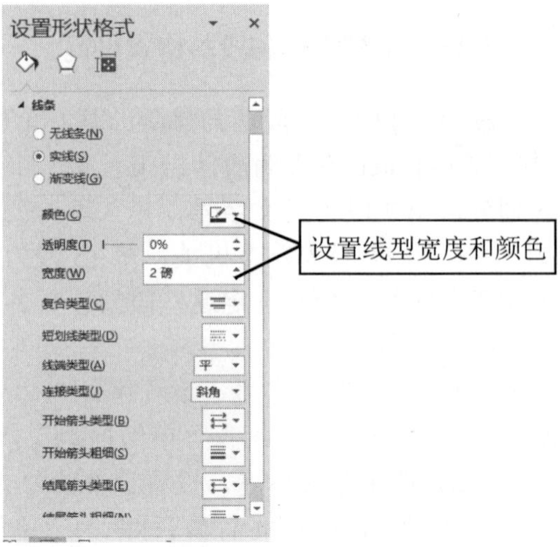

图 1-11　设置直线格式

（4）按照上述绘制直线的方法，分别在抄送机关上方和印发机关下方各绘制一根“1.25 磅”粗细“黑色”的水平直线，在抄送机关和印发机关之间绘制一根“1 磅”粗细“黑色”的水平直线。

1.2.7　插入页码

在公文中插入页码，要求页码位于页面底端，单页页码居右空 1 字，双页页码居左空 1 字，页码格式为“-1-”。

操作步骤如下：

（1）单击【插入】→【页脚】，在下拉列表框中选择【编辑页脚】命令，如图 1-12 所示。

图 1-12　编辑页脚

（2）单击【编辑页脚】后，页面进入页眉和页脚的编辑视图，同时在菜单栏弹出【页眉和页脚工具/设计】选项卡，如图 1-13 所示。

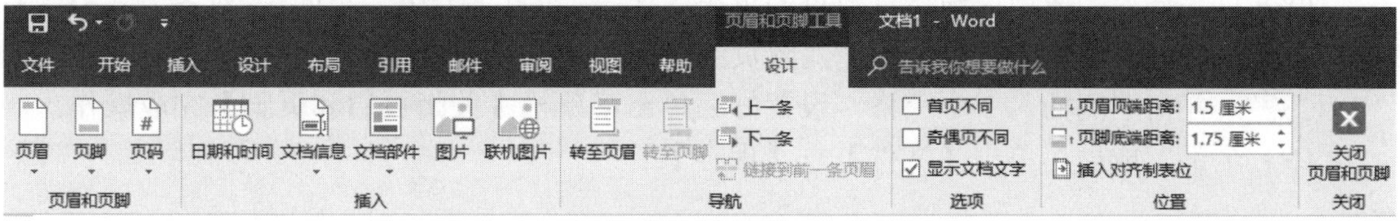

图 1-13 【页眉和页脚工具/设计】选项卡

（3）单击【设计】选项卡【页眉和页脚】组的【页码】，在下拉列表中选择【设置页码格式】命令，如图 1-14 所示。

（4）在弹出的【页码格式】对话框中，选择【编号格式】为“-1-，-1-，-2-，…”，【页码编号】选择【起始页码】为“-1-”，设置好后单击【确定】按钮，如图 1-15 所示。

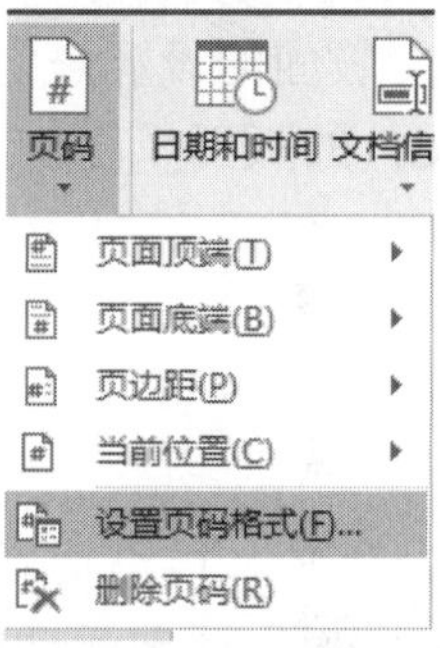

图 1-14 选择【设置页码格式】命令

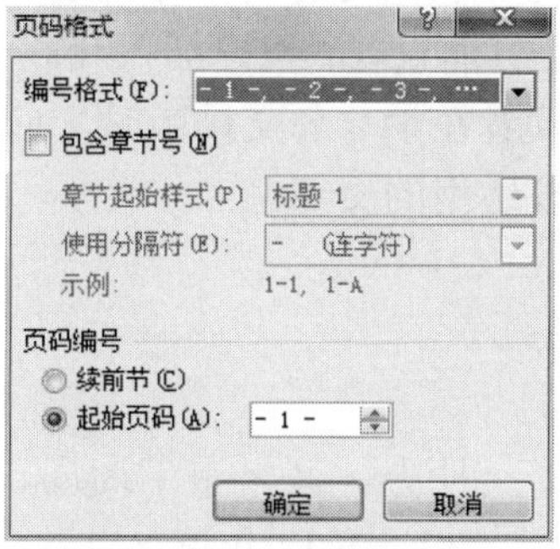

图 1-15 设置页码格式

（5）将鼠标定位在页脚位置，单击【页码】→【当前位置】，在下拉列表中选择简单【普通数字】，如图 1-16 所示，这时页码会插入到页脚位置。

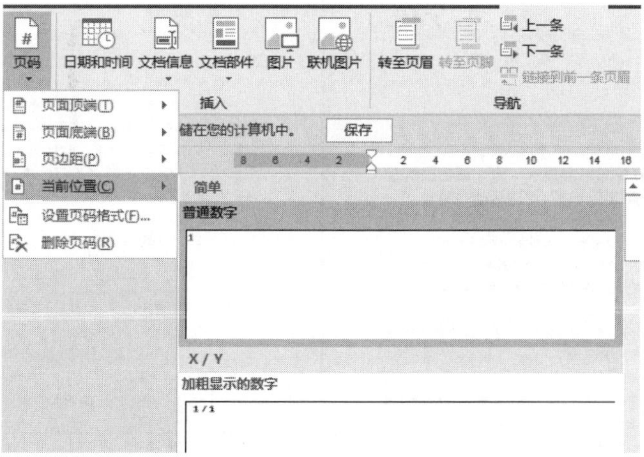

图 1-16 在当前位置插入页码

（6）为了达到单页页码居右，双页页码居左的效果，在【设计】选项卡的【选项】组中勾选【奇偶页不同】复选框，将奇偶页分开设置页码。

（7）设置【奇偶页不同】选项后，第 2 页的页码会去掉，须在第 2 页再重复一次插入页码操作。

（8）页码插入完成后，选择奇数页的页码“-1-”，设置字号为“小四”，对齐方式为“右对齐”，并在右侧插入 2 个空格；选择偶数页的页码“-1-”，设置字号为“小四”，对齐方式为“左对齐”，并在左侧插入 2 个空格，设置好后单击菜单栏【关闭页眉和页脚】完成操作。

（9）全部完成后，单击【文件】→【保存】。

1.3 案例小结

公文是党政机关实施领导、履行职能、处理公务的具有特定效力和规范体式的文书，是传达贯彻党和国家方针政策，公布法规和规章，指导、布置和商洽工作，请示和答复问题，报告、通报和交流情况等的重要工具。

本章主要以公文的制作为主线，讲解了如何利用 Word 对公文进行排版，包括字符格式、段落格式、页面设置、页码插入和联合发文机关的制作等。公文版面的设计一定要有规范性和技巧性，读者在学习公文排版时，应多观察实际生活中各种文件的版面风格，结合实际需求，设计出合理适用的文档。

1.4 思考练习

××市文明办、××市工商局、××市个体私营企业协会和××市消费者协会联合发布《关于开展 2013－2014 年度××市“诚信民营企业”“诚信工商户”评选活动的通知》，如图 1-17 所示，请根据所提供的公文样图和素材制作公文文档。

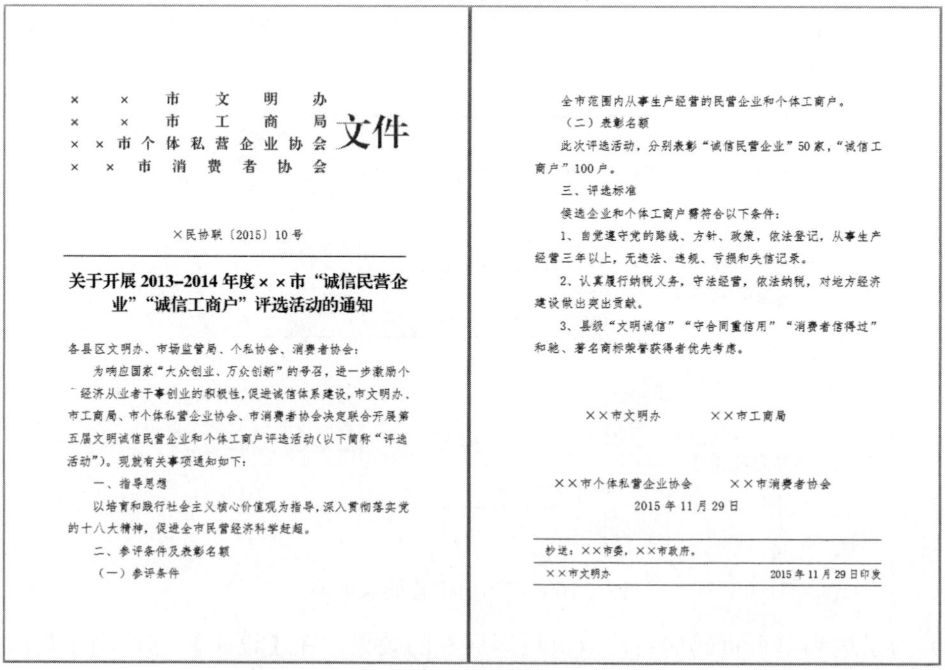

× × 市 文 明 办
× × 市 工 商 局
× × 市 个 体 私 营 企 业 协 会
× × 市 消 费 者 协 会
文件

×民协联〔2015〕10 号

关于开展 2013–2014 年度××市“诚信民营企业”“诚信工商户”评选活动的通知

各县区文明办、市场监管局、个私协会、消费者协会：

为响应国家“大众创业、万众创新”的号召，进一步激励个体经济从业者干事创业的积极性，促进诚信体系建设，市文明办、市工商局、市个体私营企业协会、市消费者协会决定联合开展第五届文明诚信民营企业和个体工商户评选活动（以下简称“评选活动”）。现就有关事项通知如下：

一、指导思想

以培育和践行社会主义核心价值观为指导，深入贯彻落实党的十八大精神，促进全市民营经济科学赶超。

二、参评条件及表彰名额

（一）参评条件

全市范围内从事生产经营的民营企业和个体工商户。

（二）表彰名额

此次评选活动，分别表彰“诚信民营企业”50 家，“诚信工商户”100 户。

三、评选标准

候选企业和个体工商户需符合以下条件：

1、自觉遵守党的路线、方针、政策，依法登记，从事生产经营三年以上，无违法、违规、亏损和失信记录。

2、认真履行纳税义务，守法经营，依法纳税，对地方经济建设做出突出贡献。

3、县级“文明诚信”“守合同重信用”“消费者信得过”和驰、著名商标荣誉获得者优先考虑。

××市文明办　　××市工商局

××市个体私营企业协会　　××市消费者协会

2015 年 11 月 29 日

抄送：××市委，××市政府。

××市文明办　　2015 年 11 月 29 日印发

图 1-17　练习样图

多部门联合发文机关标志制作

操作提示：

1．插入一个 4 行 2 列的表格，调整表格的间距。

2．录入发文机关单位名称和“文件”，将第一列单元格对齐方式设置为“分散对齐”，第二列的单元格合并，设置对齐方式为“水平居中”，调整字体大小和颜色，如图 1-18 所示。

××市文明办	文件
××市工商局	
××市个体私营企业协会	
××市消费者协会	

图 1-18　多部门联合发文机关标志

3．单击【开始】→【段落】→【边框】，在下拉列表框中选择【无框线】。

案例 2　复杂表格制作

扫码看视频

学习目标

- 掌握斜线表头的绘制。
- 掌握表格标题跨页设置。
- 掌握利用公式或函数进行计算和排序。
- 掌握复杂表格的制作。

2.1　案例简介

表格，又称为表，既是一种可视化交流模式，又是一种组织整理数据的手段。人们在通信交流、科学研究以及数据分析活动当中广泛采用着形形色色的表格。各种表格常常会出现在印刷介质、手写记录、计算机软件、建筑装饰以及交通标志等许许多多的地方。随着上下文的不同，用来确切描述表格的惯例和术语也会有所变化。此外，在种类、结构、灵活性、标注法、表达方法以及使用方面，不同的表格之间也迥然各异。

表格由若干行和若干列组成，行列的交叉称为“单元格”，单元格中可以插入文字、数字、日期和图形等信息。本章将通过 3 个复杂表格的制作案例来讲解如何在 Word 中创建表格、合并和拆分单元格、调整单元格行高和列宽以及美化表格的方法。

案例一：制作一个产品销售表，讲述斜线表头绘制的方法和表格标题跨页设置，如图 2-1 所示。

季度 姓名	一季度	二季度	三季度	四季度
李明	5641	7213	4364	7412
何亮	3648	4721	3564	4788
赵思	6458	6317	6012	6470
唐丽	4563	4852	5217	6781

销售额　季度 姓名	一季度	二季度	三季度	四季度
李明	5641	7213	4364	7412
何亮	3648	4721	3564	4788
赵思	6458	6317	6012	6470
唐丽	4563	4852	5217	6781

图 2-1　带斜线表头的产品销售表

案例二：使用案例一的产品销售表，讲述利用公式和函数进行求和、平均值的计算，并根据姓名排序，如图 2-2 所示。

销售额　季度 姓名	一季度	二季度	三季度	四季度	总计	平均值
李明	5641	7213	4364	7412		
何亮	3648	4721	3564	4788		
赵思	6458	6317	6012	6470		
唐丽	4563	4852	5217	6781		

图 2-2　产品销售表的计算和排序

案例三：制作复杂表格“××市居住证”申请表，如图 2-3 所示。

“××市居住证”申请表

<table>
<tr><td>姓　名</td><td></td><td>民族</td><td></td><td>籍贯</td><td colspan="2"></td><td rowspan="3">照片</td></tr>
<tr><td>政治面貌</td><td colspan="2">○中共党员 ○团员
○民主党派 ○其他</td><td>身高</td><td>cm</td><td>血型</td><td></td></tr>
<tr><td>文化程度</td><td colspan="4">○研究生 ○本科 ○大专（高等职校） ○高中（中专、职校、技校） ○初中 ○小学 ○文盲或半文盲</td><td>是否在读</td><td>○是
○否</td></tr>
<tr><td>公民身份号码</td><td colspan="7"></td></tr>
<tr><td>户籍所在地址</td><td colspan="7">省（直辖市、自治区）　　市（县、区）详址________</td></tr>
<tr><td>居住事由</td><td colspan="4">○务工 ○经商 ○务农 ○服务 ○因公出差 ○借读培训 ○治病疗养 ○投靠亲友 ○保姆 ○探亲访友 ○旅游观光 ○其他</td><td>入住日期</td><td colspan="2">年　月　日</td></tr>
<tr><td>在沪居住地 址</td><td colspan="4">区/县　　街/镇　　路</td><td colspan="3">房屋编码</td></tr>
<tr><td>详址</td><td colspan="4">弄　　号　　室</td><td colspan="3"></td></tr>
<tr><td rowspan="3">就业信息</td><td>○就业
○投资、开业</td><td>职业</td><td></td><td>行业类别</td><td colspan="3">○党政机关 ○农林牧渔 ○制造加工 ○商业 ○教科文卫体 ○公用事业 ○交通运输 ○信息通信 ○财税金融 ○建筑 ○石油化工 ○生物医药 ○电力 ○餐饮 ○娱乐业 ○车辆维修 ○废旧收购 ○私营企业 ○家政服务 ○其他</td></tr>
<tr><td>工作单位名称</td><td colspan="6"></td></tr>
<tr><td>单位地址</td><td colspan="6"></td></tr>
<tr><td rowspan="2">被投靠人信息</td><td>与投靠人关系</td><td colspan="2"></td><td>姓名</td><td colspan="3"></td></tr>
<tr><td>公民身份号码</td><td colspan="6"></td></tr>
<tr><td rowspan="2">就读、进修信息</td><td>学校名称</td><td colspan="3"></td><td>入学时间</td><td colspan="2"></td></tr>
<tr><td>学校地址</td><td colspan="3"></td><td>预计结业时间</td><td colspan="2"></td></tr>
<tr><td>联系方式</td><td>固定电话</td><td></td><td>手机</td><td></td><td>电子邮件</td><td colspan="2"></td></tr>
<tr><td rowspan="4">同住人信息</td><td>关系</td><td colspan="2">姓名</td><td colspan="4">证件号码</td></tr>
<tr><td></td><td colspan="2"></td><td colspan="4"></td></tr>
<tr><td></td><td colspan="2"></td><td colspan="4"></td></tr>
<tr><td></td><td colspan="2"></td><td colspan="4"></td></tr>
<tr><td>备　注</td><td colspan="7"></td></tr>
</table>

申请人签名：　　　　　　　　填表时间：　　年　　月　　日

图 2-3　“××市居住证”申请表样表

2.2 案例制作

2.2.1 创建复杂表格文档

新建 Word 文档“复杂表格.docx”，并保存在 D 盘的 OFFICE 文件夹，同时设置文档页面格式。

操作步骤如下：

（1）打开 Word 2016，单击【文件】→【新建】→【空白文档】，新建一个空白文档。

（2）单击【文件】→【另存为】，在计算机中选择保存路径，本节所使用的路径是【D:\OFFICE】，在【文件名】中输入“复杂表格”，保存类型选择【Word 文档（*.docx）】，单击【保存】按钮进行保存。

（3）为了能更好地绘制表格，需自定义文档版面，选择【页面布局】选项卡，单击【页面设置】中的【纸张大小】，设置【纸张大小】为“A4”，【页边距】上、下、左、右均为“1厘米”。

2.2.2 创建表格

根据案例一的表格样式，创建一个 5 行 5 列的表格。

操作步骤如下：

（1）创建表格有以下两种方法。

方法一：单击【插入】→【表格】组，在扩展菜单的格子中选择 5×5 表格，如图 2-4 所示。

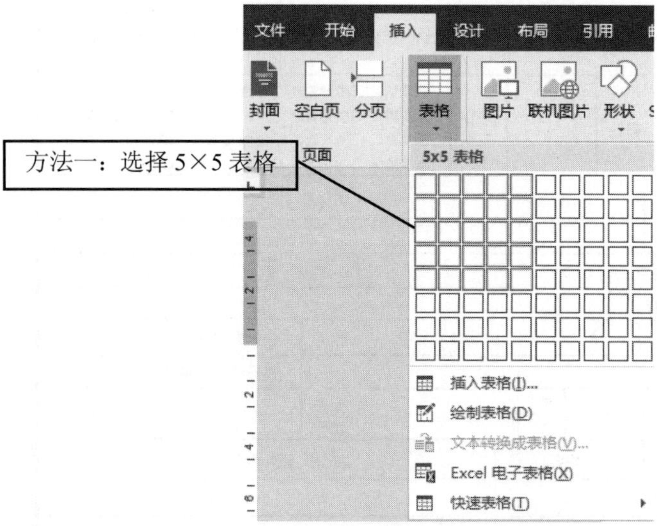

图 2-4 插入表格方法一

方法二：单击【插入】→【表格】组，在扩展菜单选择【插入表格】命令，如图 2-4 所示，打开【插入表格】对话框，在【表格尺寸】区域的【列数】和【行数】后面的文本框中分别输入“5”，如图 2-5 所示。

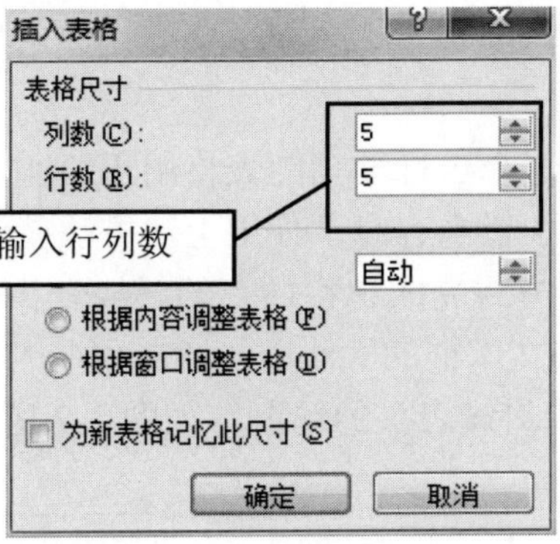

图 2-5　插入表格方法二

（2）单击【确定】按钮，创建出一个 5 行 5 列的简单表格。

2.2.3　绘制斜线表头

表格的标题行也叫表头，通常是表格的第一行，用于对一些数据的性质进行归类。请在表格的第一个单元格绘制斜线表头。

操作步骤如下：

（1）将光标置于表格的第一个单元格，在菜单栏出现【表格工具】的【设计】和【布局】选项卡。

（2）为了有足够的单元格区域绘制斜线表头，要调整表格行高和列宽。调整表格列宽和行高的快捷方法是将鼠标移动到需要调整列宽和行高的单元格边线上，鼠标变成⇕形状时可以调整单元格的行高，鼠标变成⇔形状时可以调整单元格的列宽。将第一个单元格的行高调高，列宽调宽。

（3）将光标置于第一个单元格，单击【设计】→【边框】→【斜下框线】，则会在输入点单元格绘制一根斜下框线，如图 2-6 所示。

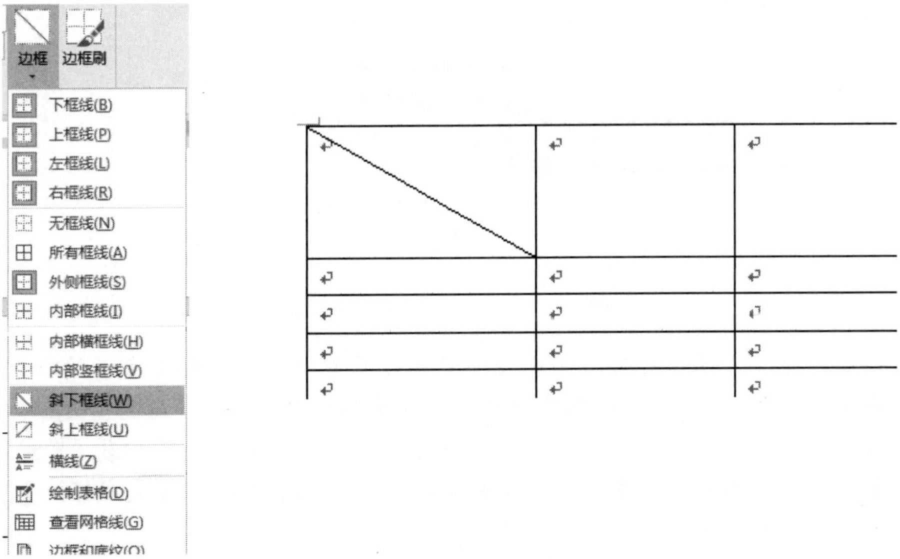

图 2-6　绘制斜线表头

（4）绘制好后通过空格和换行将表头的文字录入到表格，同时录入其他相应的数据完成两栏斜线表头的表格创建。

（5）重复上述操作再建立一个 5 行 5 列的表格用于绘制 3 栏内容的斜线表头。

（6）当单元格内需要录入 3 栏内容时，使用上述方法就没办法完成了，这时需利用【直线】和【文本框】的图形化排版方式完成 3 栏内容的斜线表头的绘制。先绘制两根斜线，再插入文本框，录入表头内容后调整文本框的大小，并把文本框的形状填充和形状轮廓去掉，最后移动到适当位置完成 3 栏内容的斜线表头的绘制，如图 2-7 所示。

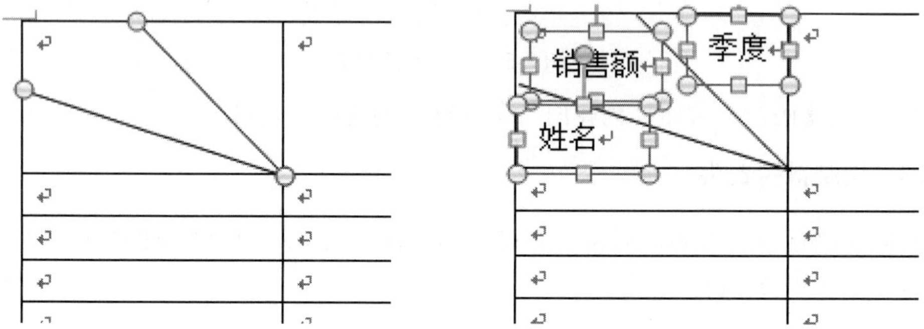

图 2-7　3 栏内容斜线表头绘制

2.2.4　表格标题跨页显示设置

当制作的表格行数很多时，表格会跨页显示，跨页后表格的标题只会在第一页显示，这不利于查看表格，常常需要回到第一页去查看该列数据的说明。在 Word 中可以用标题跨页显示解决此问题。

操作步骤如下：

选中表格的标题行（一般是表格的第一行），单击【表格工具/布局】→【数据】→【重复标题行】来设置表格标题行跨页重复显示，如图 2-8 所示。

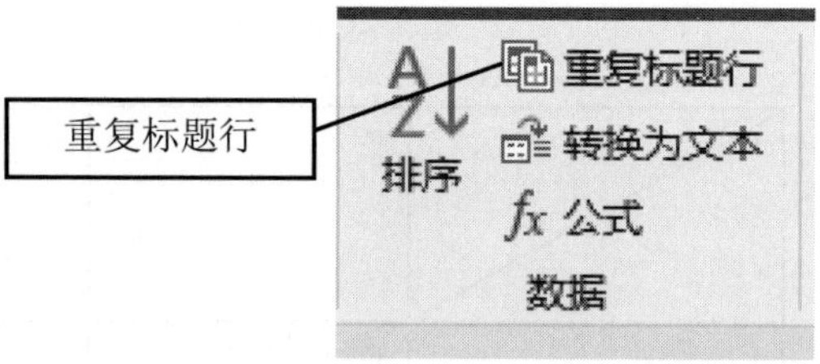

图 2-8　设置表格标题行重复显示

注：如果经过上述操作之后，还是没显示相应的表格效果，那么可能的原因有两种：一种是表格并没有跨页，因为表格的内容至少在两页内显示的时候，标题行重复的效果才会显示出来；另一种是表格已经跨页显示，但效果没有出现，其实标题行已经重复，只是没显示出来，只要单击【表格工具/布局】→【表】→【属性】，在【表格】选项卡【文字环绕】中选择【无】即可，如图 2-9 所示。

图 2-9　表格跨页不显示标题行解决方法二

2.2.5　利用公式或函数进行计算和排序

复制案例一的表格并在其下方粘贴，在新表的右侧增加两列，并完成合计和平均值的计算，计算完成后按姓名排序，完成案例二表格。

1. 在表格右侧新增两列

操作步骤如下：

（1）将光标置于第一行的最后一个单元格（内容为四季度）右击，在右键菜单中选择【插入】→【在右侧插入列】命令，如图 2-10 所示。

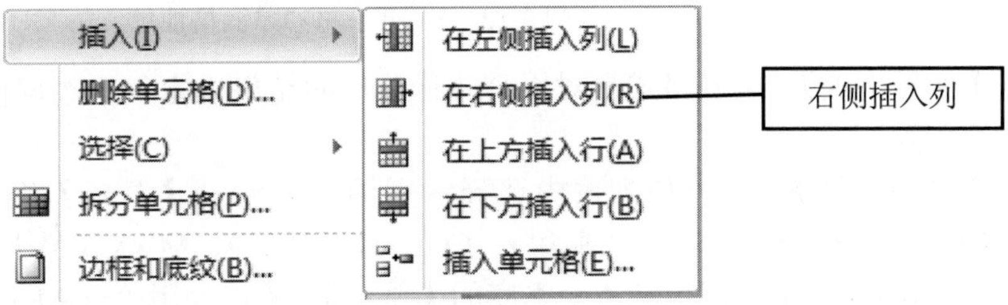

图 2-10　在单元格右侧插入列

（2）插入新列后，再新列重复一次插入新列操作即可完成表格新增两列，并在表头录入相应内容。

2. 计算合计单元格

操作步骤如下：

（1）将光标置于【总计】下方的第一个单元格，单击【表格工具/布局】→【公式】，弹出【公式】对话框，如图 2-11 所示。

图 2-11 【公式】对话框

【公式】：用于输入计算单元格的函数或者公式，默认情况下会根据表格中的数据和当前单元格所在位置自动推荐一个公式，例如“=SUM(LEFT)”，是指计算当前单元格左侧单元格的数据之和。“SUM”是函数名，通过【粘贴函数】粘贴到公式编辑栏。“(LEFT)”是函数的参数，常用参数有 4 种，分别是左侧（LEFT）、右侧（RIGHT）、上面（ABOVE）和下面（BELOW），此外还可以用单元格地址代替。

注：Word 单元格地址。

Word 的表格与 Excel 电子表格有相似的地方，在表格中可以插入常用函数或者公式对数据进行简单计算。在计算前首先要了解 Word 表格的单元格结构，Word 表格的单元格结构与 Excel 是类似的，每一行、每一列都有一个序号，行从 1 开始编号，列从 A 开始编号，所以第一个单元格地址为“A1”，具体结构如图 2-12 所示。

	A	B	C	D
1	A1	B1	C1	D1
2	A2	B2	C2	D2
3	A3	B3	C3	D3
4	A4	B4	C4	D4

图 2-12 Word 表格的单元格地址

【编号格式】：编号格式是对用公式计算出的结果设定一个数据格式，例如“0.00”为保留 2 位小数。

【粘贴函数】：在下拉列表中选择常用函数粘贴到【公式】编辑栏，常用的主要有：AVERAGE（平均值）、SUM（求和）、COUNT（计数）、MAX（最大值）、MIN（最小值）。

（2）因为此次计算的是 4 个季度的【总计】，所以使用“SUM（求和）”函数。由于 4 个季度的数据都在求和单元格的左侧，参数输入“(LEFT)”，完成公式的编辑后单击【确定】按钮即可得到计算结果，利用相同的方法计算其他的销售合计。

3. 计算平均值

操作步骤如下：

（1）计算平均值和计算总计的方法类似，将光标置于用于计算平均值的单元格（【平均值】下方的第一个单元格）中，单击【表格工具/布局】→【公式】，弹出【公式】对话框。

（2）将 Word 自动填入的“SUM(LEFT)”删除掉，在【粘贴函数】中选择【AVERAGE】，这时参数不能使用“(LEFT)”，因为计算平均值的左侧单元格包含了总计，如果使用“(LEFT)”

作为参数会把总计也包含进来一起平均，计算结果是错误的，所以计算平均值的参数必须使用单元格地址，在【公式】编辑栏应输入“=AVERAGE(B2:E2)”，“(B2:E2)”表示对“B2”“C2”“D2”“E2”求平均值。

（3）在【编号格式】后的下拉列表中选择“0.00”，计算结果保留两位小数，如图 2-13 所示。利用相同的方法计算其他的平均值，注意单元格地址的变化即可。

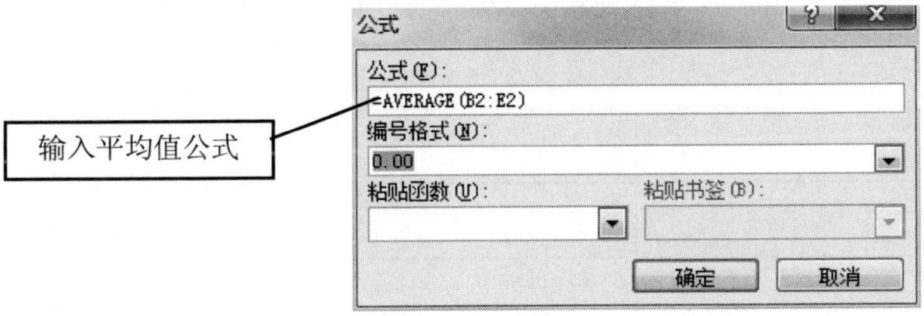

图 2-13　平均值公式

注：不管使用“SUM”还是“AVERAGE”，都是使用函数的方式计算，上述的两种方法也可以用公式（单元格的加、减、乘、除运算）代替，例如总计可以写成“=B2+C2+D2+E2”，平均值可以写成“=(B2+C2+D2+E2)/4”。

4. 按姓名排序

操作步骤如下：

（1）将光标置于表中任意位置，单击【表格工具/布局】→【排序】，弹出【排序】对话框。

（2）如果表格的第一行是标题行，不需要参与排序，需要选中【列表】区中的【有标题行】单选按钮。然后在【主要关键字】的下拉列表中选择参与排序的列 1，在【类型】下拉列表中选择相应的排序内容的类型，对于中文字符有笔划和拼音排序两种，根据需要选择。最后再选择排序方式为升序或者降序，单击【确定】按钮完成操作，如图 2-14 所示。

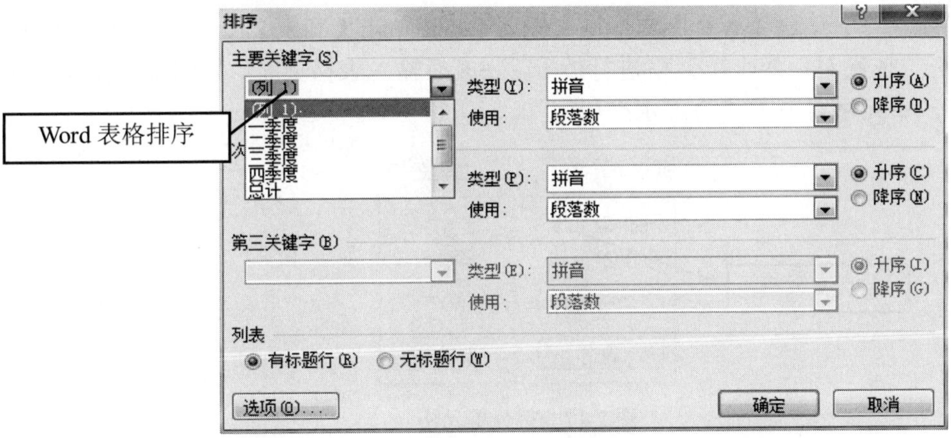

图 2-14　按姓名排序

2.2.6　复杂表格的制作

复杂表格主要用于信息统计、财务统计、申请表等专业表格的制作，往往行列交错，不对称，因而很复杂，只要掌握制作的技巧，制作起来也是很快捷的。

操作步骤如下：

（1）复杂表格的制作通常采用“自上而下”的顺序来实现。选取在表格中出现列数相对是表格中大多数行中的列数来确定绘制起始表格的列数，行数根据表格的行数确定，以“××市居住证”申请表为例，列数为4列，行数为21行。

（2）粗略的表格绘制好后，开始一行一行地精修表格，以前3行为例，先调整行高，如图2-15所示。

图2-15　调整行高

（3）合并最后一列，并调整列宽，如图2-16所示。

<table>
<tr><td></td><td></td><td></td><td rowspan="3"></td></tr>
<tr><td></td><td></td><td></td></tr>
<tr><td></td><td></td><td></td></tr>
</table>

图2-16　合并单元格，调整列宽

（4）第一行的单元格共有7个，所以对前3个单元格进行拆分，将光标置于第一个单元格，然后右击，在右键菜单中选择【拆分单元格】命令，在弹出的【拆分单元格】对话框的【列数】文本框中输入“2”，在【行数】文本框中输入“1”，单击【确定】按钮完成单元格的拆分，如图2-17所示。依次对后两个单元格进行拆分，完成后输入表格文字，并调整字体为“黑体”，字号“五号”，单元格对齐方式为“水平居中”。

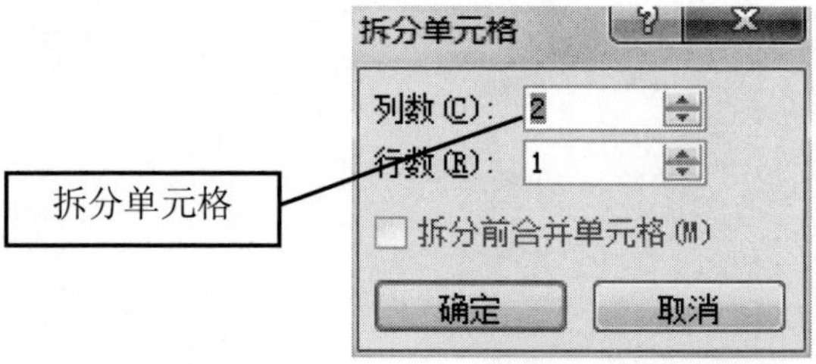

图2-17　拆分单元格

（5）第二行的单元格也是7个，按上述方法拆分前3个单元格，输入文字，调整字体、字号和对齐方式，如图2-18所示。

（6）根据表格的布局调整第二行单元格的列宽，保证内容能正常显示，但是在调整列宽的过程中大家会发现，在调整第二行单元格列宽的同时第一行单元格的列宽也在发生改变，这是由于两行列之间的分隔线对齐的原因，所以不管是调整哪一行的列宽，两行的列宽都会相应改变，所以在调整列宽时必须要按住鼠标左键拖动选定所要调整列宽的两个单元格，选定后再调整两个单元格之间的分隔线，这时就只有这两个单元格的列宽改动，而不会影响其他行，如图 2-19 所示。

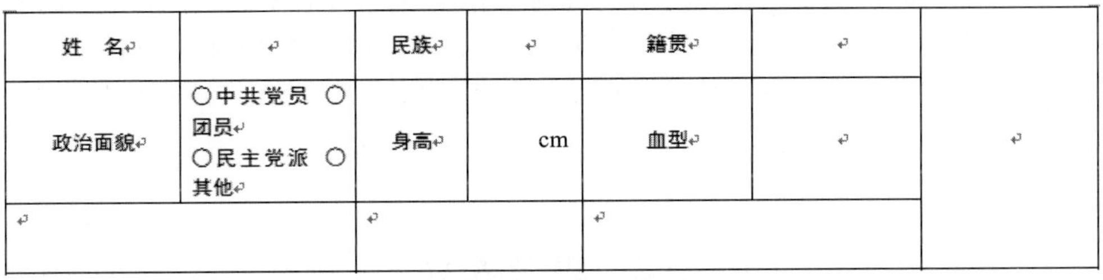

图 2-18　前两行表格的绘制

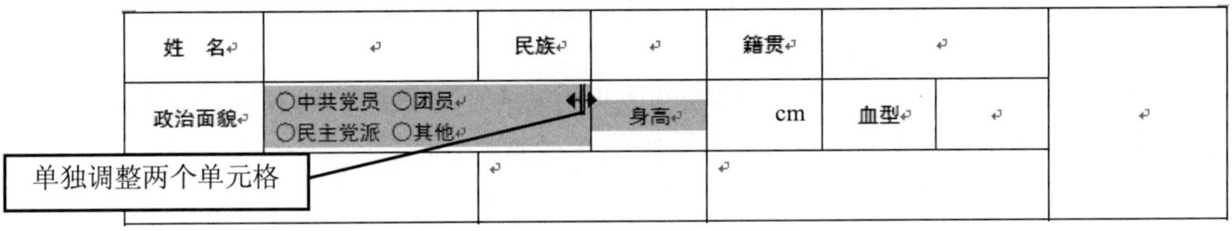

图 2-19　调整列宽后的前两行表格

（7）依据上述合并单元格、拆分单元格、调整单元格列宽的方法绘制表格的其他行。

（8）绘制好表格后，需要改变表格的外框线为上粗下细的外框线，按住鼠标左键拖动选定表格的所有单元格，单击【表格工具/设计】→【边框】，在下拉菜单中选择【边框和底纹】。

（9）打开【边框和底纹】对话框后，在【设置】中选择【自定义】，在【样式】中选择上粗下细框线，在【预览】中用鼠标单击预览表格的外边框修改外边框线，如图 2-20 所示，设置好后单击【确定】按钮即可完成表格的编辑。

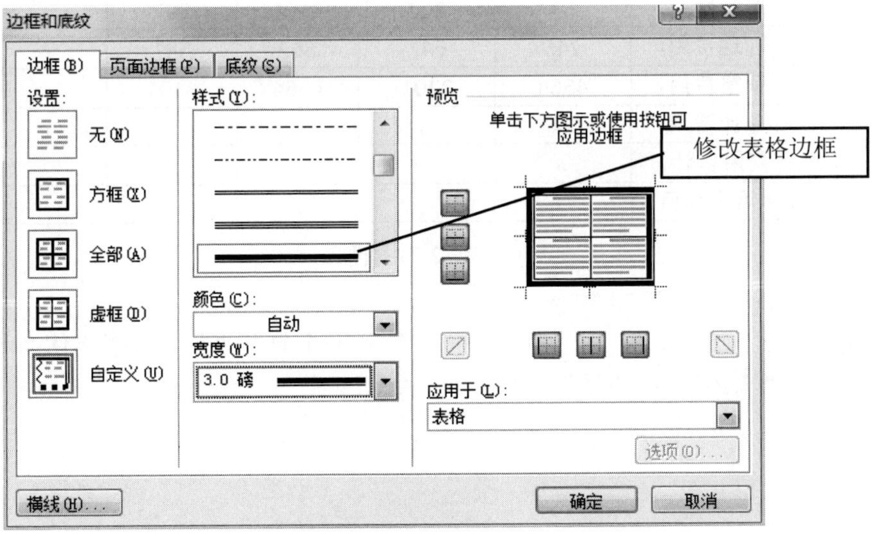

图 2-20　修改外框线

2.3 案例小结

本章主要通过 3 个实例，讲解了复杂表格的制作，要求读者掌握创建表格、绘制斜线表头、表格标题行跨页设置、利用公式或函数进行计算、合并和拆分单元格、调整改变行高和列宽的方法。读者在学习时，应多观察实际生活中各种各样的表格，结合实际需要，设计出具有自己特色的表格。

2.4 思考练习

新建“思考练习.docx”文档，保存在【D:/OFFICE】路径下，设置【页边距】上、下“2.5 厘米”，左、右“1 厘米”，并完成如下操作。

1. 请按如图 2-21 所示的样文制作一个带斜线表头的表格，并对相关数据进行计算统计。

提示：增长率=(2014 年数据−2013 年数据)/2013 年数据×100%。

时间 费用项目 区域 内容		2013 年		2014 年		增长率	
		整机	配件	整机	配件	整机	配件
北部	生产费用	1245	457	2457	547		
	管理费用	410	101	521	201		
	销售费用	2354	1023	3471	2414		
	总计费用						
南部	生产费用	2574	874	3101	897		
	管理费用	745	642	842	541		
	销售费用	4564	3201	4564	3101		
	总计费用						
南北部费用合计							
南北部费用平均值							

图 2-21 样文一

2. 另起一页，请按如图 2-22 所示的样文制作一个复杂表格，标题字体为“黑体”“二号”，表格内字体为“宋体”“小四号”。

××市公共租赁住房申请表

申请人基本情况	姓名		性别		身份证号码	
	工作单位		单位地址			
	工作现状	□企业 □个体工商户 □灵活就业 □退休 □机关事业单位				
	婚姻状况		联系电话		户籍所在地	
	通讯地址		邮政编码			
	申请人类型	□主城区户籍城镇居民（含已转户的农村居民） □大中专院校及职校毕业生 □引进人才 □全国、省部级劳模 □全国英模 □荣立二等功以上的复转军人 □其他进城务工人员 □其他外地来主城区工作人员				
	社会保险缴纳情况	养老 □是（缴纳时间____年__月至今） □否 医疗 □是（缴纳时间____年__月至今） □否				
	住房公积金缴纳情况	□是（缴纳时间____年__月至今） □否				
	月收入	工薪收入______元，财产性收入______元，共计______元。				
	家庭月收入	工薪收入______元，财产性收入______元，共计______元。				
申请人住房情况	是否在主城区有私有产权房	□是（房屋坐落______________，建筑面积____m^2，户籍人数____人，人均建筑面积____m^2） □否				
	是否在主城区承租公房或廉租房	□是（房屋坐落______________，建筑面积____m^2，户籍人数____人，人均建筑面积____m^2） □否				
	申请之日前三年内在主城区是否转让住房	□是 □否				
拟申请房屋情况	地点		申请居住人数			
	申请方式	□家庭 □单身人士 □合租				
	户型	□单间配套 □一室一厅 □二室一厅 □三室一厅	建筑面积（m^2）			

	与申请人关系	姓名	性别	身份证号码	工作单位或就读学校	月收入	住房情况
共同申请人基本情况							□有□无
							□有□无
							□有□无
							□有□无
							□有□无
							□有□无
	备注：若住房情况选择“有”，请将房屋坐落、建筑面积、户籍人数填写如下： 房屋坐落______________，建筑面积______m^2，户籍人数______人。						

	直系亲属	姓名	身份证号码	主城区拥有住房情况		
				套数	建筑面积（m^2）	户籍人数
申请人直系亲属住房情况	申请人父亲					
	申请人母亲					
	申请人配偶父亲					
	申请人配偶母亲					
	子（女）					
	子（女）					
	子（女）					

图 2-22 样文二

案例 3　流程图制作

学习目标

扫码看视频

- 掌握流程图主题框架的搭建。
- 掌握连接符的绘制。
- 掌握流程图的美化。

3.1　案例简介

流程图是流经一个系统的信息流、观点流或部件流的图形代表。在计算机程序设计中，它是使用图形表示算法思路的一种方法。在企业中，这种过程既可以是生产线上的工艺流程，也可以是完成一项任务必需的管理过程。

业务流程图是一种描述系统内各单位、人员之间的业务关系，作业顺序和管理信息流向的图表，利用它可以帮助分析人员找出业务流程中不合理的流向，它是物理模型。业务流程图主要是描述业务走向的，比如说病人去医院看病，首先要去挂号，然后到医生那里看病开药，再到药房领药，最后回家。业务流程图描述的是完整的业务流程，以业务处理过程为中心，一般没有数据的概念。

业务流程图具体的作用：

（1）有助于全面了解业务处理的过程，是进行系统分析的依据。

（2）它是系统分析员、管理人员和业务操作人员相互交流思想的工具。

（3）系统分析员可直接在业务流程图上拟出可以实现计算机处理的部分。

（4）用它可分析出业务流程的合理性。

流程图使用一些标准符号代表某些类型的动作，如决策用菱形框表示，具体活动用方框表示。但比这些符号规定更重要的是，必须清楚地描述工作过程的顺序。流程图也可用于设计改进工作过程，具体做法是先画出事情应该怎么做，再将其与实际情况进行比较。

本章以××企业的招聘流程作为案例制作流程图，效果如图 3-1 所示。

3.2　案例制作

3.2.1　创建流程图文档

新建 Word 文档“流程图.docx”，并保存在 D 盘的 OFFICE 文件夹，同时设置文档页面格式。

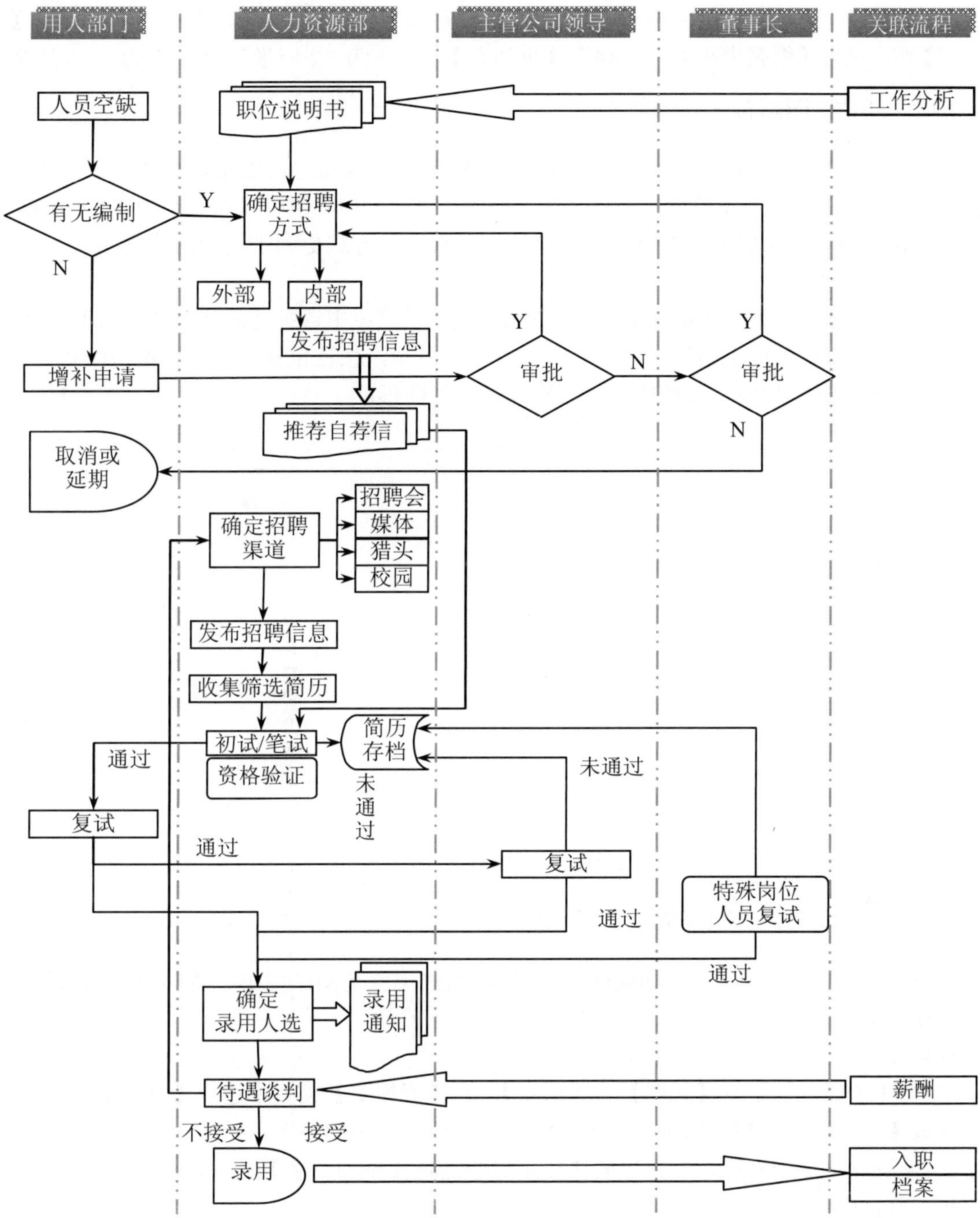

图 3-1　流程图样图

操作步骤如下：

（1）打开 Word 2016，单击【文件】→【新建】→【空白文档】，新建一个空白文档。

（2）单击【文件】→【另存为】，在计算机中选择保存路径，本案例所使用的路径是【D:\OFFICE】，在【文件名】中输入“流程图”，保存类型选择【Word 文档（*.docx)】，单击【保存】按钮进行保存。

（3）为了能更好地绘制表格，需自定义文档版面，选择【页面布局】选项卡，单击【页面设置】组，设置【纸张大小】为“A4”，【页边距】上、下为“2 厘米”，左、右为“1.5 厘米”。

3.2.2 新建绘图画布

绘图画布可用来绘制和管理多个图形对象。使用绘图画布，可以将多个图形对象作为一个整体，在文档中移动、调整大小或设置文字绕排方式。同时，也可以对其中的单个图形对象进行格式化操作，且不影响绘图画布，使用绘图画布这种方式更利于流程图的绘制。

操作步骤如下：

（1）单击【插入】→【插图】→【形状】，在下拉菜单中选择【新建绘图画布】命令。

（2）这时会在页面上出现一个白框，如图 3-2 所示，按住鼠标左键拖动调整画布大小，使其扩大至页面底部边缘，以便能容纳流程图的其他图形。

图 3-2 插入绘图画布

3.2.3 绘制流程图主题框架

接下来在画布中绘制流程图的框架。所谓绘制框架就是画出图形、将图形大致布局，并在其中输入文字。

操作步骤如下：

（1）单击【插入】→【插图】→【形状】，在【流程图】类型中选择【过程】，在页面上鼠标变成【十】图标，按住鼠标左键拖动绘制一个任意大小的矩形。

（2）选中小矩形右击，在弹出的快捷菜单中选择【添加文字】命令，接着在其中输入文字“用人部门”。

注：因为流程图图形较多，所以每个形状的尺寸不宜太大。在调整形状尺寸的同时，内部的文字可能会显示不全，主要原因是文本框中的文字与边缘存在内部边距，当形状变小时，内部边距并没有改变，文字就没有全部显示。为了让文字显示出来，且尽量贴近文本框的边缘，必须适当调整文本框的内部边距，如图 3-3 所示。

（3）用同样的方法绘制其他图形，相同的图形可以复制粘贴，修改大小和文字即可，完成后的效果，如图 3-4 所示。

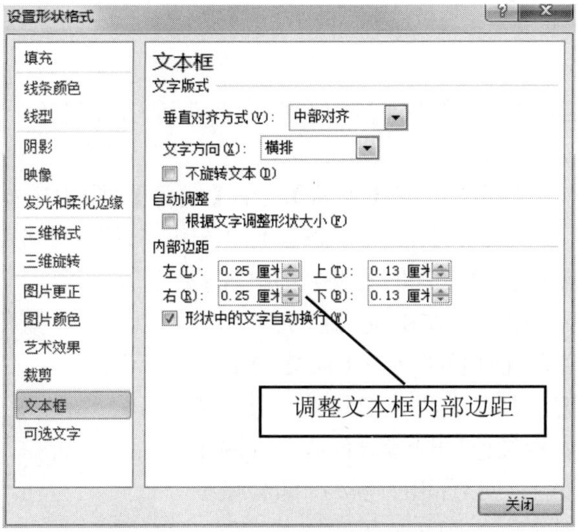

图 3-3　调整文本框内部边距

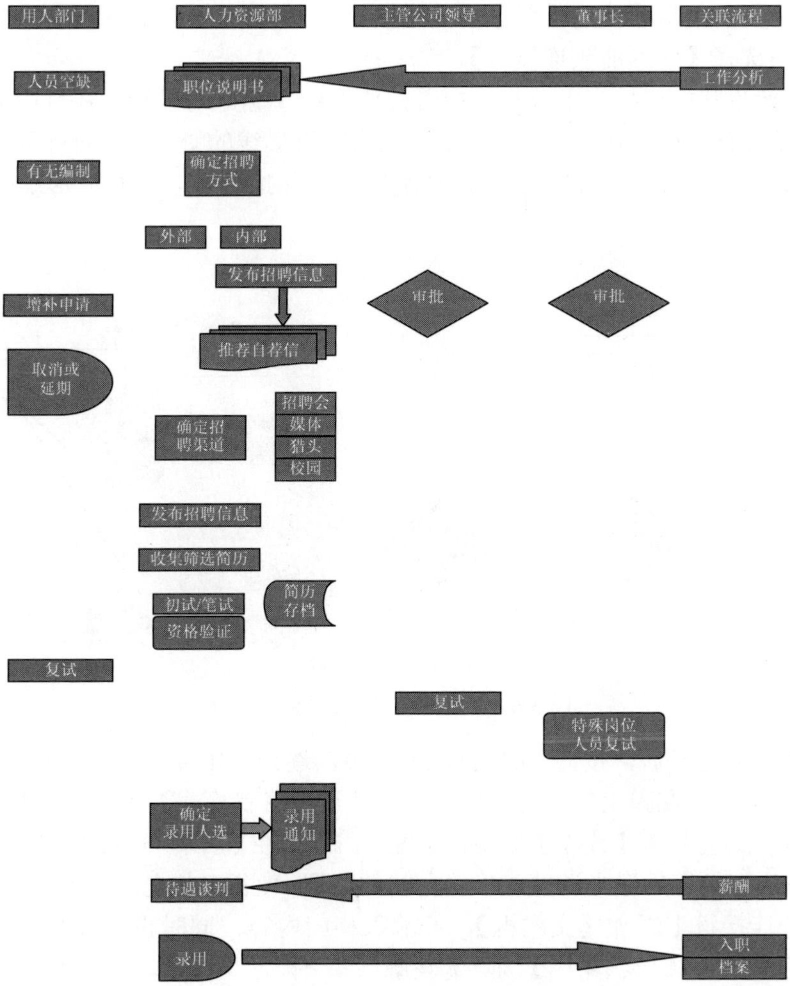

图 3-4　流程图主体框架

3.2.4 绘制连接符

绘制连接符，使用连接符、箭头连接符和肘形箭头连接符把各个图形连接起来。

操作步骤如下：

（1）单击【插入】→【插图】→【形状】，在【线条】类型中选择【箭头】。

（2）在页面上鼠标变成【十】图标，将鼠标指针指向第一个形状（不必选中），则该形状四周中心点（依据形状的不同可能是端点）将出现若干个红色的连接点，然后按住鼠标左键拖动箭头至第二个形状，该形状四周也会出现红色的连接点，定位到其中一个连接点并释放左键，则完成两个形状的连接，成功连接的连接符两端将显示红色的圆点，而且不管两个形状之间的位置如何改变，它们之间的连接符都会依据位置的变化而伸长或者缩短，如图 3-5 所示。

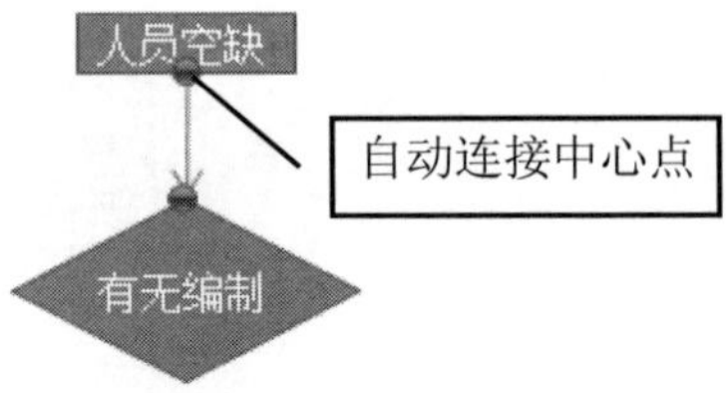

图 3-5　绘制箭头连接符

（3）按照上述的方法为其他形状添加【箭头】连接符。对于折线箭头，则需要使用【肘形箭头连接符】，单击【插入】→【插图】→【形状】，在【线条】类型中选择【肘形箭头连接符】。

（4）先在起始形状的连接点上单击，接着按住鼠标左键拖动鼠标，在目标形状的连接点上单击即可。只有一个折的肘形箭头连接符是不能调整肘形线的幅度的，而有两个折的肘形箭头连接符在连接线上有一个黄色的菱形点，利用鼠标按住拖动可以调整肘形线的幅度，如图 3-6 所示。

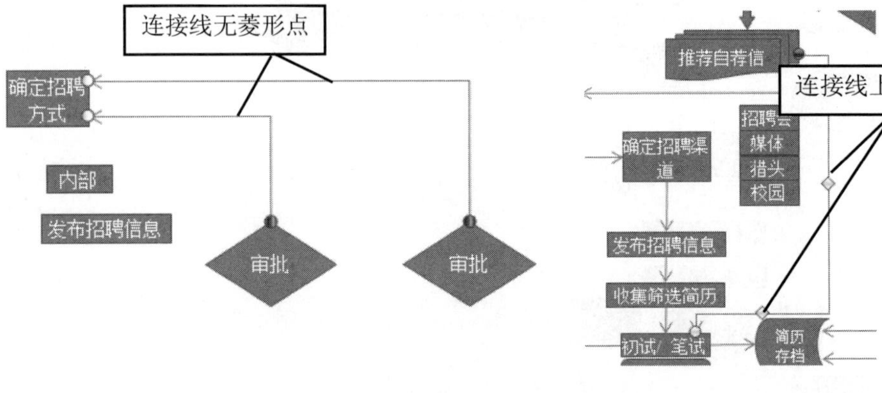

图 3-6　绘制肘形箭头连接符

（5）连接符绘制完毕后，按住 Ctrl 键或 Shift 键，逐个单击连接符，选择全部的连接符，在选择的连接符上右击，在弹出的快捷菜单中选择【设置形状格式】命令，在【线条颜色】中将【颜色】设置为“黑色”，在【线型】中设置宽度“1 磅”，在【后端类型】的箭头中选择【→】，如图 3-7 所示，添加连接符后适当调整各形状之间的位置，使各形状之间的连接符呈直线显示。

（6）在部分连接符上添加【文本框】，并输入相应内容，同时设置【文本框】的【形状填充】为“无颜色填充”，【形状轮廓】为“无轮廓”，字体为“宋体”，字号“小五”，设置【文本框】的【内部边距】均为“0 厘米”，效果如图 3-8 所示。

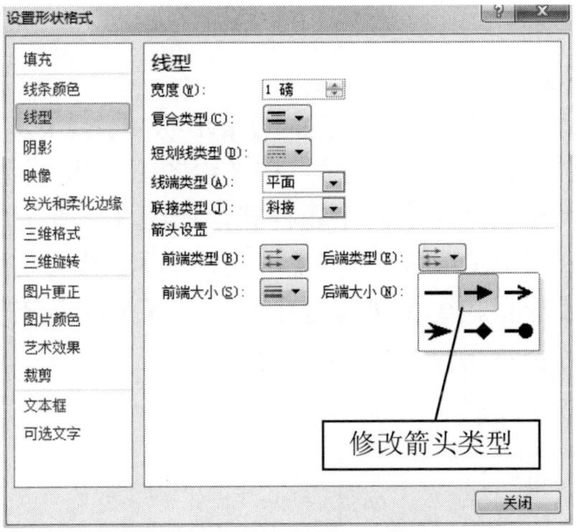

图 3-7　设置箭头连接符形状格式

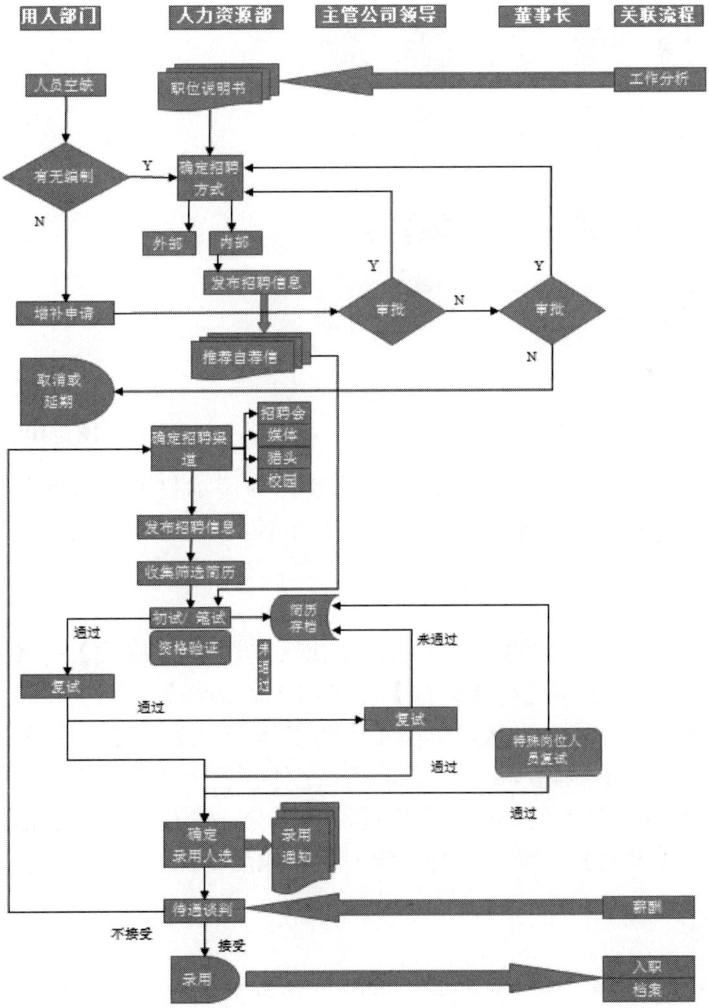

图 3-8　流程图基本效果图

3.2.5 美化流程图

美化流程图也就是修改流程图中各个形状的【形状填充】【形状轮廓】【形状效果】。在Word中也提供了一些形状主题样式美化形状，在【绘图工具/格式】→【形状样式】的下拉菜单中可以根据整体图形的风格选择相应的主题样式，如图3-9所示。

同时，也可以自定义分别对【形状填充】【形状轮廓】【形状效果】进行单独的设置。案例一已经对【形状填充】和【形状轮廓】进行过讲解，而【形状效果】主要是为形状添加阴影、映像、发光、三维旋转等特殊效果，如图3-10所示。

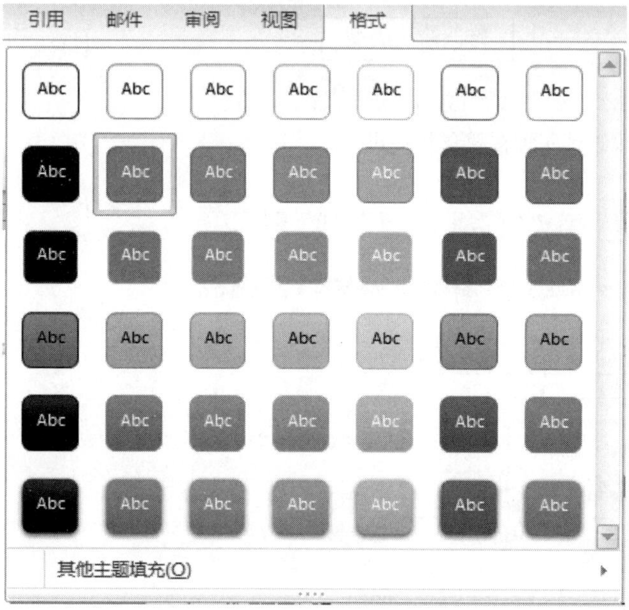

图3-9 Word默认形状主题样式

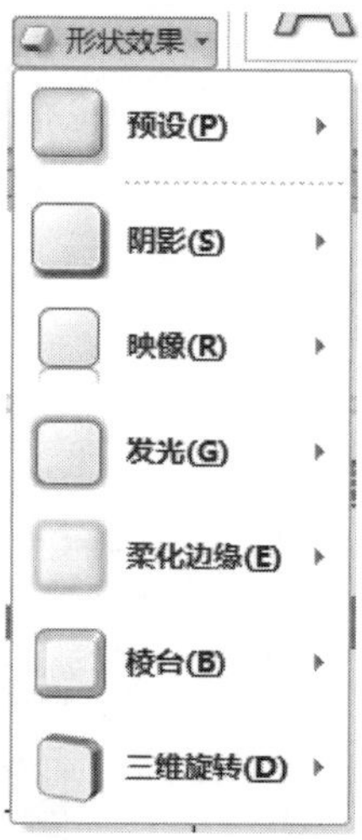

图3-10 【形状效果】菜单

由于案例的流程图是公司招聘流程图，不需要作为展示材料，所以在美化时使用简单的风格即可。为各流程说明文字文本框添加阴影，其余各图形无填充颜色，字体颜色“黑色”，为各流程模块添加分隔线。

操作步骤如下：

（1）按住Shift键选择上方的5个形状，单击【绘图工具/格式】→【形状样式】→【形状效果】→【阴影】，在列表中选择【外部】→【右上斜偏移】。

（2）按住Shift键选择其余形状，单击【绘图工具/格式】→【形状样式】，设置【形状填充】为“无颜色填充”，【形状轮廓】为“黑色”，字体颜色为“黑色”。

（3）插入4根直线，将不同部门所负责的流程区分，设置直线的【形状轮廓】为“白色，背景1，深色35%”，【虚线】选择一长两短线型，完成后如图3-11所示。

3.2.6 组合图形

组合图形是Word提供的一种图形处理功能，可以将多个独立的形状组合成一个图形对象，然后方便对组合后的图形对象进行移动、修改大小等操作。在本例中将流程图中所有的图形进行组合能保证流程图的整体性，在整体移动时不会改变个别图形的位置。

操作步骤如下：

（1）选择所有的图形对象，具体的方法有两种：第一种是单击第一个图形，然后再按 Shift 键或者 Ctrl 键单击下一个图形，直至所有图形选择完毕；第二种由于在制作流程图前已经插入了画布，在画布中可以用拖选的方式选择所有图形。

（2）用鼠标指针移动画布 4 个角的任意一个，按住鼠标左键往相反的对角线拖动，拖动时一定要保证所有的图形均在拖选的框内，选中后每个图形都处于编辑状态，如果没有把图形选完，可以按 Shift 键或者 Ctrl 键单击补选图形，所有图形选择完毕后如图 3-11 所示。

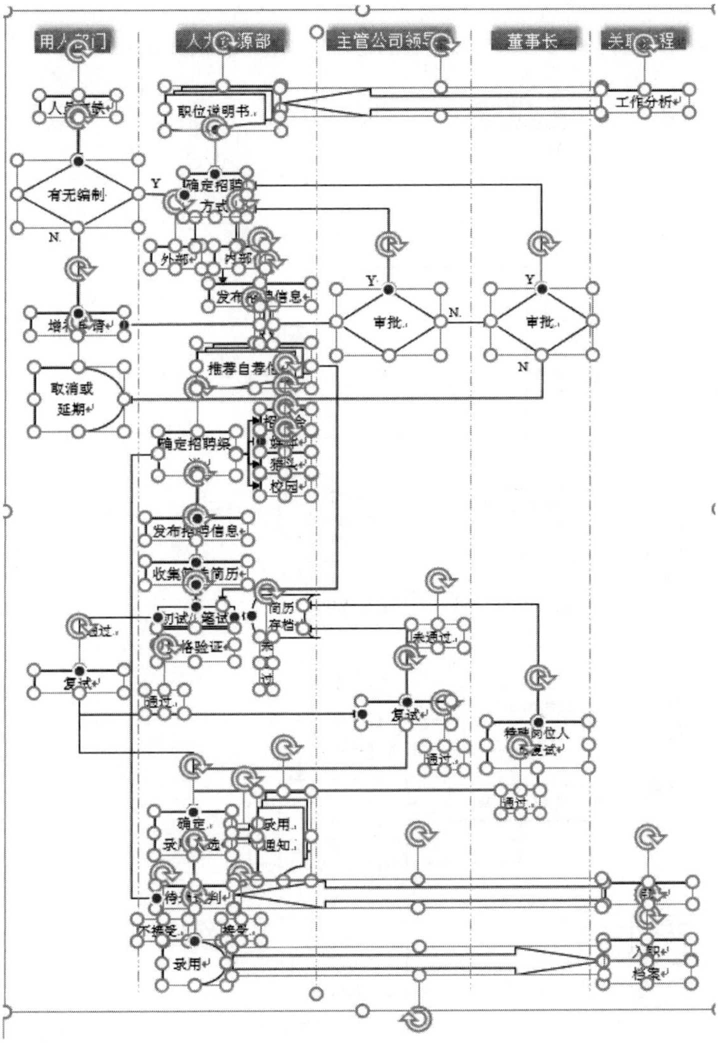

图 3-11　选择图形

（3）单击【格式】→【排列】→【组合】，在下拉列表中选择【组合】命令。

（4）设置完毕后，被选中的独立形状将组合成一个图形对象，可以对其进行整体操作。如果希望对组合对象中的某个形状进行单独操作，可以单击组合对象，右击打开快捷菜单选择【组合】，在下拉菜单中选择【取消组合】命令，然后进行编辑，编辑完后再重新组合。

3.3 案例小结

本章学习了创建流程图的主要方法：通过插入画布，在画布中绘制流程图形状，调整形状的大小和位置，然后再插入连接符，把各个形状连接起来，特别是肘形连接符的使用，最后对流程图进行美化，掌握对形状的设置方法。

3.4 思考练习

以××企业的考核流程为参照案例制作流程图，样文如图 3-12 所示。

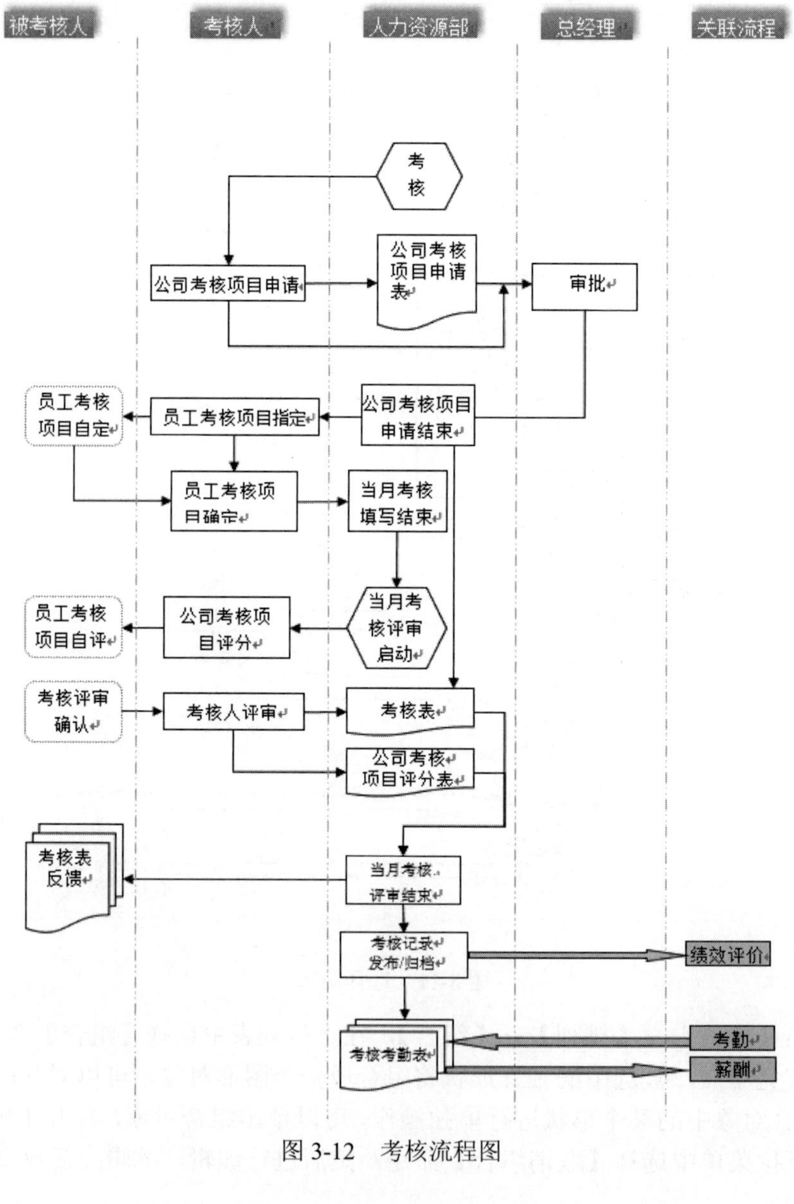

图 3-12 考核流程图

案例 4　长篇文档编辑排版

扫码看视频

学习目标

- 掌握标题样式的应用。
- 掌握图、表自动编号。
- 掌握分节符的应用。
- 掌握页眉、页脚的设置。
- 掌握目录的插入方法。
- 掌握插入封面的方法。

4.1　案例简介

平时偶尔可能会遇到需要制作长篇文档的情况，比如论文、调查报告等，经常需要根据特定的格式要求对文档进行排版，使文章更加规范、整洁、美观。例如设置封面、标题、目录、页眉、页脚、参考文献、分节显示页码等。本章将以一篇长文档为例，在实际排版使用中，按照长篇文档编辑排版的方式来详细讲解排版流程。

长篇文档编辑排版的一般步骤为：

（1）设置页面格式。

（2）设置和应用样式。

（3）图片和表格的自动编号。

（4）设置页眉、页脚。

（5）插入封面和目录。

4.2　案例制作

4.2.1　设置页面格式

打开“D:\OFFICE\素材\第 4 章\手机支付使用情况调查报告.docx”，同时设置文档页面格式，版心为 15cm×25cm 左右，根据打印方式预留装订线。

操作步骤如下：

（1）打开 Word 2016，单击【文件】→【打开】，在计算机中选择路径【D:\OFFICE\素材\第 4 章】，找到“手机支付使用情况调查报告.docx”，单击【打开】按钮打开文件。

（2）选择【页面布局】选项卡，单击【页面设置】组的【纸张大小】，设置纸张大小为

“A4”，由于页面的打印方式分单面打印和双面打印两种，所以装订线的设置也各有不同。单面打印：可以不设置装订线位置，而在装订的边距上增加宽度即可，设置【页边距】上为“2.7厘米”、下为“2 厘米”、左为“3.5 厘米”、右为“2.5 厘米”；双面打印：设置【装订线】为“1厘米”，【页边距】上为“2.7 厘米”、下为“2 厘米”、左为“2.5 厘米”、右为“2.5 厘米”。本文档以双面打印来排版，使用双面打印的装订线设置方法。

4.2.2 设置和应用样式

样式是指用有意义的名称保存的字符格式和段落格式的集合，通过定义常用样式，可以使同级的文字风格统一，同时可以对文字快速套用样式，简化排版工作，而且 Word 中许多自动化功能（如目录）都需要使用样式功能。Word 中已经定义了大量样式，一般在使用中只需要对预定义样式进行适当修改即可满足需求。对于常用的样式，还可以先定义到一个模板文件中，创建属于自己的风格，以后只需基于该模板新建文档，就不需要重新定义样式了。

本案例对标题和正文的格式要求见表 4-1，要求使用样式设置。

表 4-1　标题和正文的格式要求

名称	字体	字号	对齐方式/缩进	间距
一级标题	宋体	三号	居中对齐	多倍行距 2.41，段前 17 磅，段后 16.5 磅
二级标题	宋体	四号	左对齐	多倍行距 1.73，段前、段后 13 磅
三级标题	宋体	小四	左对齐	多倍行距 1.73，段前、段后 13 磅
正文	宋体	小四	两端对齐，首行缩进 2 字符	固定值 18 磅

操作步骤如下：

（1）在【开始】选项卡【样式】组【标题 1】样式名上右击，选择快捷菜单【修改】，样式组如图 4-1 所示。

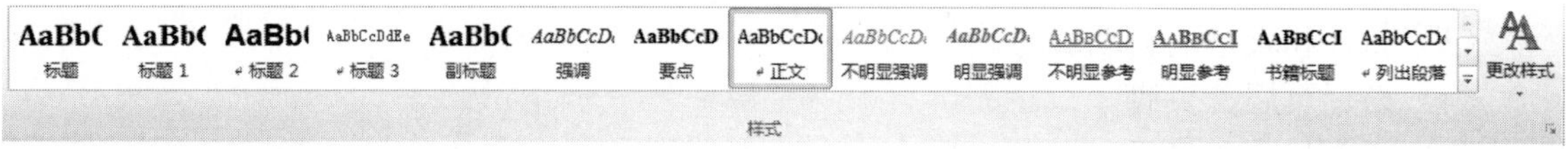

图 4-1　样式组

（2）在【修改样式】对话框中可以修改样式名称、样式基准等，如图 4-2 所示。单击左下角的【格式】按钮可以定义该样式的字体、段落等格式，勾选下方【自动更新】复选框可以让应用了该样式的文字或者段落自动更新。另外，还可以为某样式设置快捷键，以后只需要选中文字并按快捷键即可快速套用样式。

注：【正文】样式是 Word 中的最基础的样式，不要轻易修改它，它一旦被改变，将会影响所有基于【正文】样式的其他样式的格式。另外，尽量利用 Word 内置样式，尤其是标题样式，可使相关功能（如根据标题样式提取生成目录）更简单。

为了便于管理样式，也可以新建样式。单击【样式】组的扩展按钮，再单击【样式】对话框下方的第一个按钮【新建样式】，如图 4-3 所示，打开【根据格式设置创建新样式】对话框（该对话框与图 4-2【修改样式】对话框一样）。输入样式名称，【样式基准】选“正文”，意为在“正文”这个样式的基础上创建此样式，在【后续段落样式】中选择输入的样式名称，意为套用了此样式的正文，其后续新建的段落也默认继续套用此样式。然后在【格式】中设置字体、段落等样式，设置完成后单击【确定】按钮，即可在样式列表和样式窗格中看到新建的这个样式。

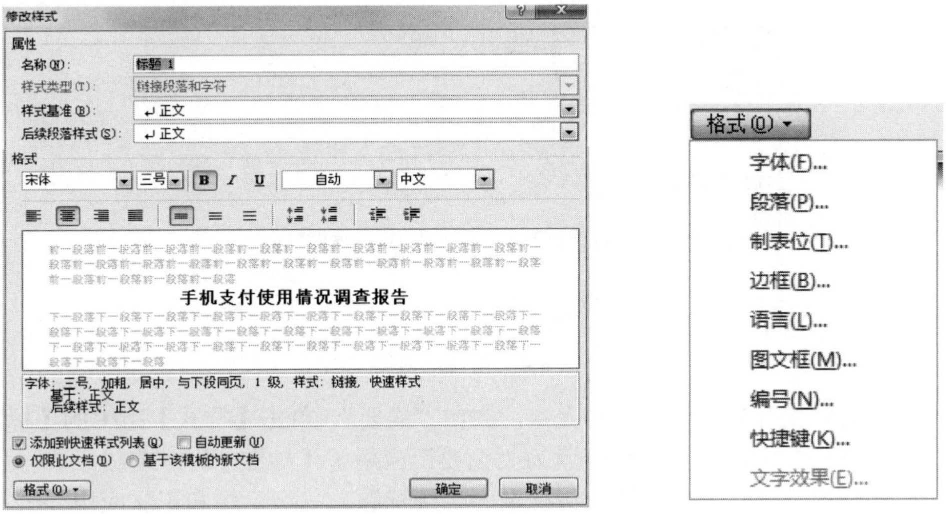

图 4-2　【修改样式】对话框

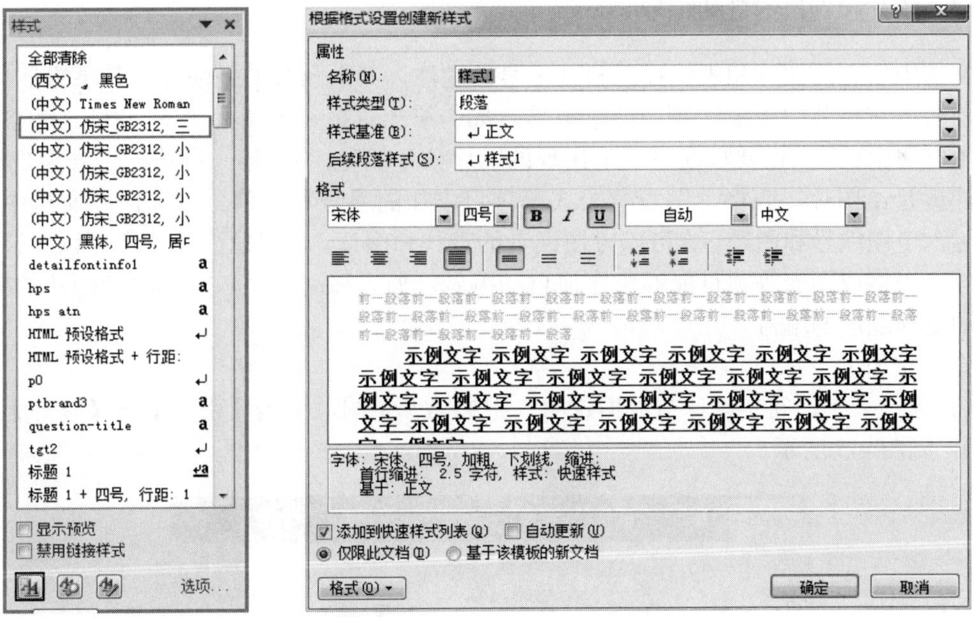

图 4-3　新建样式

（3）按表 4-1 依次修改标题和正文的字体和段落格式，为了方便下文的应用可以为【标题 1】【标题 2】【标题 3】添加快捷键“Ctrl+1”“Ctrl+2”“Ctrl+3”。添加方法：单击【格式】→【快捷键】，在打开的【自定义键盘】对话框中单击【请按新快捷键】的编辑栏，同时按下键盘的“Ctrl+1”键，在编辑栏出现“Ctrl+1”后，单击【指定】按钮添加，如图 4-4 所示。

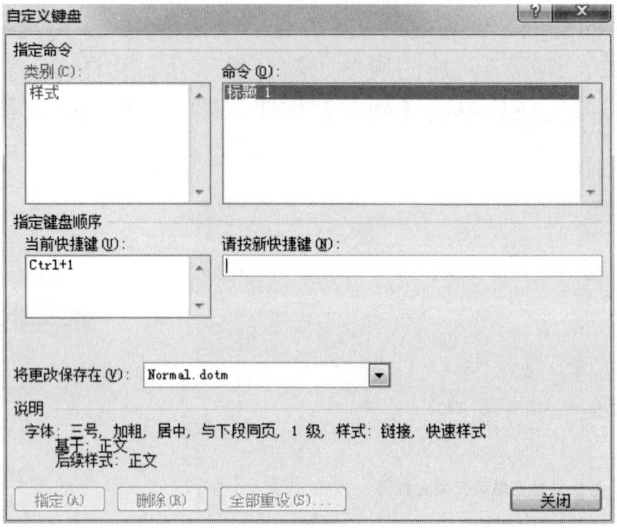

图 4-4 指定快捷键

（4）选中需要设置为一级标题的文本，例如“摘要”，单击【样式】组中的【标题 1】样式（或者使用快捷键“Ctrl+1”），这样就为“摘要”应用了【标题 1】样式。

（5）用同样的方法，为其他的一级标题、二级标题、三级标题和正文应用样式，如果在修改正文样式时选择了【自动更新】，则不需要应用样式也可以达到修改正文的目的。

4.2.3 图片和表格的自动编号

为文档中所有的图片和表格插入自动编号的题注，其中图片的题注在图片下方居中位置，并且图片要按在章节中出现的顺序分章编号，如：第一章第一个图为“图 1-1”。表格的题注在表格上方居中位置，也要按在章节中出现的顺序分章编号，如：第一章第一个表为“表 1-1”。

题注就是给图片、表格、图表、公式等项目添加的编号和名称。例如，本文档中的图片下方就输入了图编号和图题，这可以方便读者的查找和阅读。使用题注功能还可以保证在长文档中图片、表格或图表等项目能够顺序地自动编号。如果移动、插入或删除带题注的项目时，可以自动更新题注的编号。

操作步骤如下：

（1）选中“二、问卷设计与数据说明”中的第一个图，单击【引用】→【题注】→【插入题注】，如图 4-5 所示。

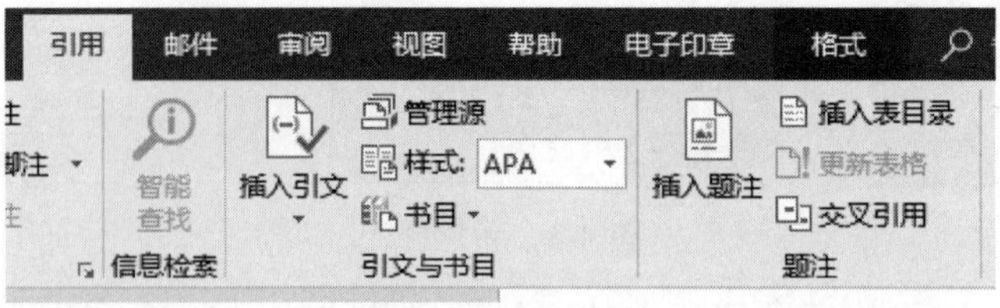

图 4-5 插入题注

（2）打开【题注】对话框，【题注】编辑栏中默认为“Table 1”，由标签加编号组合而成，由于默认的【标签】中并没有“图”的标签，需新建标签，如图 4-6 所示。

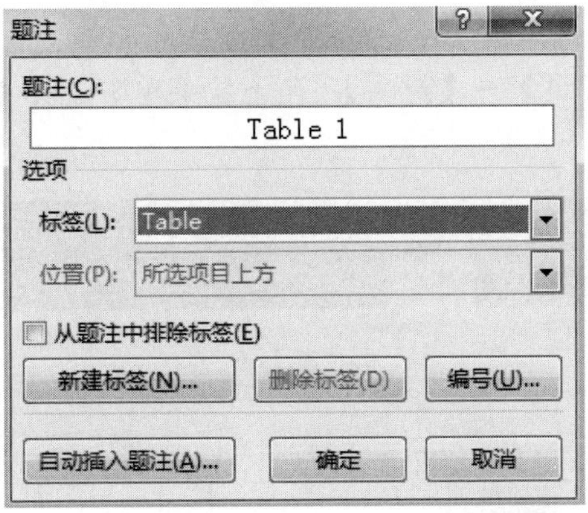

图 4-6 【题注】对话框

（3）因为本例中章节号是中文，不能在【题注编号】对话框中勾选【包含章节号】复选框进行自动编号，只能按章节建立各章节图的标签，单击【新建标签】按钮，在【标签】文本框中输入“图 2-”作为标签，如图 4-7 所示。

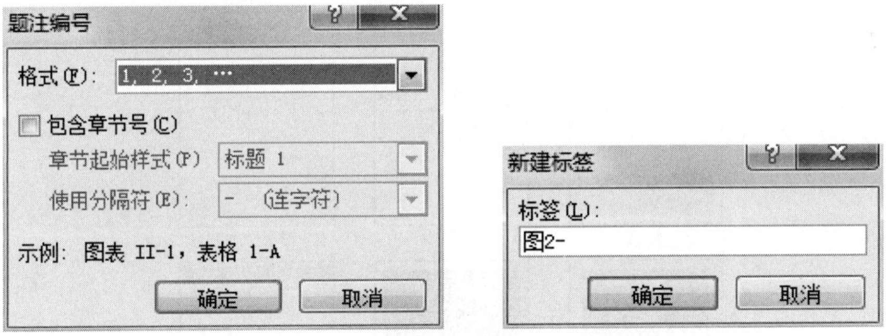

图 4-7 新建标签

（4）单击【确定】按钮回到【题注】对话框，【题注】编辑栏已经显示“图 2-1”，【位置】选择【所选项目下方】（表格选择【所选项目上方】），再单击【确定】按钮，这幅图片的题注就插入到图的下方。然后在图的编号后输入图题，并设置字体为“宋体”“小五”“居中对齐”。

（5）当需要对第二个图添加题注时，只需要选中该图，单击【引用】→【题注】→【插入题注】，在标签中选择对应的标签【图 2-】（当章节改变时要注意新建标签），最后的编号会自动增加，单击【确定】按钮后图的题注会自动插入到图的下一行，接着输入图题和设置图题字体格式即可。

（6）用上述的方法为文档所有的图片和表格添加题注。

4.2.4 插入封面

封面是文书的外皮，它能起到美化文书和保护文书的作用。创建封面有 3 种方法。方法一：使用 Word 的内置封面样式为文档添加一个封面，并在相应位置输入标题和作者等信息，Word 的内置封面插入只能使用内置样式或者是在 Office.com 下载。方法二：使用外部插入的图片、图形、艺术字和文本框自行编辑。方法三：自定义封面，即自由选择封面插入的图片和文字，并排版至合适大小。本文档为了方便封面的插入，使用方法一完成。

操作步骤如下：

（1）单击【插入】→【页】→【封面】，在下拉菜单中选择【内置】→【积分】，如图 4-8 所示。

图 4-8 插入封面操作

（2）插入封面后，在【标题】位置输入文档标题“手机支付使用情况调查报告”，【副标题】输入作者姓名“×××”。

（3）更换封面图片，右击封面图片，在右键菜单中选择【更改图片】，在【插入图片】的对话框中找到“D:\OFFICE\素材\第 4 章\手机支付.jpg”图片，单击【插入】按钮完成。

4.2.5 创建文档目录

当整篇文档的格式、章节号、标题格式和题注等全部设置完成后，就可以生成目录了。此时生成目录会变得很简单，因为目录的内容是 Word 自动从文档中抽取出那些带有级别标题的段落来组成的。

操作步骤如下：

（1）把光标定位到需要插入目录的位置，本文档为“一、调查目的”标题前，单击【引用】→【目录】，在下拉菜单中有默认的【手动目录】【自动目录 1】【自动目录 2】和【自定义目录】，【手动目录】需要自行编辑目录的标题和页码，【自动目录】是按照一定的格式抽取标题样式生成的，这里为了能突显个性化设置，选择【自定义目录】设置，如图 4-9 所示。

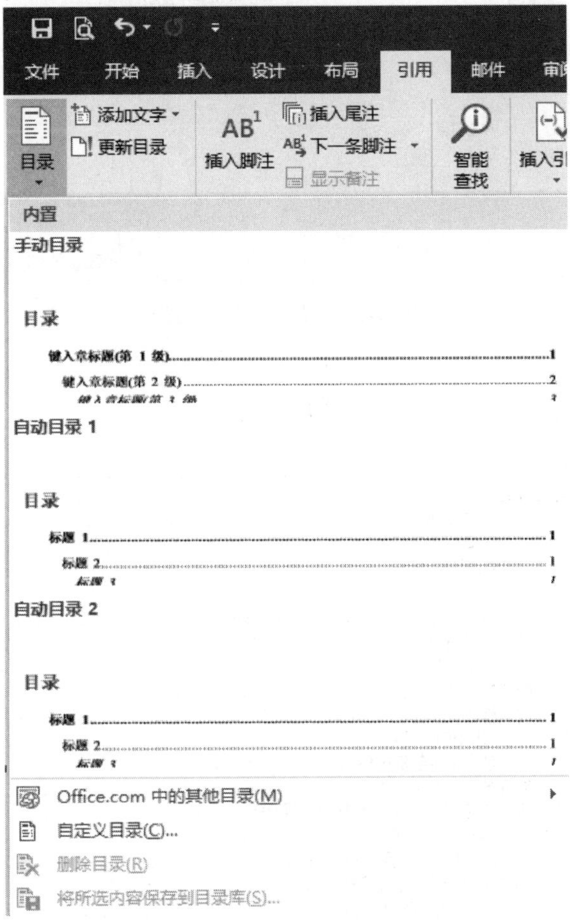

图 4-9 插入目录操作

（2）在弹出的【目录】对话框中的【目录】选项卡中的【打印预览】中可以看到目录的预览效果，勾选【显示页码】【页码右对齐】复选框并结合【制表符前导符】可以设置目录的样式，如图 4-10 所示。设置好后单击【确定】按钮即可自动生成目录。由于“摘要”和“Abstract”应用了【标题 1】样式，所以也出现在目录中，按文档的编排，“摘要”和“Abstract”是不能出现在目录中的，应将它们删除。然后在目录上方居中的位置输入“目录”，设置字体为“宋体”“三号”，同时也可以选中目录的文字设置文字和段落格式，让目录更美观，如图 4-11 所示。此外，目录还具备更新功能，当文档中的章节改动导致页码与目录不一致时，可以在目录上右击，在右键菜单中选择【更新域】，如果只是页码改动，在弹出的【更新目录】对话框中选中【只更新页码】单选按钮即可，如果章节内容有增减，则选中【更新整个目录】单选按钮，如图 4-12 所示。

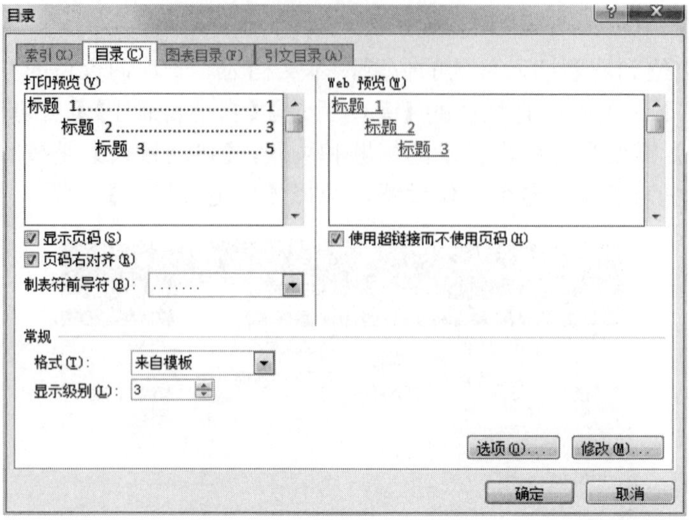

图 4-10 【目录】对话框

目 录

前 言 1
一、调查目的 2
二、问卷设计与数据说明 3
（一） 问卷调查情况说明 3
（二） 研究工具的说明 3
三、数据分析 4
（一）基本情况分析（性别，年龄，职业，收入） 4
1.性别构成情况 4
2.年龄构成分析 4
3.职业构成情况 4
4.收入构成情况 4
（二）手机支付使用情况分析 5
1.用户是否使用手机支付 5
2.手机支付使用频率如何 5
（三）用户对手机支付主要服务的了解分析 5
（四）进行手机支付消费分析 5
1. 在什么时间进行手机支付分析 5
2. 平均每次支付的金额分析 6
（五）手机支付的优势分析 6
1.使用手机支付是否安全分析 6
2.选择手机支付的原因分析 6
3. 手机支付的优势分析 7
（六）手机支付的安全性分析 7
1.不使用手机支付的原因分析 7
2..手机支付存在的隐患分析 7
四、交叉分析与相关分析 8
（一）交叉分析 8
1.年龄与是否使用手机支付的交叉分析 8
2.收入与使用手机支付安全隐患的交叉分析 8
（二）相关分析 9
五、手机支付使用状况原因与分析 10
六、相关应对策略 11
总结 12
致 谢 13
参考文献 14
附录 15

图 4-11 生成目录效果图

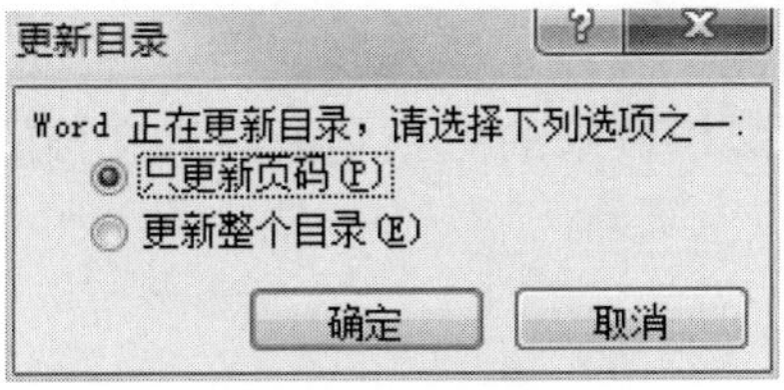

图 4-12　更新目录

4.2.6　创建图、表目录

在文档目录的下方再插入一个图、表目录。

操作步骤如下：

（1）将光标定位在需要创建图、表目录的位置。

（2）单击【引用】→【题注】→【插入表目录】，弹出【图表目录】对话框。

（3）在【图表目录】选项卡中的【题注标签】下拉列表中选择要创建索引的内容对应的题注“图 3-”，如图 4-13 所示。

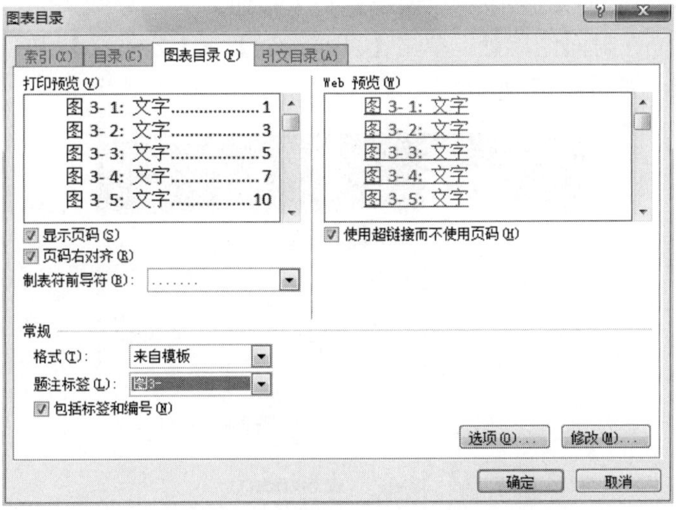

图 4-13　【图表目录】对话框

（4）单击【确定】按钮即可完成图、表目录的创建，然后在目录的上方居中位置输入“图、表目录”，设置字体为“宋体”“三号”，同时也可以选中图、表目录中的文字设置文字和段落格式，让目录更美观，生成的图、表目录效果图如图 4-14 所示。

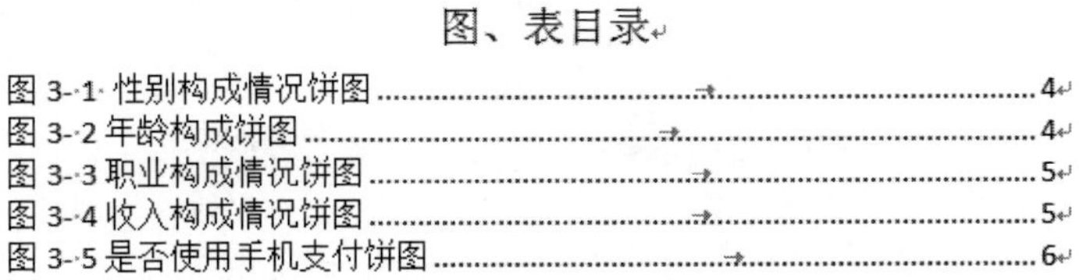

图 4-14　图、表目录效果图

（5）重复一次插入图、表目录操作，在【题注标签】下拉列表中选择要创建索引的内容对应的题注“表 4-”，将其他的图、表目录插入到文档中。

（6）图、表目录同样具备文档目录的更新功能，当文档的章节改动导致页码与目录不一致时使用【更新域】功能即可。

4.2.7 插入分节符

节是一段连续的文档块，同节的页面拥有同样的边距、纸型或方向、打印机纸张来源、页面边框、垂直对齐方式、页眉页脚、分栏、页码编排以及行号等。如果没有插入分节符，Word 文档默认一个文档只有一节，所有页面都属于这个节。所以，分节为页眉页脚的基础，有关页眉页脚的设置一般都要先通过分节才能实现，如奇偶页不同等。

本文档分为 9 个部分，需要插入 14 个分节符，封面为第一节，摘要为第二节，目录为第三节，前言为第四节，正文分为 6 个部分，各占一节，总结为第十一节，致谢为第十二节，参考文献为第十三节，附录为第十四节。

操作步骤如下：

（1）为了在插入分节符的时候能明确位置和看到提示文字，先设置标记高亮显示，单击【开始】→【段落】组中的【显示/隐藏编辑标记】按钮。

（2）将光标定位在封面结尾处，单击【页面布局】→【分隔符】，在下拉列表中选择【分节符】→【下一页】，如图 4-15 所示。

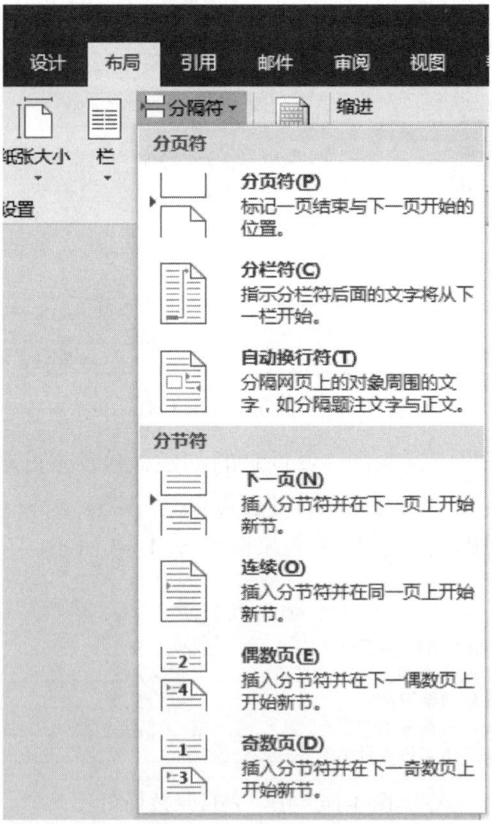

图 4-15 插入分节符

（3）再切换到“摘要”结尾处，重复插入分节符操作，可以看到在结尾处出现“分节符（下一页）”的标记，如图 4-16 所示，表示分节符插入成功。为每个部分插入分节符，如果插入分隔符导致下一页多出一个无用的空行，选择该行删除即可。

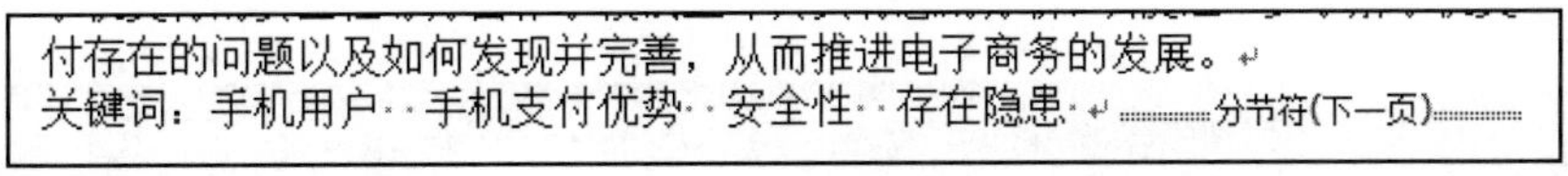
付存在的问题以及如何发现并完善，从而推进电子商务的发展。
关键词：手机用户 手机支付优势 安全性 存在隐患 分节符(下一页)

图 4-16　分节符标记

注：当有的图片或表格可能太大，无法在纵向版面中放下，需要临时切换成横向版面时，也可以使用分节的方式解决纵向版面与横向版面混排的问题，操作过程如下：①在该版面前后各插入一个分节符；②在【页面设置】中设置该页版面为横向即可。

4.2.8　设置页眉页脚

1. 页眉设置

按照文档的格式设置要求，封面、摘要以及目录不需要设置页眉，文档正文部分按如下设置：奇数页设置为“当前节标题 1 内容”，偶数页设置为“手机支付使用情况调查报告”，字体为“宋体”“五号”“居中对齐”。

操作步骤如下：

（1）单击【页面布局】→【页面设置】组的扩展菜单按钮，在弹出的【页面设置】对话框中，选择【版式】选项卡，在【页眉和页脚】中勾选【奇偶页不同】复选框，在【预览】下的【应用于】下拉列表中选择【整篇文档】，如图 4-17 所示。设置完成后，每节论文的奇偶页页眉可以设置不同显示，如在页面设置当中调整过可省略。

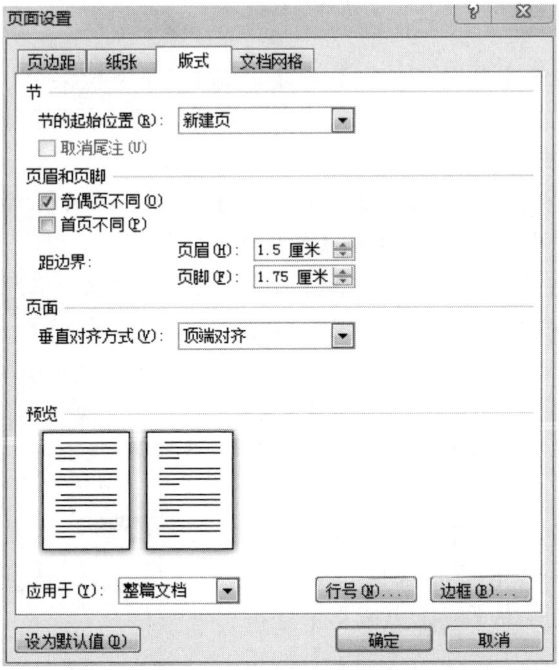

图 4-17　设置奇偶页不同

（2）单击【插入】→【页眉和页脚】→【页眉】，在下拉菜单中选择【编辑页眉】进入到页眉的编辑状态，如图 4-18 所示。将光标定位到首页的【页眉】编辑区，也就是封面的【页眉】编辑区，查看【页眉和页脚工具/设计】→【导航】组中的【链接到前一条页眉】应为不可用状态。

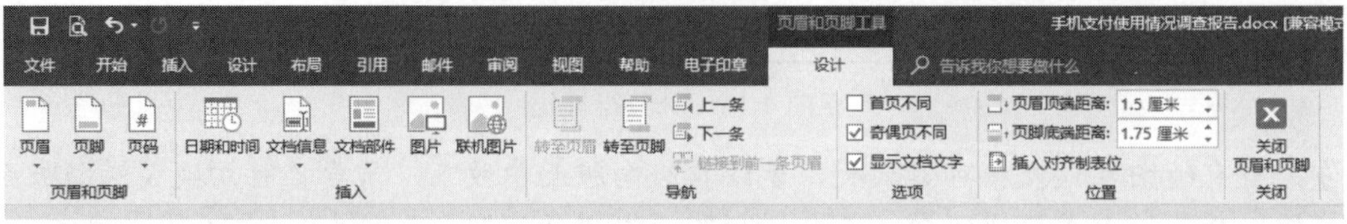

图 4-18　页眉编辑状态

（3）确认为不可用状态后，单击【页眉和页脚工具/设计】→【导航】→【下一节】，这时，光标就定位到下一节的【页眉】编辑区，也就是"摘要"的【页眉】编辑区。单击【页眉和页脚工具/设计】→【导航】组中的【链接到前一条页眉】，使其成为不可用状态。用同样的方法，将所有节的【链接到前一条页眉】都设置成不可用状态。

（4）再回到每一节首页的页眉编辑区，在奇数页输入"当前节标题 1 内容"，在偶数页输入"手机支付使用情况调查报告"，并设置字体为"宋体""五号""居中对齐"。

注：*设置奇偶页不同和将页眉之间的链接去掉的原因是页眉、页脚之间存在着上下链接的关系，如直接插入页眉并不能达到奇偶页页眉不同的效果，所以在插入页眉前必须先设置。*

2. 页脚设置

按文档页脚的格式要求，封面、摘要不能出现页码；目录的页脚居中设置页码，页码格式为连续的大写罗马数字；正文及其以后的部分，页脚居中设置页码，页码格式为连续的阿拉伯数字，字体为均 Times New Roman、"小五"。

操作步骤如下：

（1）单击【插入】→【页眉和页脚】→【页脚】，在下拉菜单中选择【编辑页脚】进入到页脚的编辑状态，将光标定位到目录页的页脚，在【页眉和页脚工具/设计】菜单中单击【链接到前一条页眉】，使其成为不可用状态。

（2）单击【页眉和页脚工具/设计】→【导航】→【下一节】，将光标定位到正文第一页的页脚，单击【页眉和页脚工具/设计】→【导航】组中的【链接到前一条页眉】，使其成为不可用状态，正文后续页因要连续编辑页码所以不用再做这个操作。

（3）返回目录页第一页的页脚，单击【页眉和页脚工具/设计】→【页码】→【设置页码格式】，弹出【页码格式】对话框，由于目录的页码要求使用罗马数字，所以在【编号格式】下拉列表中选择罗马数字"Ⅰ，Ⅱ，Ⅲ，…"。由于目录页码从"Ⅰ"开始，选中【页码编号】栏中【起始页码】单选按钮，使"Ⅰ"出现在编辑框中，单击【确定】按钮关闭对话框，如图 4-19 所示。

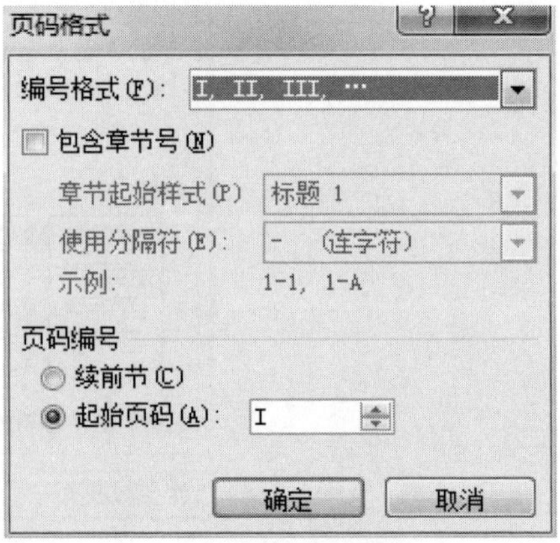

图 4-19　设置页码格式

（4）单击【页码】→【当前位置】，在下拉菜单中选择【普通数字】，插入页码，然后选中页码，单击【开始】选项卡，设置字体为 Times New Roman、“小五”“居中”。由于此前设置了奇偶页不同，所以在目录第二页的页脚要重复一次插入页码的操作，并设置字体。

（5）为了正文第一页页码从“1”开始逐页递增，光标定位到论文第一章第一页的页脚，单击【页眉和页脚工具/设计】→【页码】→【设置页码格式】，弹出【页码格式】对话框，在【编号格式】下拉列表中，选择阿拉伯数字“1，2，3…”。由于正文页码从“1”开始，选中【页码编号】栏中【起始页码】单选按钮，使“1”出现在编辑框中，单击【确定】按钮关闭对话框。

（6）单击【页码】→【当前位置】，在下拉菜单中选择【普通数字】，插入页码，这时“1”应该插入到页脚中。选中页码，单击【开始】选项卡，设置字体为 Times New Roman、“小五”“居中”。

（7）将光标定位到正文的第 2 页的页脚，单击【页码】→【当前位置】，在下拉菜单中选择【普通数字】，该页页脚插入页码“2”，选中页码，单击【开始】选项卡，设置字体为 Times New Roman、“小五”“居中”。

（8）检查所有的页脚页码，如果正文出现没有页码或者是页码不连续的情况，就单击【页眉和页脚工具/设计】→【页码】→【设置页码格式】，选中【页码编号】栏中【续前节】单选按钮。

4.3 案例小结

本章学习了长文档编辑排版，对 Word 的样式设置和样式使用、节的插入、页眉页脚的设置、题注的插入、目录的插入等操作有了深入的了解和掌握。在长文档的排版过程中应注意：

（1）开始排版时，要先设置好样式，一般主要设置的样式有正文、标题 1、标题 2 及标题 3 种。

（2）正文的图和表无缩进居中，图、表标题居中，其他样式自定义；图标题位于图下，表标题位于表上。

（3）将封面、摘要、目录和正文的各部分分为独立的一节。

（4）自动抽取文档目录，一般生成 3 级目录。

（5）长文档是按单面打印还是双面打印格式进行排版，根据打印格式调整奇偶页不同，每一节的页眉、页脚断开链接，封面、摘要、目录没有页眉，封面、摘要不显示页码。

（6）检查分节后页眉、页脚、页码设置是否正确，目录是否要更新。

4.4 思考练习

参照案例，对“素材\第 4 章\网络购物调查报告.docx”进行排版，要求如下：

1．整体打印设置。中文用“宋体”，英文用 Times New Roman，页边距上为“2.5 厘米”，下为“2 厘米”，左为“2.5 厘米”，右为“2 厘米”。

2．封面。插入内置带图片的封面，图片替换为素材中的“网络购物.jpg”，标题输入文档标题。

3．正文格式。每一章作为一节，标题编写采用分级编号，一级标题为中文一、二、三等，二级标题为 1.1、1.2、1.3 等，三级标题为 1.1.1、1.1.2、1.1.3 等。一级标题居中放置，字体“宋体”“三号”，段前、段后“1 行”间距，行距为“2.41 倍”。二级标题顶格放置，字体“宋体”“三号”，段前、段后各“13 磅”间距，行距为“1.73 倍”。三级标题顶格放置，字体“宋体”“四号”，段前、段后各“13 磅”间距，行距为“1.73 倍”。正文“首行缩进 2 字符”，字体“宋体”“四号”，行距“固定值 18 磅”。

4．图、表格式：图和表无缩进居中，图、表标题居中，其他样式自定义；图标题位于图下，表标题位于表上。

5．目录设置：自动提取文档目录和图表目录，设置完成后必须更新目录，目录字体为“宋体”“四号”，行距为“固定值 18 磅”。

6．页眉、页脚设置：封面无页码，目录页码为罗马数字，正文页码为连续阿拉伯数字。封面、目录无页眉，奇数页设置为“当前节标题 1 内容”，偶数页设置为“网络购物调查报告”。

案例 5　批量制作工作证

扫码看视频

学习目标

- 理解邮件合并的思想。
- 掌握利用“邮件合并”功能批量制作工作证。
- 掌握“邮件合并”中合并域、Word 域的使用。

5.1　案例简介

几乎每一家公司或者单位都需要给员工制作工作证，工作证的内容除了个人信息（姓名、性别、联系电话）等少数项目以外，其他的内容和格式都是一模一样的。要制作大批量的工作证，如果使用传统的方法，不管是先打印模板再手写填入个人信息，还是计算机复制粘贴录入个人信息再统一打印，这些方法都太烦锁，而且很容易出错。Word 中的“邮件合并”功能为批量制作文档（证书、工作证）提供了完美的解决方案，可以将多种保存类型的数据源整合到 Word 文档中，用高效的方法创建出目标文档。

本章以批量制作“环球软件科技公司”的工作证为案例来介绍“邮件合并”功能的使用方法，工作证样图如图 5-1 所示。

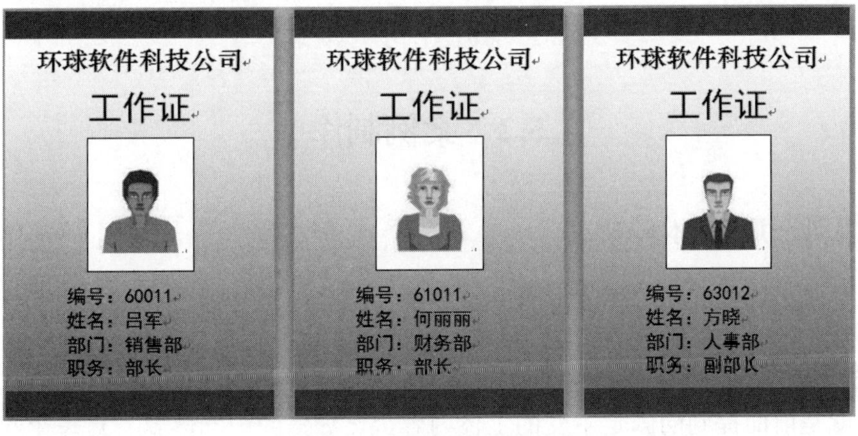

图 5-1　批量制作工作证样图

5.1.1　邮件合并

“邮件合并”这个名称最初是在批量处理“邮件文档”时提出的。具体地说就是在邮件文档（主文档）的固定内容中，合并与发送信息相关的一组通信资料（数据源，如 Excel 表、

Access 数据表等），从而批量生成需要的邮件文档，因此大大提高了工作的效率，“邮件合并”因此而得名。

“邮件合并”功能除了可以批量处理信函、信封等与邮件相关的文档外，一样可以轻松地批量制作标签、工资条、成绩单等。

5.1.2 “邮件合并”的使用

我们可以通过分析一些用“邮件合并”完成的任务，从而得到答案。比如最常用的需要批量处理的信函、证书等文档，它们通常都具备两个规律：

（1）需要制作的数量比较大。

（2）这些文档的内容分为固定不变的内容和变化的内容。比如信封上的寄信人地址和邮政编码、信函中的落款等，这些都是固定不变的内容；而收信人的地址、邮编等就属于变化的内容。其中，变化的部分由数据表中含有标题行的数据记录表表示。

什么是含有标题行的数据记录表呢？通常是指这样的数据表：它由字段列和记录行构成，字段列规定该列存储的信息，每条记录行存储着一个对象的相应信息。如图 5-2 所示，字段列中包含的字段为“客户姓名”“服务账号”等；每条记录行存储着每个客户相应的信息。

	A	B	C	D	E	F
1	客户姓名	服务账号	公司名称	电话	地址	邮编
2	周思源	A59911024105	汇丽集团	35687478	北京市桂林路500号	100021
3	张华	A59911024106	富创公司	35656454	北京市莲花路168号	100032
4	王小明	A59911024107	三亚集团	35632197	北京市宜山路15号	100061
5	吴远	A59911024108	现代公司	35664512	北京市衡山路251号	100053
6	钟佳佳	A59911024109	美佳公司	35686542	北京市裕德路666号	100010
7	李梅	A59911024111	双影集团	35876786	北京市华山路423号	100010
8	陈悦	A59911024112	蓝贝公司	35687654	北京市长安大街111号	100010
9	周红	A59911024113	诺诚公司	35665653	北京市利安路459号	100061
10	杨阳	A59911024115	鑫诚公司	35689745	北京市建国路12号	100053
11	沈雯雯	A59911024116	捷信公司	35756711	北京市新村大道45号	100032

图 5-2 带标题行的数据记录表

5.2 案例制作

5.2.1 邮件合并的基本步骤

邮件合并是将文件和数据库进行合并，主要在两个电子文档之间进行，一个是主文档，一个是数据源。

1. 建立主文档

主文档就是前面提到的固定不变的主体内容，比如信函中的落款、对每个收信人都不变的内容等。使用邮件合并之前先建立主文档是一个很好的习惯，一方面可以考查预计的工作是否适合使用邮件合并，另一方面是主文档的建立为数据源的建立或选择提供了标准和思路。

2. 准备好数据源

数据源就是前面提到的含有标题行的数据记录表，其中包含着相关的字段和记录内容。数据源表格可以是 Word、Excel、Access 或 Outlook 中的联系人记录表。

在实际工作中，数据源通常是现成的，比如要制作大量的客户信封，多数情况下，客户信息可能早已被客户经理做成了 Excel 表格，其中含有制作信封需要的“姓名”“地址”“邮编”等字段。在这种情况下，直接将表格信息拿过来使用就可以了，而不必重新制作。也就是说，在准备自己建立之前要先考查一下是否有现成的可用。如果没有现成的则要根据主文档对数据源的要求建立，根据自己的习惯使用 Word、Excel、Access 都可以，实际工作中常常使用 Excel 制作。

3. 把数据源合并到主文档中

前两步都准备好后，就可以将数据源中的相应字段通过加入“合并域”的特殊指令合并到主文档的固定内容中，表格中的记录行数决定主文件生成的份数。整个合并操作过程将利用“邮件合并向导”进行，使用非常轻松容易。

5.2.2 建立主文档

新建 Word 文档制作一份“工作证主文档.docx”，如图 5-3 所示，并保存在 D 盘的 OFFICE 文件夹中，同时设置文档的页面格式。

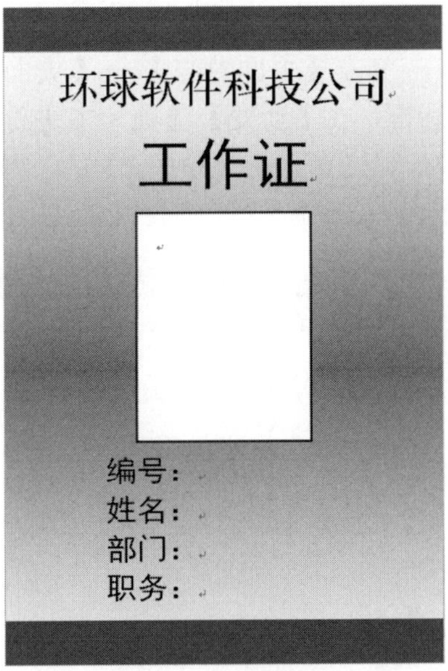

图 5-3 工作证模板

操作步骤如下：

（1）打开 Word 2016，单击【文件】→【新建】→【空白文档】，新建一个空白文档。

（2）单击【文件】→【新建】→【另存为】→【计算机】→【浏览】，在计算机中选择保存路径，本案例所使用的路径是【D:\OFFICE】，在【文件名】中输入“工作证主文档”，保存类型选择【Word 文档（*.docx）】，单击【保存】按钮进行保存。

（3）自定义文档版面，选择【布局】选项卡，单击【页面设置】组右下角的扩展按钮，弹出【页面设置】对话框，在【纸张】选项卡中的【纸张大小】栏中选择【自定义大小】，【宽度】为“6 厘米”，【高度】为“9.2 厘米”，在【页边距】选项卡中设置【页边距】（上、下、左、右）为“0 厘米”，如图 5-4 所示。

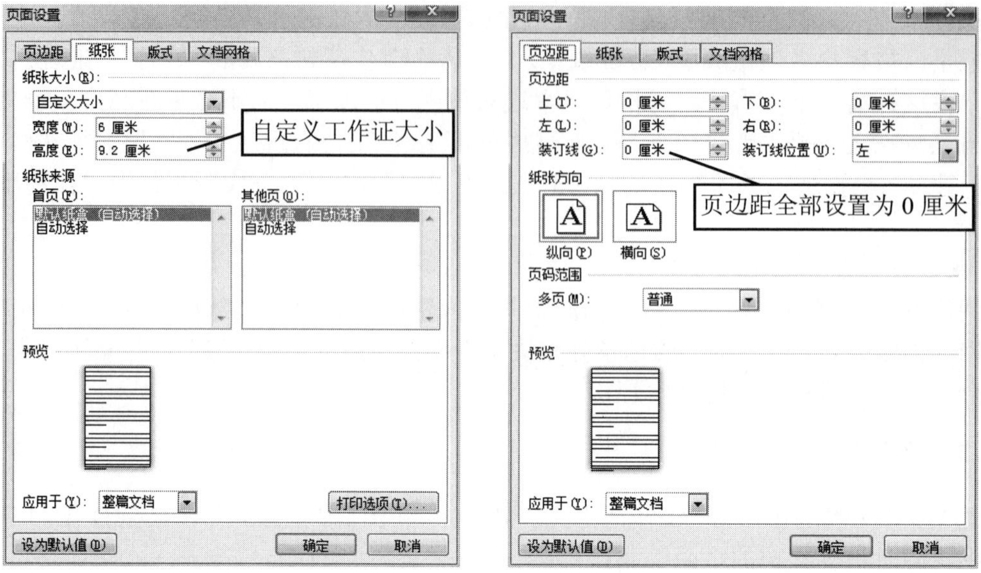

图 5-4 工作证页面设置

（4）选择【设计】选项卡，单击【页面背景】→【页面颜色】，在下拉列表中选择【填充效果】，弹出【填充效果】对话框，在【渐变】选项卡中进行设置，选中【颜色】栏中的【双色】单选按钮，【颜色 1】默认为“白色”，在【颜色 2】的下拉列表中选择标准色“浅蓝”，其他设置保留默认，如图 5-5 所示。

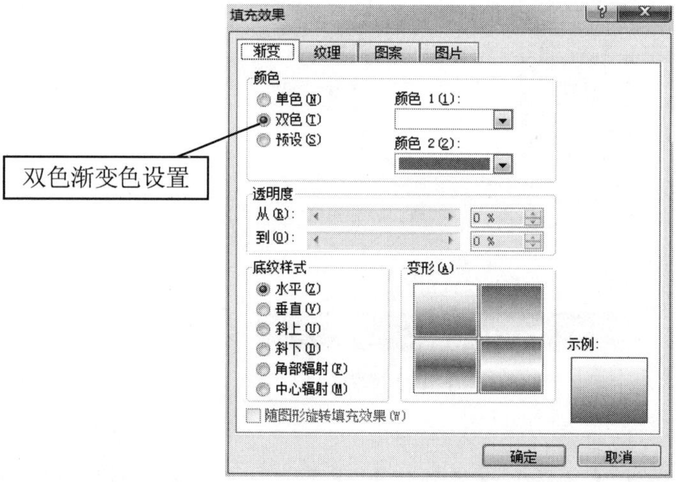

图 5-5 设置填充效果

（5）参照工作证模板，单击【插入】→【形状】→【矩形】，在页面上下分别插入一个矩形，设置【宽度】为“6 厘米”，【高度】为“0.6 厘米”，设置【形状填充】为“蓝色”，【形状轮廓】为“蓝色”。

（6）参照工作证模板，插入 4 个文本框，第 1 个文本框输入“环球软件科技公司”，设置字体为“华文中宋”“三号”；第 2 个文本框输入“工作证”，设置字体为“黑体”“二号”；第 3 个文本框输入“编号、姓名、部门、职务”，设置字体为“黑体”“小四”。调整文本框大小，让文本框按工作证模板排列，同时设置文本框的【形状填充】为“无颜色填充”，【形状轮廓】为“无轮廓”。第 4 个文本框无输入内容，设置【宽度】为“2.4 厘米”，【高度】为“3.2 厘米”，设置【形状轮廓】→【粗细】→【0.75 磅】。设置并排列好后，选择 4 个文本框，单击【绘图工具/格式】→【对齐】，在下拉列表中选择“水平居中”。

（7）完成后的效果如图 5-3 所示，单击【保存】按钮。

5.2.3 准备数据源

本例中所用到的数据源已经利用 Excel 预先创建【员工信息表.xlsx】，保存在【D:\OFFICE\素材\第 5 章\】，如图 5-6 所示。由于 Excel 中“照片名”列存储相应照片的“名称.jpg”，因此必须将照片与数据源存储在同一文件夹内才能更便于邮件合并。

	A	B	C	D	E	F	G
1	员工编号	姓名	性别	部门	职务	联系电话	照片名
2	60011	吕军	男	销售部	部长	18674868585	60011.jpg
3	61011	何丽丽	女	财务部	部长	13945632145	61011.jpg
4	63012	方晓	男	人事部	副部长	14785296325	63012.jpg
5	62013	李静	女	总务部	副部长	15236982547	62013.jpg
6	62016	林希	男	总务部	办事员	13654698746	62016.jpg
7	61015	张环瑞	男	财务部	会计员	13856965325	61015.jpg
8	60012	赵国强	男	销售部	业务员	13665489140	60012.jpg
9	60021	刘梓妍	女	销售部	副部长	18046821365	60021.jpg

图 5-6　员工信息表

5.2.4 把数据源合并到主文档

利用 Word“邮件合并”功能将 Excel 数据、照片合并到工作证主文档模板中。

操作步骤如下：

（1）单击【邮件】选项卡，在【开始邮件合并】组中单击【开始邮件合并】，在下拉列表中选择【邮件合并分步向导】命令，如果已经很熟悉邮件合并操作可以直接选择相应合并的文档类型进行操作，如图 5-7 所示。

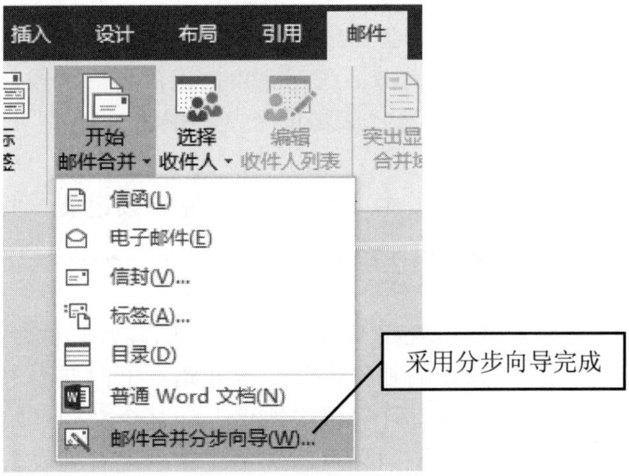

图 5-7　【邮件合并】菜单

（2）在 Word 窗口的右侧会打开【邮件合并】任务窗格，在任务窗格中按其提示的 6 个步骤完成邮件合并操作。

（3）在【邮件合并】任务窗格的【选择文档类型】向导页选中【信函】单选按钮，并单击【下一步：开始文档】，如图 5-8 所示。

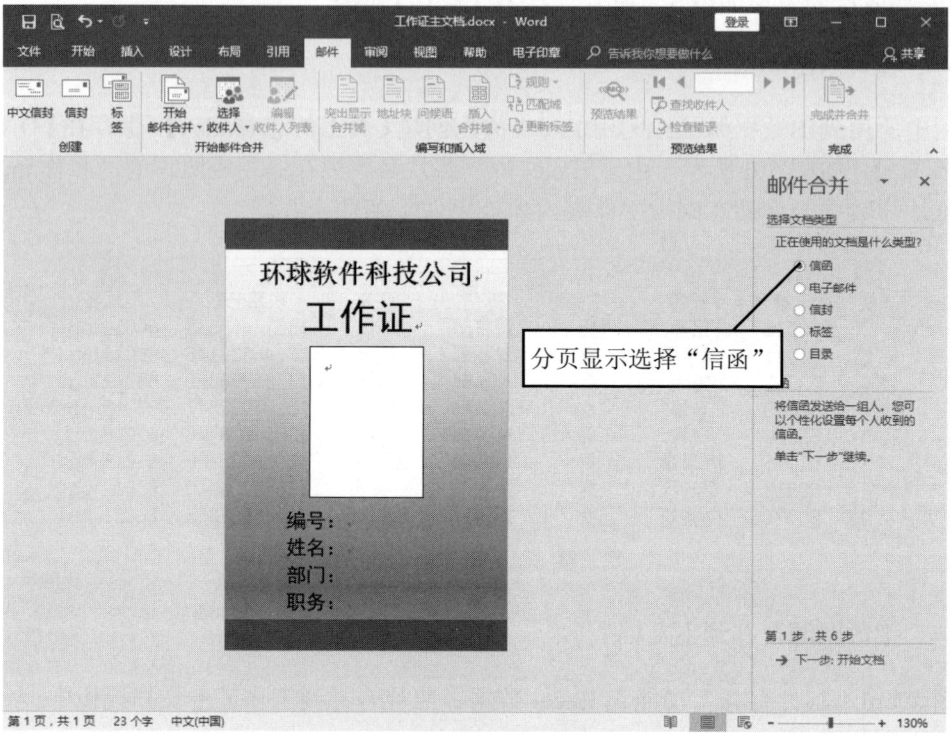

图 5-8 选择文档类型

【信函】：将信函发送给一组人。可以单独设置每个人收到信函的格式。

【电子邮件】：将电子邮件发送给一组人。可以单独设置每个人收到的电子邮件的格式。

【信封】：打印成组邮件的带地址的信封。

【标签】：选择【标签】后会弹出选择框，选择需要的版式，例如分为 1/4 的版面，会将一个 Word 页面分为四个角上的域，在左上角插入需要的字段，然后【更新标签】会将四个角上的信息都变成一样，最后再选择编辑单个文档中的“全部”即可将所有信息按照 1/4 的版面显示。

【目录】：将所有信息显示在一页上，而不是一条记录一页。

（4）在打开的【选择开始文档】向导页中，选中【使用当前文档】单选按钮，并单击【下一步：选择收件人】，如图 5-9 所示。

【使用当前文档】：使用现在 Word 打开的文档开始进行合并。

【从模板开始】：从预设的邮件合并模板开始，可根据需求自定义模板。

【从现有文档开始】：打开计算机中所保存的某个文档开始。

（5）打开【选择收件人】向导页，选中【使用现有列表】单选按钮，并单击【使用现有列表】栏的【浏览】，如图 5-10 所示。

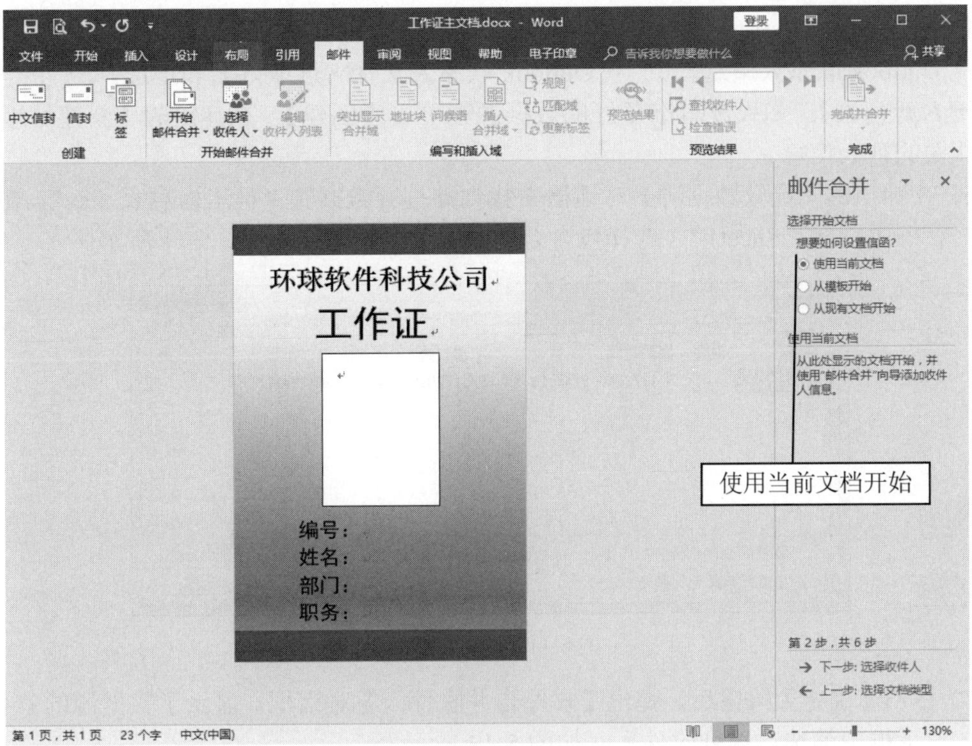

图 5-9　选择开始文档

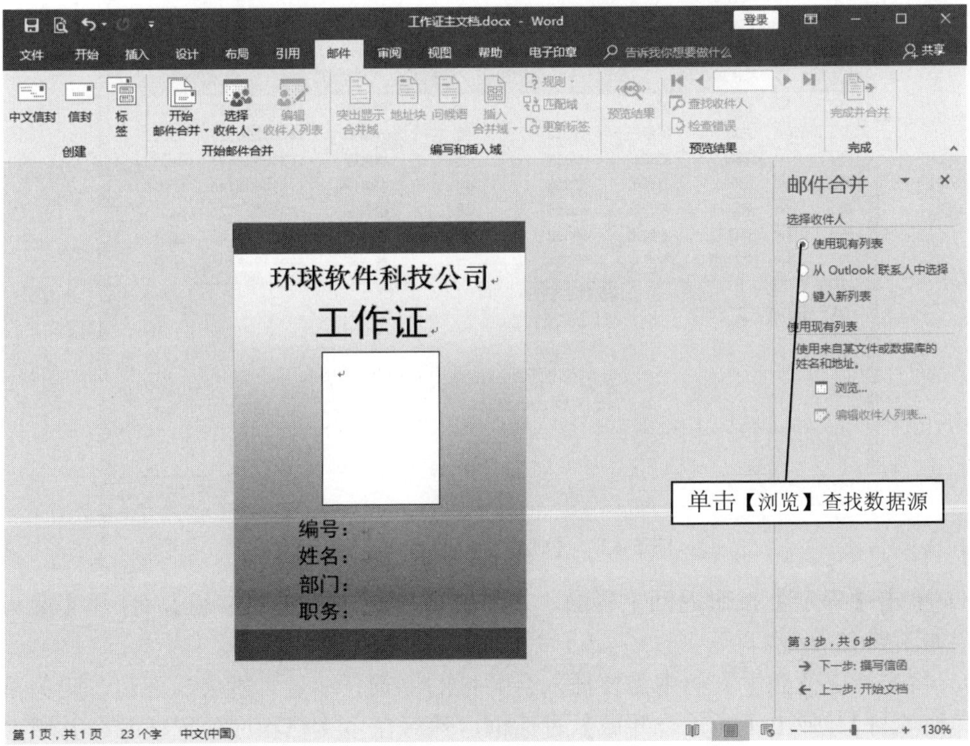

图 5-10　选择收件人

【使用现有列表】：使用来自某文件或数据的表格，可以是.xlsx、.mdb、.doc 等。

【从 Outlook 联系人中选择】：从 Outlook 联系人文件夹选取姓名和地址。

【键入新列表】：如果没有准备好的数据源则单击【创建】，在弹出的【新建地址列表】中输入相关的列表信息。

（6）在弹出的【选取数据源】对话框中找到并打开数据源“员工信息表.xlsx”，在【选择表格】对话框中选择“Sheet1”（选择包含合并数据的数据表），如图 5-11 所示。

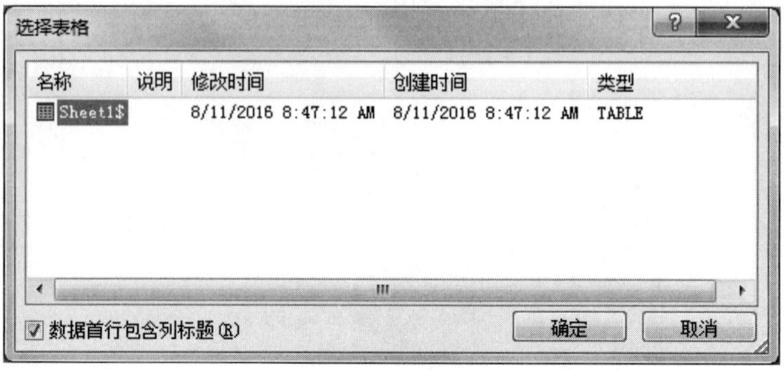

图 5-11　选取数据源

（7）单击【确定】按钮后，弹出【邮件合并收件人】对话框，显示了数据源的信息内容，可以在该对话框中筛选、排列收件人，如图 5-12 所示。

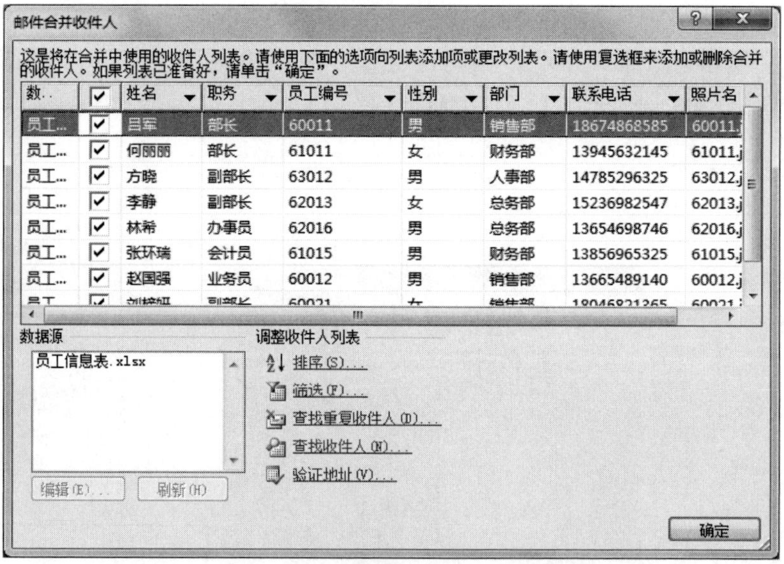

图 5-12　【邮件合并收件人】列表

（8）单击【确定】按钮返回主界面，再单击【下一步：撰写信函】，打开【撰写信函】向导页，如图 5-13 所示。

（9）将光标定位到主文档中需要插入合并域的位置（编号、姓名、部门、职务冒号后），单击【其他项目】，弹出【插入合并域】对话框，然后在主文档相应位置插入合并域中的“域名”，如图 5-14 所示。

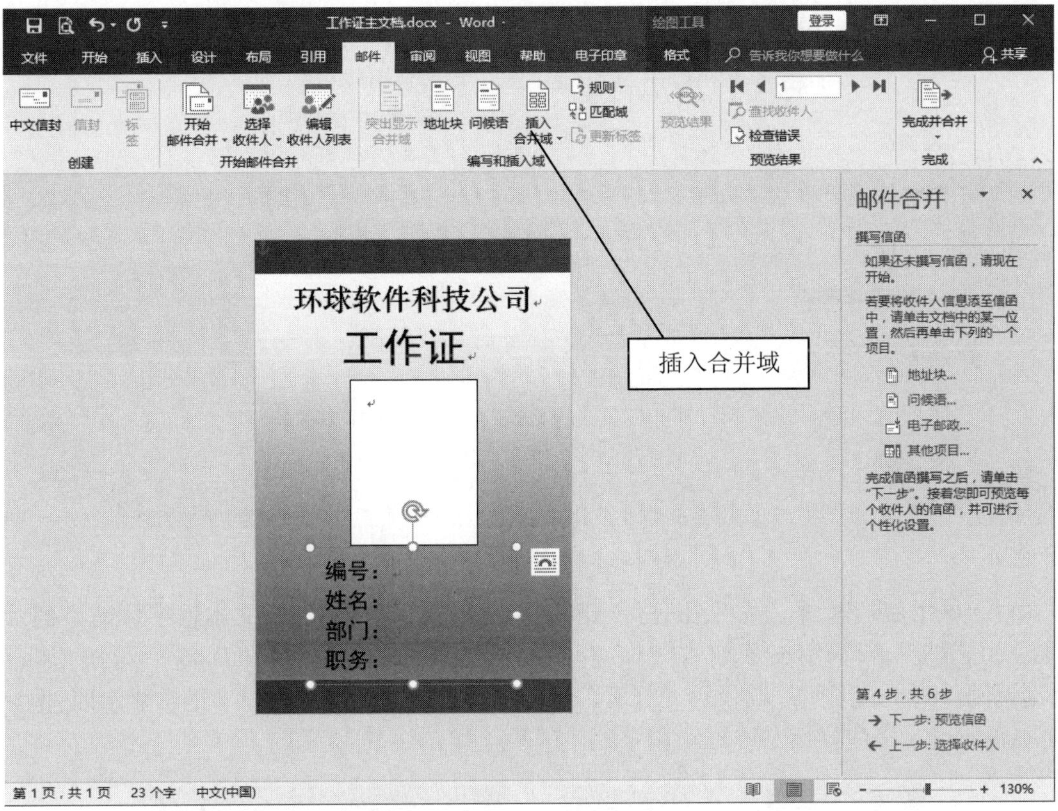

图 5-13 【撰写信函】向导页

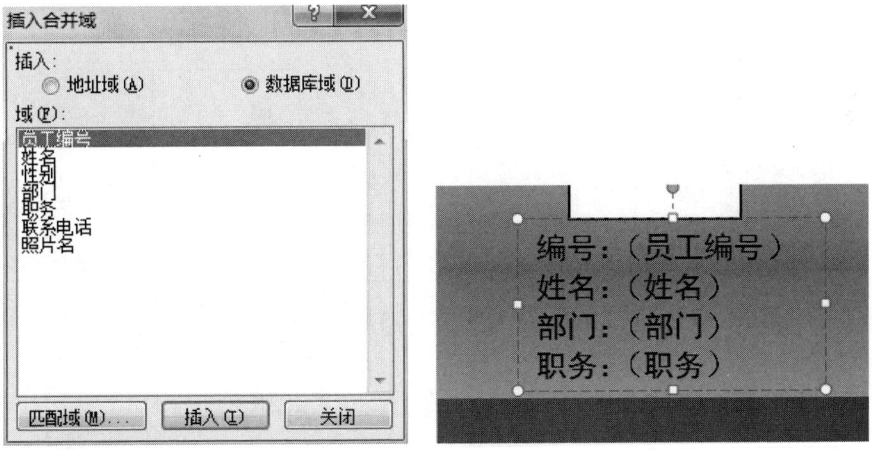

图 5-14 插入合并域

（10）插入照片嵌套域，将光标定位到照片文本框，单击【插入】→【文本】→【文档部件】→【域】，在【域名】选项框中选择【IncludePicture】，在【域属性】的【文件名或 URL:】编辑框内输入照片的路径【D:\OFFICE\素材\第 5 章\】，如图 5-15 所示，单击【确定】按钮。

注：如果是复制文件夹的路径粘贴，最后一个反斜杠要手动录入，因为还没有完成域的照片文件名的输入，所以在文本框中显示为“错误！未指定文件名。”

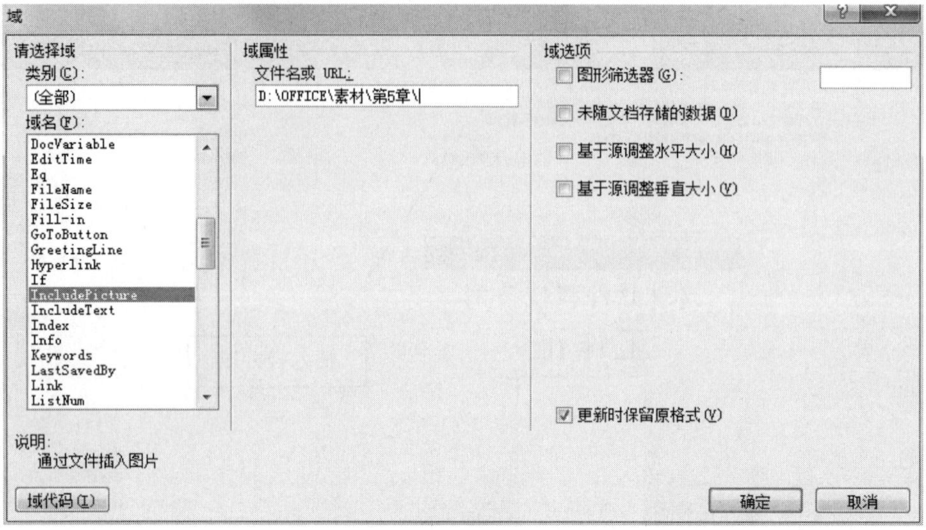

图 5-15 插入照片嵌套域

（11）单击照片区域，按“Alt+F9”组合键切换域代码，将照片文本框字体缩小到六号，在“D:\\OFFICE\\素材\\第 5 章\\”的“\\”和后引号之间插入合并域“照片名”，再按“Alt+F9”组合键返回，即完成了照片域代码的编辑，此时在文本框显示照片，如未正常显示照片，则按 F9 键刷新即可。按住鼠标左键拖动调整照片大小，如图 5-16 所示。

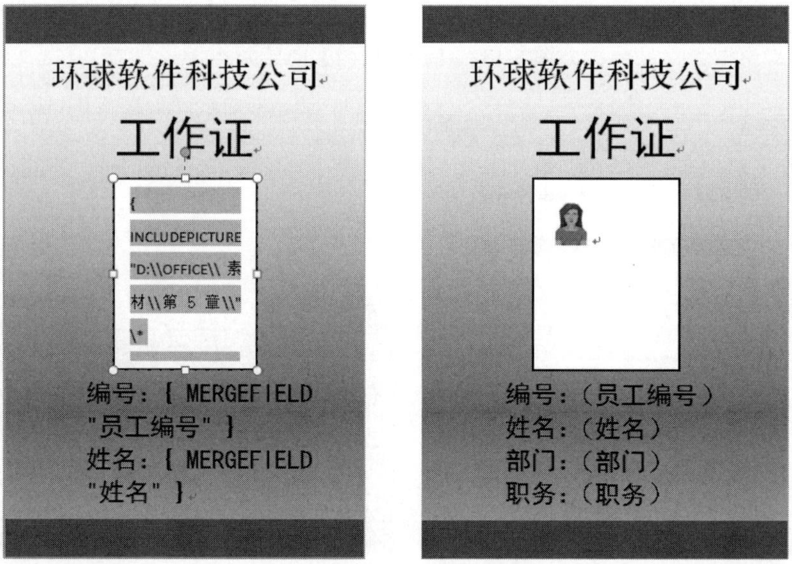

图 5-16 编辑照片域代码

（12）单击【下一步：预览信函】，在打开的【预览信函】向导页中可以查看信函内容，单击【<<】或【>>】按钮可以预览其他联系人的信函，其中照片暂时是不会改变的，如图 5-17 所示。

（13）确认没有错误后，单击【下一步：完成合并】，打开【完成合并】向导页，单击【编辑单个信函】，如图 5-18 所示。

图 5-17　预览信函

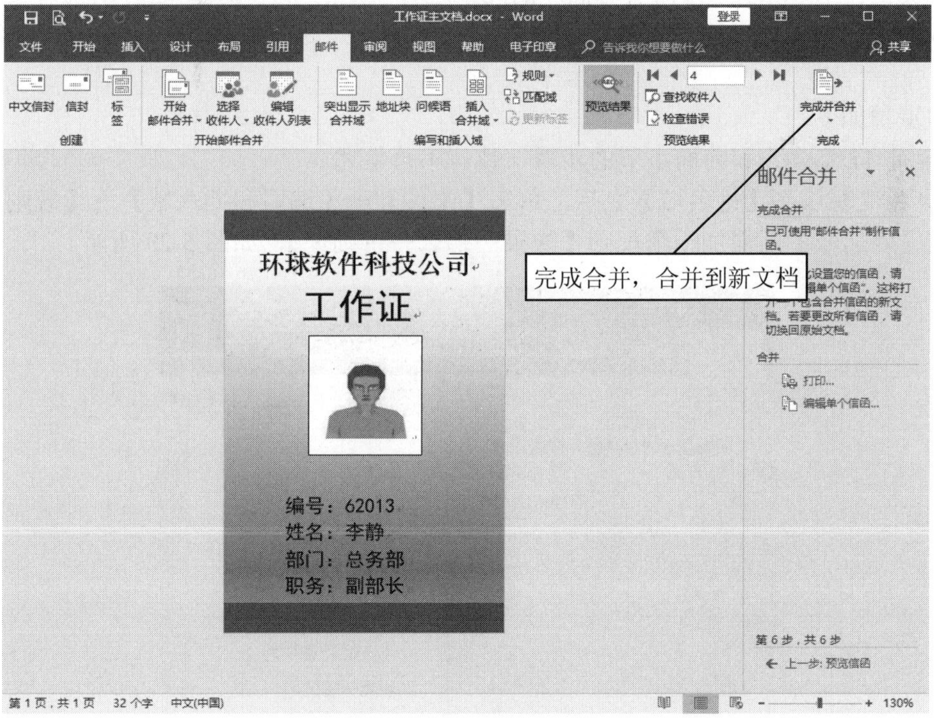

图 5-18　完成合并

（14）打开【合并到新文档】对话框，选择要合并的记录，如图 5-19 所示，或者是在单击【编辑单个信函】前先单击【编辑收件人列表】，打开【邮件合并收件人】进行记录的筛选再合并。

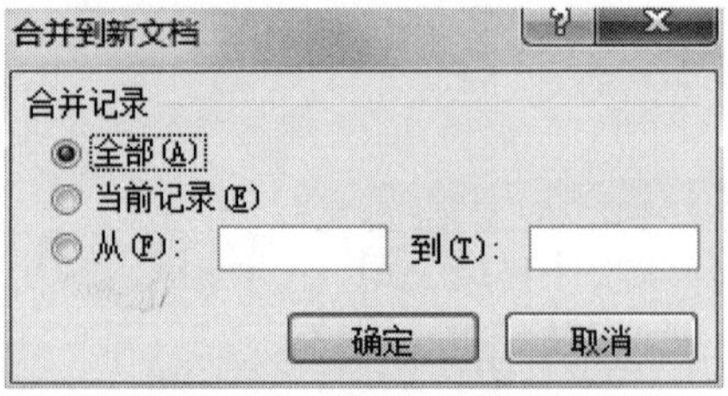

图 5-19 选择合并记录

（15）选中【全部】单选按钮，单击【确定】按钮，则所有的记录都被合并到新文档中，但是合并的文档中每个工作证的照片都是同一个人，这时需要选择照片，同时按 F9 键进行更新，更新过后则会自动对应姓名显示出来。

（16）合并出来的文档【页面背景】被清除掉了，需要重新单击【设计】→【页面背景】→【页面颜色】→【填充效果】，打开【填充效果】对话框后单击【确定】按钮应用。至此，邮件合并工作证全部完成，最后单击【文件】→【保存】，以“工作证.docx”为文件名保存到【D:\OFFICE\】文件夹下。

5.2.5 嵌套域的使用

在现实工作中，很多时候需要对插入的元素进行一定的条件限定。这时候就需要用到嵌套域。在本例中，以工作证的“姓名”后加入“先生/女士”进行智能识别为例，来介绍嵌套域的使用。

操作步骤如下：

（1）前 11 步操作和前面小节的步骤一致，不再赘述。

（2）将光标放到【姓名域】之后，单击【邮件】→【编写和插入域】→【规则】中的第三条，在【姓名域】后面加一个规则【如果…那么…否则…】，如图 5-20 所示。

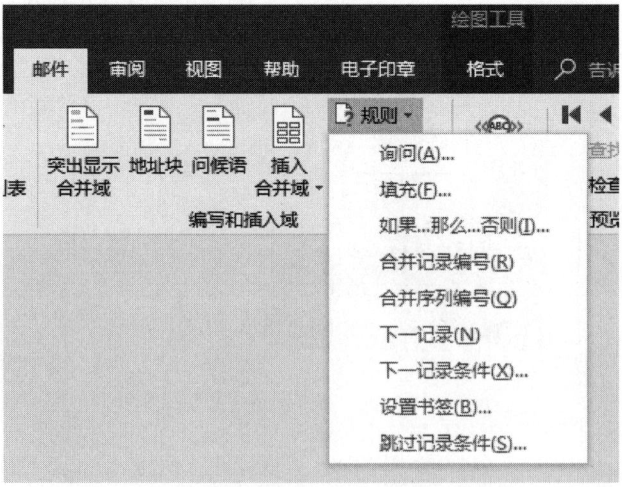

图 5-20 选择规则

（3）在弹出的【插入 Word 域：如果】对话框中，在【域名】下拉列表中选择【性别】，在【比较条件】下拉列表中选择【等于】，在【比较对象】文本框中输入“男”，在【则插入此文字】文本框中输入“先生”，在【否则插入此文字】文本框中输入“女士”。设置完毕后单击【确定】按钮即可，如图 5-21 所示。

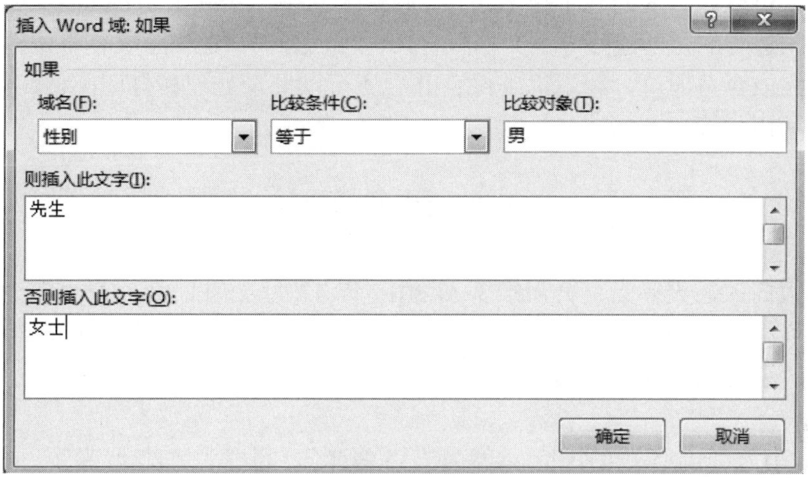

图 5-21　设置规则

（4）使用格式刷工具，对返回结果的字体应用相同的字体及格式。

（5）其他步骤同前面小节一致，最后效果如图 5-22 所示。

图 5-22　最终效果

（6）认识【Word 域：如果】。实际上，它是 Word 的 IF 域，即判断【性别】字段是否为男，是男就返回“先生”，否则返回结果“女士”。切换为域代码，则看到代码为：**姓名：{ MERGEFIELD 姓名 }{ IF { MERGEFIELD 性别 } = “男” “先生” “女士” }**

5.3 案例小结

“邮件合并”是 Word 的一项高级功能，是 Word 中最为实用、节约时间的功能之一，也是办公自动化人员应该掌握的基本技术之一。邮件合并操作实际上是在“主文档”和“数据源”这两个文档之间进行的，创建好“主文档”，打开“数据源”，在“主文档”中适当的位置插入合并域，最后完成合并即可。利用“邮件合并”还可以批量处理和打印邮件，如制作工作证、工资条、奖状和请柬等。

5.4 思考练习

为答谢广大商家，天籁商贸公司准备于 2015 年 12 月 25 日 18 时举办答谢会，现让小王利用“邀请函素材.docx”制作一批邀请函，要邀请的人员名单见“邀请人员名单.xlsx”，邀请函的样式参见“邀请函（样文）.docx”。

制作要求：

1．纸张大小为“自定义大小”，宽度为“15 厘米”，高度为“20 厘米”，页边距上为“1.5 厘米”，下、左、右均为“1 厘米”，页面颜色为填充效果预设中的“麦浪滚滚”。

2．标题字体为“华文新魏”“一号”“居中对齐”。

3．正文字体为“楷体”“小四”“首行缩进 2 字符”“1.5 倍行距”，其中称呼“左对齐”，落款空三行“右对齐”。

4．利用“邮件合并”制作邀请函，在主文档的适当位置插入合并域，将电子表格“邀请人员名单.xlsx”中的姓名信息自动填写到“邀请函”中“尊敬的”三字后面，并根据性别信息，在姓名后添加“先生”（性别为男）、“女士”（性别为女）。

5．利用“邮件合并”功能在第 4 段“在此特邀请您参加”与“在公司多功能厅举办的”之间插入 Word 域，使其在完成合并时能输入默认填充日期“2015 年 12 月 25 日 18 时”，只询问一次。

操作要点：

（1）将光标定位在“在此特邀请您参加”的后面，在【邮件】选项卡上的【编写和插入域】组中，单击【规则】下拉列表中的【填充】，打开【插入 Word 域：Fill-in】对话框。

（2）在【提示】下方的文本框中输入“请输入答谢会举办时间”，在【默认填充文字】下方的文本框中输入“年月日时”，勾选【询问一次】复选框，如图 5-23 所示，单击【确定】按钮。

注：勾选【询问一次】很重要，否则在合并之后，如果有多页数据，则需要多次输入时间，所以如果输入的内容都相同的话就勾选【询问一次】复选框，以减少文字的输入。

（3）在新弹出的【Microsoft Word】对话框中【请输入答谢会举办时间】的文本框中输入“2015 年 12 月 25 日 18 时”，如图 5-24 所示，单击【确定】按钮。

6．邮件合并完成后，如图 5-25 所示，最后单击【文件】→【保存】，以“邀请函.docx”为文件名保存到【D:\OFFICE\】文件夹下。

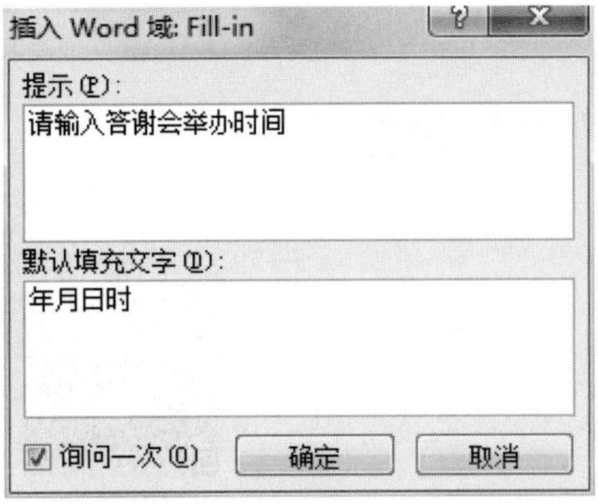

图 5-23　插入【填充】Word 域

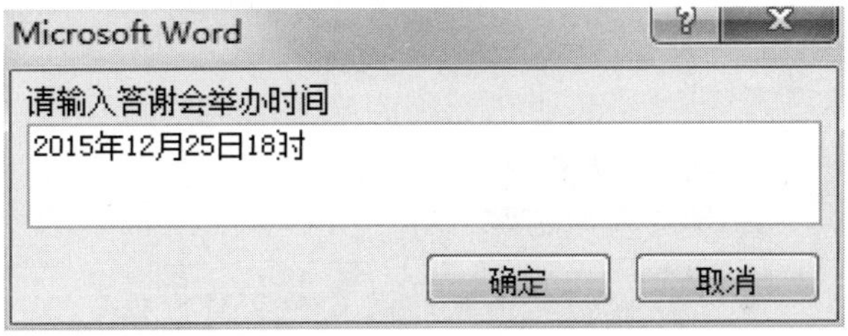

图 5-24　输入默认时间

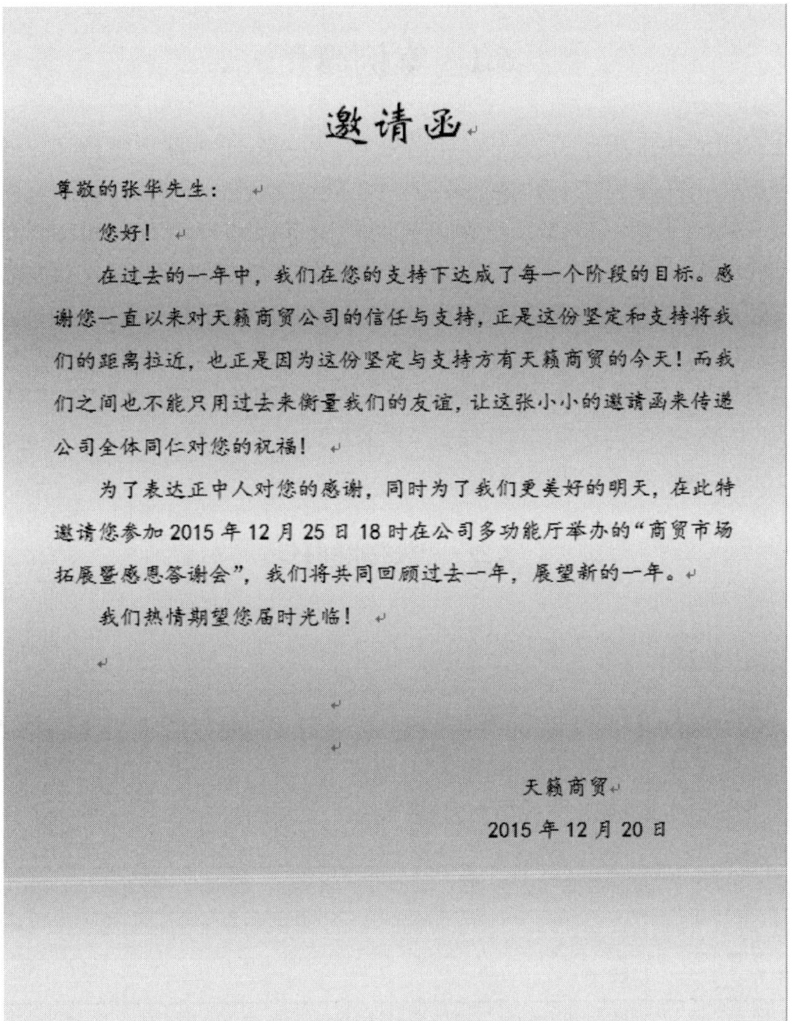

邀请函

尊敬的张华先生：

您好！

在过去的一年中，我们在您的支持下达成了每一个阶段的目标。感谢您一直以来对天籁商贸公司的信任与支持，正是这份坚定和支持将我们的距离拉近，也正是因为这份坚定与支持方有天籁商贸的今天！而我们之间也不能只用过去来衡量我们的友谊，让这张小小的邀请函来传递公司全体同仁对您的祝福！

为了表达正中人对您的感谢，同时为了我们更美好的明天，在此特邀请您参加 2015 年 12 月 25 日 18 时在公司多功能厅举办的“商贸市场拓展暨感恩答谢会”，我们将共同回顾过去一年，展望新的一年。

我们热情期望您届时光临！

天籁商贸

2015 年 12 月 20 日

图 5-25　最终效果图

案例 6　文章的样式与排版

学习目标

扫码看视频

- 掌握标题格式的设置和表格排版。
- 掌握段落样式和制表位的应用。
- 掌握大纲排序。

6.1　案例简介

在某旅行社就职的小王为了开发美国旅游业务，在 Word 中重新整理了一份介绍美国主要城市的文档，但是在正式使用之前，她还必须对这篇文档进行排版和完善。

文字是人类文化的重要组成部分。无论在何种视觉媒体中，文字和图片都是其两大构成要素。文字排列组合的好坏，直接影响着版面的视觉传达效果。因此，文章排版是增强视觉传达效果，提高作品的诉求力，赋予版面审美价值的一种重要构成技术。

文字的主要功能是在视觉传达中向大众传达作者的意图和各种信息，要达到这一目的，必须考虑文字的整体诉求效果，给人以清晰的视觉印象。因此，排版中的文字应避免繁杂零乱，使人易认、易懂，切忌为了排版而排版，忘记了文章排版的根本目的是为了更好、更有效地传达作者的意图，表达文章的主题和构想意念。

6.2　案例制作

6.2.1　标题格式设置

"打开【D:\OFFICE\素材\第 6 章\美国旅游.docx"】，同时设置文档页面格式，将上、下页边距设置为 2.5 厘米，左、右页边距设置为 3 厘米。

将文档标题"美国主要城市"设置如下格式：

字体	微软雅黑，加粗
字号	小初
对齐方式	居中
文本效果	填充-橄榄色，强调文字颜色 3，轮廓-文本 2
字符间距	加宽，6 磅
段落间距	段前间距：1 行；段后间距：1.5 行

操作步骤如下：

（1）选择【页面布局】选项卡，单击【页边距】→【自定义页边距】，在【页面设置】对话框中设置上、下页边距为 2.5 厘米，左、右页边置为 3 厘米，如图 6-1 所示。

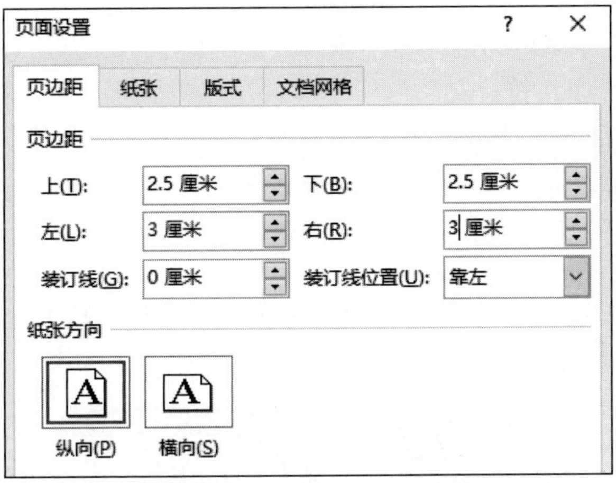

图 6-1　【页面设置】对话框

（2）选中“美国主要城市”，在【开始】选项卡中【字体】分组中，设置【字体】为“微软雅黑”，设置【字形】为“加粗”，设置【字号】为“小初”，设置【文本效果】为“填充-橄榄色，强调文字颜色 3，轮廓-文本 2”。

（3）选中“美国主要城市”，在【字体】分组中打开【字体】扩展对话框。在【高级】选项卡【字符间距】分组中的【间距】中选择【加宽】，【磅值】设置为“6 磅”，如图 6-2 所示。

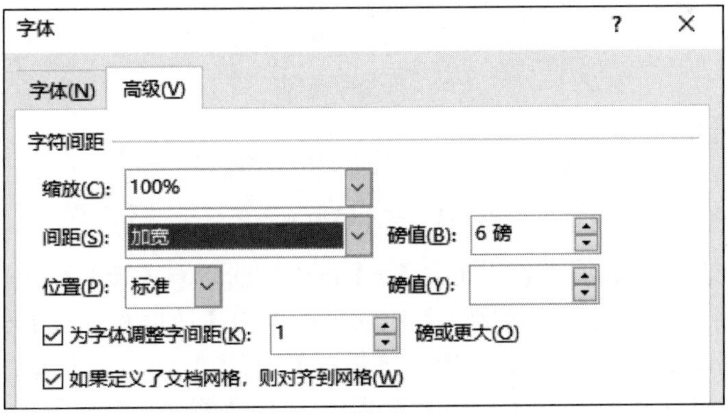

图 6-2　【字符间距】设置

（4）单击【段落】分组中的【段落】扩展对话框。在【段落】对话框中，设置【常规】分组中的【对齐方式】为“居中”，设置【间距】分组中的【段前间距】为“1 行”，【段后间距】为“1.5 行”。

6.2.2　表格排版

将文档第 1 页中的绿色文字内容转化为 2 列 4 行的表格，并进行如下设置（效果可参考素材文件夹下的“表格效果.png”示例）：

1）设置表格居中对齐，表格宽度为页面的80%，并取消所有的框线。

2）使用素材文件夹中的图片“项目符号.png”作为表格中文字的项目符号，并设置项目符号的字号为小一号。

3）设置表格中的文字颜色为黑色，字体为方正姚体，字号为二号，其在单元格内中部两端对齐，并左侧缩进2.5个字符。

4）修改表格中内容的中文版式，将文本对齐方式调整为居中对齐。

5）在表格的上、下方插入适当的横线作为修饰。

6）在表格后插入分页符，使得正文内容从新的页面开始。

操作步骤如下：

（1）选中文中绿色文字，然后单击【插入】选项卡【表格】分组中的【表格】下拉按钮，选择【文本转化成表格】命令，单击【确定】按钮，完成文字转化成表格，如图6-3所示。

图6-3 文本转换成表格

（2）选中整个表格，单击【表格工具】/【布局】选项卡【表】分组中的【属性】按钮，弹出【表格属性】对话框。在【表格属性】对话框中单击【边框和底纹】按钮，在弹出的【边框和底纹】对话框中，选择【边框】选项卡【设置】中的“无”，然后单击【确定】按钮。

（3）在【表格属性】对话框【表格】选项卡中设置【对齐方式】为“居中”，勾选【尺寸】分组中的【指定宽度】复选框，在【度量单位】后的组合框中选择“百分比”，在【指定宽度】后面输入“80%”，然后单击【确定】按钮，如图6-4所示。

（4）选中整个表格，单击【开始】选项卡【段落】分组中的【项目符号】下拉按钮，在下拉菜单中选择【定义新项目符号】，在弹出【定义新项目符号】对话框中选择【图片】。在弹出的【图片项目符号】对话框中单击【导入】按钮，进入素材文件夹，找到“项目符号.png”，导入图片。然后选中导入的图片，单击【确定】按钮，完成项目符号的设置，再单击【确定】按钮。

图 6-4　表格属性设置

（5）选中表格，在【开始】选项卡【字体】分组中，设置文字颜色为“黑色”，设置字体为“方正姚体”，设置字号为“二号”。

（6）单击【表格工具】/【布局】选项卡【表】分组中的【属性】按钮。在弹出的【表格属性】对话框中，单击【单元格】选项卡【垂直对齐方式】分组中的【居中】，然后单击【确定】按钮。

（7）单击【开始】选项卡【段落】分组中的段落启动器。在弹出的【段落】对话框中，设置对齐方式为“左对齐”，设置左缩进为“2.5 字符”。然后在【开始】选项卡【段落】分组中单击【居中】按钮。

（8）选中【项目符号】图片，设置【开始】选项卡【字体】分组中的字号为“小一”。

（9）将光标置于标题段之后，按 Enter 键，新建段落。单击【开始】选项卡【段落】分组中的【边框】下拉菜单，在下拉列表中选择【边框和底纹】命令，弹出【边框和底纹】对话框，单击对话框左下角的【横线】按钮，弹出【横线】对话框，在列表框中选择参考文件“表格效果.png”所示的横线类型，单击【确定】按钮；按照同样的方法，在表格下方插入相同的横线。

（10）将光标移至“华盛顿”前面，单击【布局】选项卡【页面设置】分组中的【分隔符】按钮，在下拉列表中选择【分页符】命令。

6.2.3　段落样式应用

为文档中所有红色文字内容应用新建的样式，要求如下（效果可参考考生文件夹中的“城市名称.png”示例）：

样式名称	城市名称
字体	微软雅黑，加粗
字号	三号
字体颜色	深蓝，文字 2
段落格式	段前、段后间距为 0.5 行，行距为固定值 18 磅，并取消相对于文档网格的对齐；设置与下段同页，大纲级别为 1 级
边框	边框类型为方框，颜色为“深蓝，文字 2”，左框线宽度为 4.5 磅，下框线宽度为 1 磅，框线紧贴文字（到文字间距磅值为 0），取消上方和右侧框线
底纹	填充颜色为“蓝色，强调文字颜色 1，淡色 80%”，图案样式为 “5%”，颜色为自动

首先，我们先对城市名称进行设置。操作步骤如下：

（1）将光标移至“华盛顿”前面，单击【开始】选项卡【样式】分组中的【样式窗口】启动器，在【样式】对话框中选择【新建样式】。

（2）在打开的【根据格式化创建新样式】对话框中的【名称】文本框中输入“城市名称”设置【字体】为“微软雅黑”，设置【字号】为“三号”，设置【字形】为“加粗”，设置【字体颜色】为“深蓝，文字 2”，如图 6-5 所示。单击【格式】下拉按钮中的【段落】，在【段落】对话框【缩进和间距】选项卡中，设置【大纲级别】为“1 级”，【段前】【段后】间距为“0.5 行”，【行距】为“固定值 18 磅”，并取消勾选【如果定义了文档网格，则对齐到网格】复选框。如图 6-6、图 6-7 所示。切换【换行和分页】选项卡，在【分页】分组中选择【与下段同页】复选框，然后单击【确定】按钮，完成段落格式的设置。

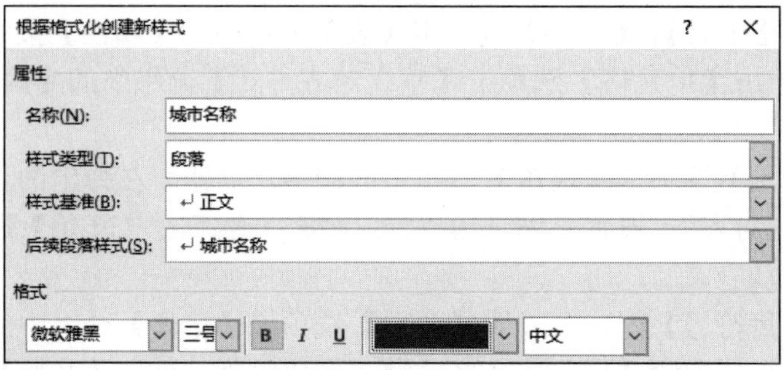

图 6-5 【根据格式化创建新样式】设置

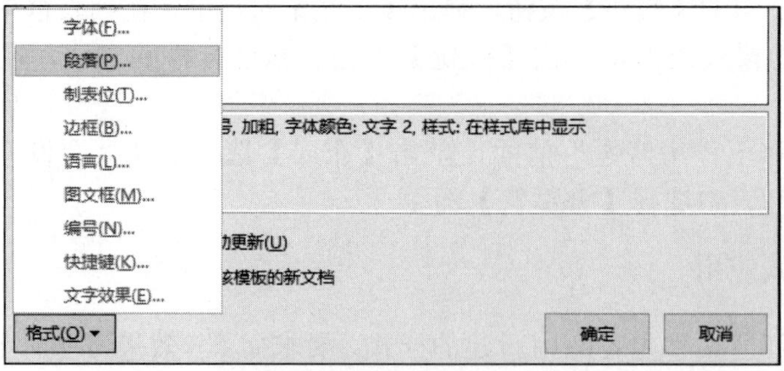

图 6-6 选择【段落】命令

图 6-7　【段落】设置

（3）在【根据格式化创建新样式】对话框中，再选择【格式】下拉菜单中的【边框】命令，打开【边框和底纹】对话框。在【边框】选项卡【设置】中选中【方框】项，设置【颜色】为“深蓝，文字 2”，设置【宽度】为“4.5 磅”，选中【左边框】；设置【宽度】为“1 磅”，选中【下边框】；单击并取消上和右边框，如图 6-8 所示。单击【选项】按钮，弹出【边框和底纹】对话框，将距正文间距中的【左】设置为“0 磅”，连续两次单击【确定】按钮，完成边框设置。返回后切换到【底纹】选项卡，选择【填充】为“蓝色，强调文字颜色 1，淡色 80%”，图案样式为“5%”，【颜色】为“自动”，单击【确定】按钮，完成底纹设置，如图 6-9 所示。

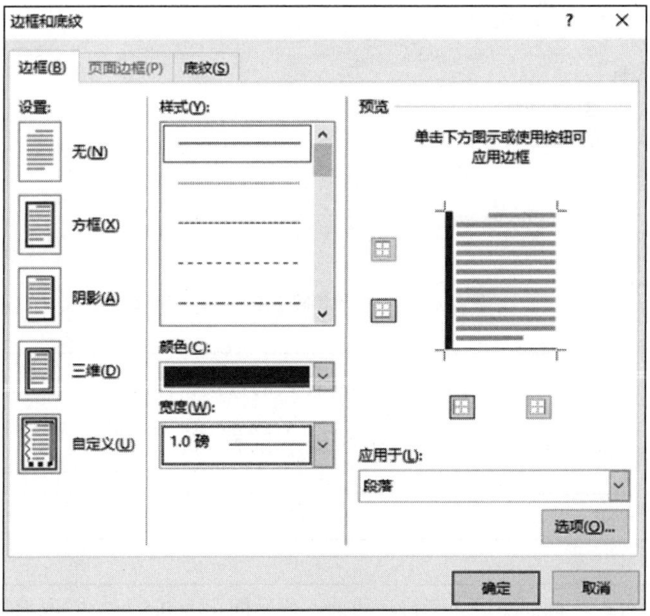

图 6-8　【边框】设置

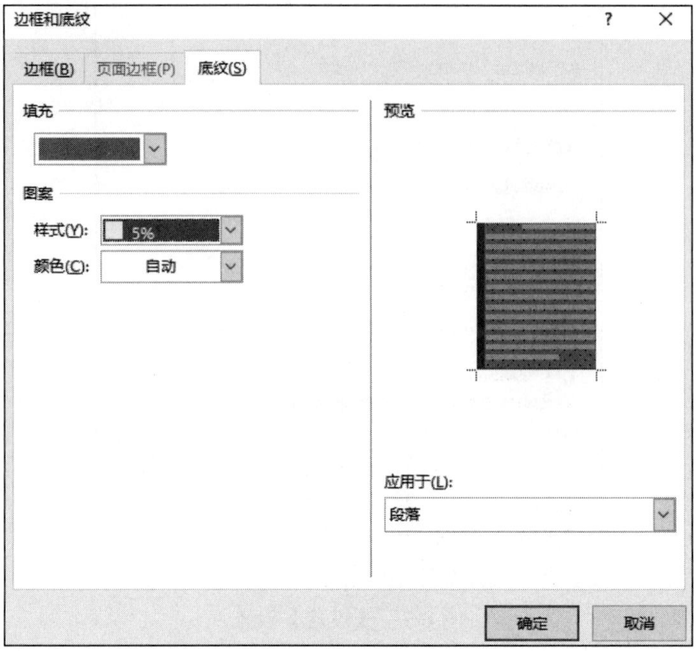

图 6-9 【底纹】设置

（4）单击【开始】选项卡【编辑】分组中的【替换】按钮；在弹出的【查找和替换】对话框【查找内容】中设置【字体颜色】为“红色”，【替换为】设置【样式】为“城市名称”，【字体颜色】为“深蓝，文字 2”，然后单击【全部替换】按钮，即可将所有红色字设置为“城市名称”样式，如图 6-10 所示。

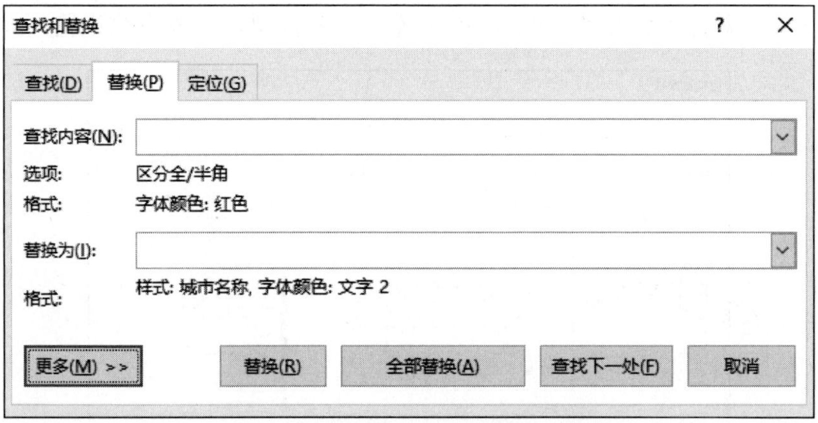

图 6-10 城市名称样式的查找和替换

为文档正文中除了蓝色的所有文本应用新建立的样式，样式如下：

样式名称	城市介绍
字号	小四号
段落格式	两端对齐，首行缩进 2 字符，段前、段后间距为 0.5 行，并取消相对于文档网格的对齐

操作步骤如下：

（1）选择“华盛顿”的城市介绍，按上文方法选择【新建样式】，打开【根据格式化创建新样式】对话框，在【名称】文本框中输入“城市介绍”，设置【字号】为“小四号”。

（2）打开【格式】→【段落】对话框。设置【对齐方式】为“两端对齐”，【特殊格式】为【首行缩进】“2 字符”，【段前】【段后】间距设置为“0.5 行”，并取消勾选【如果定义了文档网络，则对齐到网格】复选框，完成设置。

（3）按上文方法打开【查找和替换】对话框，将【查找内容】设置【样式】为“正文”，【替换为】设置【样式】为“城市介绍”，然后单击【全部替换】按钮，如图 6-11 所示。

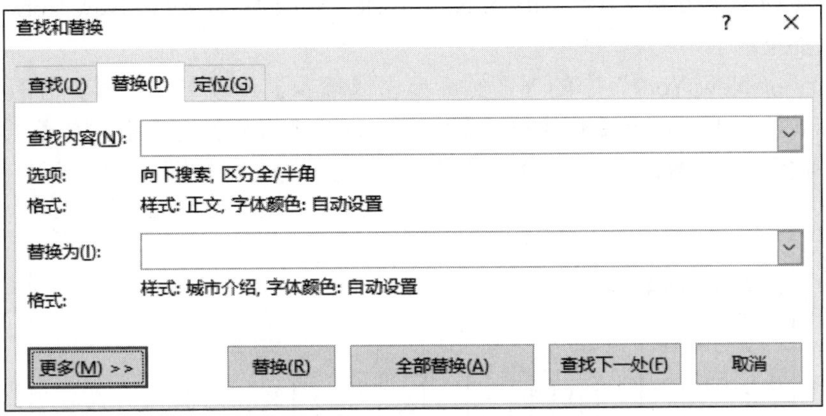

图 6-11　城市介绍样式的查找和替换

6.2.4　段落制表位

取消蓝色文本段落中的所有超链接，并按如下要求设置格式（效果可参考素材文件夹中的“华盛顿一览.png”示例）：

设置并应用段落制表位	8 字符，左对齐，第 5 个前导符样式 18 字符，左对齐，无前导符 28 字符，左对齐，第 5 个前导符样式
设置文字宽度	将第 1 列文字宽度设置为 5 字符 将第 3 列文字宽度设置为 4 字符

操作步骤如下：

（1）选中所有蓝色文字行，在【开始】选项卡【样式】分组中单击【清除格式】。在文中蓝色带下划线文字上逐个单击鼠标右键，然后在菜单中选择【取消超链接】。

（2）打开【开始】选项卡【段落】分组中的【段落】启动器。在打开的【段落】对话框中，单击【制表位】按钮，打开【制表位】对话框。

（3）在【制表位位置】下方输入“8 字符”，选择【对齐方式】为“左对齐”，选择【前导符】为“5”，单击【设置】按钮。再用类似的方法设置另两个制表位，最后单击【确定】按钮。

（4）按照素材中“华盛顿一览.png”所示的位置，将光标放置于第 1 段“中文名称”文本之后，按一下键盘上的 Tab 键，继续将光标置于“华盛顿”之后，按一下键盘上的 Tab 键，继续将光标置于“气候条件”之后，按一下键盘上的 Tab 键，按同样方法设置后续段落。

（5）按住<Ctrl>键，选中第 1 列，然后单击【段落】分组中的【中文版式】下拉按钮，单击其中的【调整字符宽度】，将【新文字宽度】设置为“5 字符”。用同样的方法将第 3 列的文字宽度设置为“4 字符”。

6.2.5 符号、图片窗格和页面边框

将标题“纽约”下方的文本“City of New York”修改为“City of New Ýork”。

操作步骤如下：

选中“City of New York”中的 Y，然后单击【插入】选项卡【符号】分组中的【符号】下拉按钮，在下拉菜单中选择【其他符号】命令，打开【符号】对话框。在【子集】后的下拉列表中选择“拉丁语-1 增补”。选择下面的 Ý 代替原来的 Y，如图 6-12 所示。

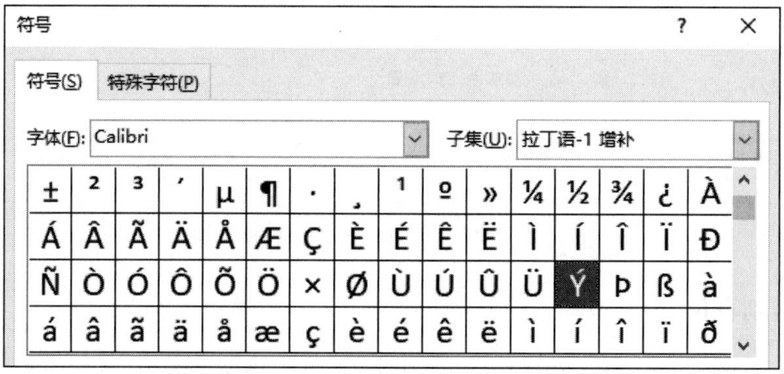

图 6-12 符号的设置

在标题“波士顿”下方，显示名为“哈佛大学”的隐藏图片。

操作步骤如下：

（1）将光标移至“波士顿”所在的页面，选择【布局】选项卡【排列】分组中的【选择窗格】命令。

（2）在【选择和可见性】窗口中，单击名为“哈佛大学”后面的【空白】方框，将其显示出来。

为文档设置“阴影”型页面边框及文档的页面颜色，并设置打印时可以显示。

操作步骤如下：

（1）单击【设计】选项卡【页面背景】分组中的【页面边框】按钮，打开【边框和底纹】对话框，在【页面边框】选项卡【设置】中选择【阴影】型页面边框，单击【确定】按钮。

（2）再单击【页面颜色】下拉按钮，在下拉菜单中选择一种合适的颜色（例如：蓝色，文字强调颜色 1，淡色 80%），完成页面颜色的设置。

（3）选择【文件】选项卡中的【选项】命令，打开【Word 选项】对话框，然后单击其中的【显示】选项，找到【打印选项】分组，勾选【打印背景色和图像】前的复选框，单击【确定】按钮，如图 6-13 所示。

图 6-13 【打印背景色和图像】的设置

6.2.6 大纲排序

保存当前文档，并另存一份文档，命名为“笔画顺序.docx”，在“笔画顺序.docx”文件中，将所有的城市名称标题（包括下方的介绍文字）按照笔画顺序升序排列，并删除该文档第一页中的表格对象。

操作步骤如下：

（1）单击【文件】选项卡中的【另存为】按钮，在文件名后的文本框中输入“笔划顺序.docx”。

（2）单击【视图】选项卡【文档视图】分组中的【大纲视图】按钮，进入大纲视图。

（3）在【大纲工具】选项卡【显示级别】后的下拉列表中选择“1 级”。选中所有的 1 级标题，然后单击【开始】选项卡，单击段落分组中的【排序】按钮，弹出【排序文字】对话框。将【类型】选择为“笔划”，【升序方式】为“升序”，单击【确定】按钮。再次进入【大纲】选项卡，单击【关闭大纲视图】按钮，如图 6-14 所示。

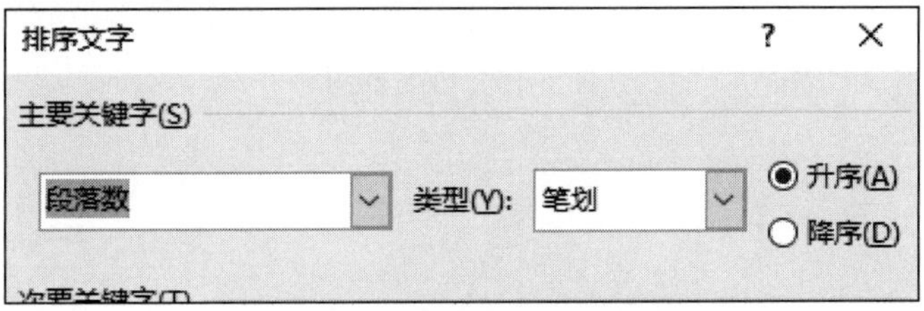

图 6-14 【排序文字】的设置

（4）选中第一页中的表格对象，然后按<Backspace>（退格键）删除表格对象。

6.3 案例小结

本章学习了文章的样式和排版：先对文章标题进行合适的格式设置，然后把文章中的部分文档转成表格，调整表格的大小和位置，并进行美化。接着对文章正文进行段落样式的新建和制表位的合理应用，最后对文章内容进行大纲排序，顺利完成文章的排版工作。

6.4 思考练习

在某旅行社就职的小陈为了开发英国的旅游业务，在网上查找了有关英国及其主要城市的相关资料。在提交给部门经理审核之前，她必须对这篇文档进行排版、完善。以本章的教学内容为参照案例对该文章进行排版和完善，如图 6-15 所示。

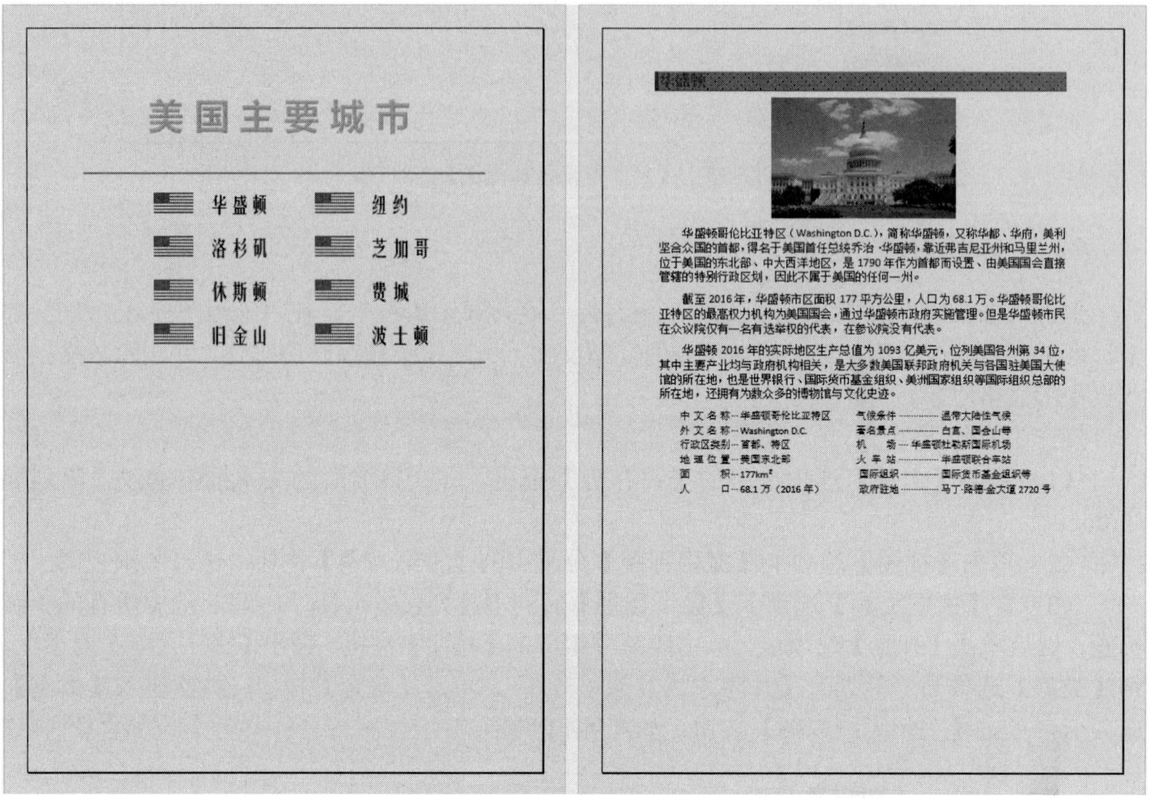

图 6-15　练习样图

案例 7　员工工资表数据统计分析

扫码看视频

学习目标

- 掌握复杂函数 IF、RANK 的使用。
- 掌握分类汇总的使用。
- 掌握工资条的制作方法。

7.1　案例简介

随着职工工资收入的逐年增长，单位里会涉及为职工代扣代缴个人所得税的问题，计算个人所得税的工作量很大，而且容易出错。用 Excel 计算工资个税比较实用，一般很多企业，尤其是小企业，都是用 Excel 来制作工资表的，个税部分自然会涉及 Excel 公式，运用公式能方便地计算出工资个税，尤其是员工较多时，Excel 公式能轻松实现批量计算。

7.2　案例制作

本章以××公司员工工资表为案例，统计和分析员工的工资数据。打开【D:\OFFICE\素材\第 7 章】文件夹中的“员工工资表.xlsx”完成如下操作。

7.2.1　基本数据设置

通过合并单元格，将表名“××公司 2015 年 3 月员工工资表”放于整个表的上端居中，并调整字体为“楷体”、字号“18 磅”。在“员工工号”列中分别填入“DF001”到“DF015”，居中。将“基础工资”列往右到“实发工资”列设置为“会计专用格式”“保留 2 位小数”“无货币符号”。

操作步骤如下：

（1）按住鼠标左键拖选“A1:M1”单元格，单击【开始】→【对齐方式】→【合并后居中】，并设置字体为“楷体”“18 磅”。

（2）填入序列有两种方式，一种是通过拖动填充，另一种是通过菜单设置序列格式。如图 7-1 所示为通过菜单设置序列格式，只对数字和日期等数值型数据有效，如果是文本格式的数据就需要用拖动填充的方式。本例因为是文本型，所以采用拖动填充的方式，单击“A3”单元格输入“DF001”，然后选中“A3”单元格，将鼠标移动到“A3”单元格右下角边缘处，当鼠标变成【十】形状时按住鼠标左键拖动到“A17”单元格进行填充。

（3）按住鼠标左键拖选“D3:L17”单元格，右击并在快捷菜单中选择【设置单元格格式】

命令，在弹出的【设置单元格格式】对话框中选择【数字】选项卡，在【分类】中选择【会计专用】，并将【小数位数】设置为“2”，【货币符号(国家/地区)】选择【无】，设置好后返回到主窗口界面会发现某些列的数值全部显示为“#”或者“-”，其中出现“#”的原因是因为列宽不够，数值不能完全显示，所以以“#”代替，只要调整列宽就能正常显示了；出现“-”的原因是因为数值设置为【会计专用】格式后，数值“0”显示为“-”。

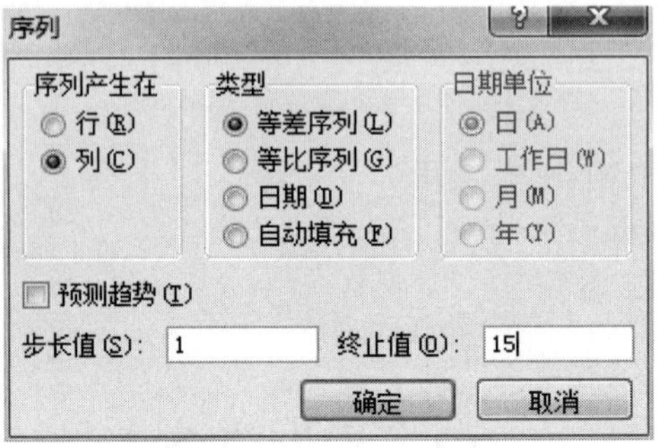

图 7-1 设置【序列】

7.2.2 页面设置

调整表格各列宽度、对齐方式，使得显示更加美观。并设置纸张大小为“A4”“横向”，整个工作表需调整在 1 个打印页内。

注：Excel 的页面设置与 Word 有些区别，在 Word 的视图中，是以纸张大小的页面按页显示，而 Excel 的视图是单元格，并没有显示出具体页面是多大，所以在进行页面布局和设置时就需要把页边距设置好。

操作步骤如下：

（1）单击窗口左上角快速访问工具栏的【打印预览和打印】按钮，如果该按钮没显示在快速访问工具栏，请单击快速访问工具栏最右侧的下箭头，在下拉菜单中选择【打印预览和打印】，将按钮调出来，如图 7-2 所示。

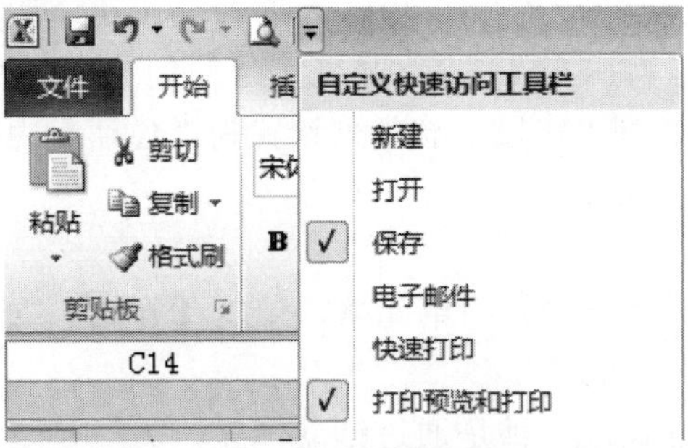

图 7-2 定义【快速访问工具栏】

（2）打开【打印预览】窗口后，左侧可设置打印的参数（也可调整页面设置），右侧所显示的是打印的页面预览，如图 7-3 所示，单击菜单中的【横向】，页面预览的格式随之改变由纵向变为横向，或者是单击【页面布局】→【页面设置】，打开【页面设置】对话框进行调整，如果希望页面内容显示得更多，可以调整【页边距】，如图 7-4 所示。设置好后单击【开始】选项卡返回到单元格编辑，这时在单元格中就会出现一些虚线，而虚线分割出来的区域正好就是一个打印页面。换句话说，虚线就是一页的页边距，如果超出或者不在同一个虚线块内则表示不在同一页。

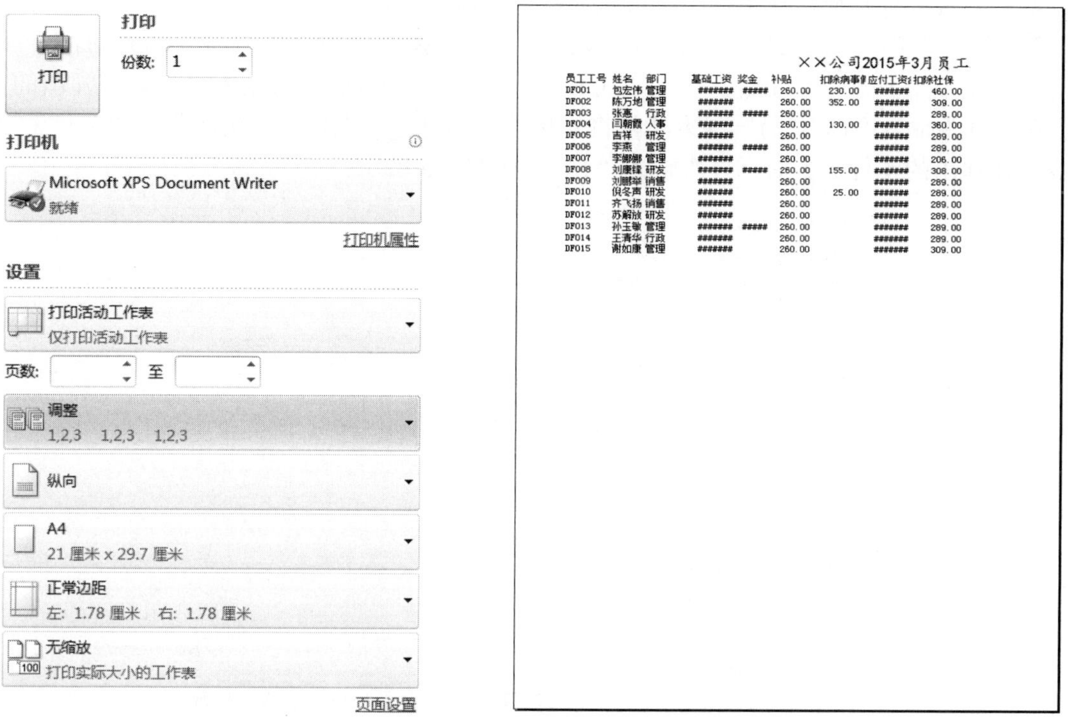

图 7-3 【打印预览】窗口

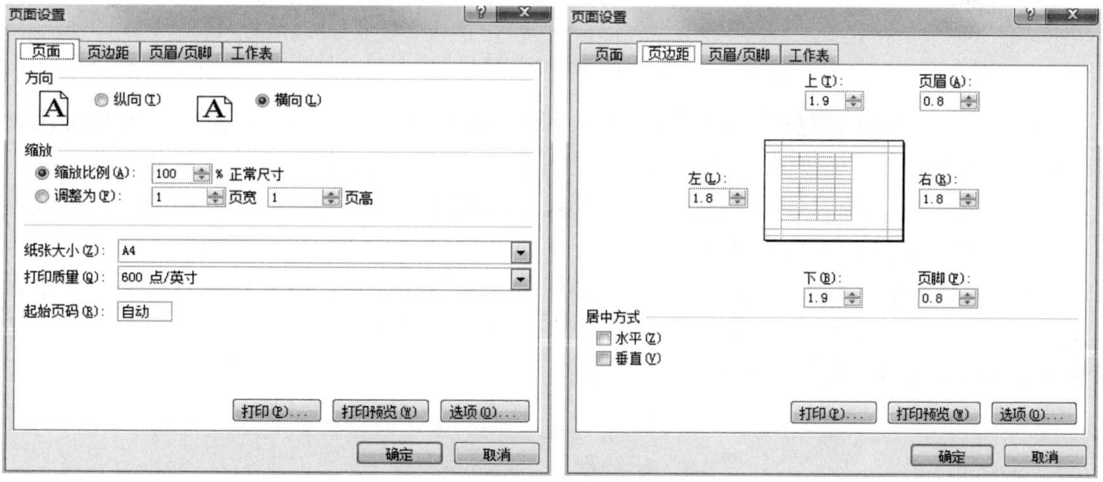

图 7-4 页面设置

（3）合适的列宽和行高能让工作表的内容显示更完全和更美观，调整列宽和行高的方法类似，分为自动调整和手动调整。

1）自动调整以列宽为例，将光标移动到列号上，按住鼠标左键拖选“A:M”列，一种方法是单击【开始】→【单元格】→【格式】，在下拉列表中选择【自动调整列宽】命令，如图 7-5 所示。表格中的每一列将依据文字最多的单元格调整整列的列宽；另一种方法是将光标移动到两列列号的分割线，在光标改变形状后双击也能自动调整列宽。

2）手动调整以行高为例，将光标移动到行号上，按住鼠标左键拖选“2:17”行，一种方法是单击【开始】→【单元格】→【格式】，在下拉列表中选择【行高】命令，在弹出的【行高】对话框中输入“15”；另一种方法是将光标移动到行号上右击，在快捷菜单中选择【行高】命令，在弹出的【行高】对话框中输入“15”，如图 7-5 所示。

图 7-5 调整列宽和行高

设置好后观察表格数据是否所有的列和行均在第一个虚线块内，如果都在虚线块内就代表表格能一页显示完全，如果有行或列超出虚线的，则代表将有内容会在第二页显示，要通过手动调整列宽和行高来对页面的内容进行微调，如果列宽已经不能再压缩，则可以通过调整页边距来加宽页面宽度，然后再调整列宽。

（4）页面和单元格大小均调整好后，设置单元格对齐方式，单元格对齐方式与段落对齐方式不同，除了水平方向还有垂直方向，在【开始】选项卡【对齐方式】组中，分别单击【垂直居中】和【居中】，如图 7-6 所示。

图 7-6 设置对齐方式

7.2.3　数据有效性

设置数据的有效性，例如在部门列只能填写管理、行政、人事、研发及销售。

操作步骤如下：

（1）首先选择【数据】选项卡，在【数据工具】组中选择【数据验证】，弹出【数据验证】对话框，如图 7-7 所示。

图 7-7　【数据验证】设置

（2）在弹出的【数据验证】对话框中，设置【验证条件】为【序列】，然后在【来源】的编辑框中输入你希望选择的类别，注意这里一定要用英文下的逗号，分开各个选项，最后单击【确定】按钮，设置完成，如图 7-8 所示。在进行“部门”录入时就不用输入了，只需要单击鼠标选择需要的内容即可。

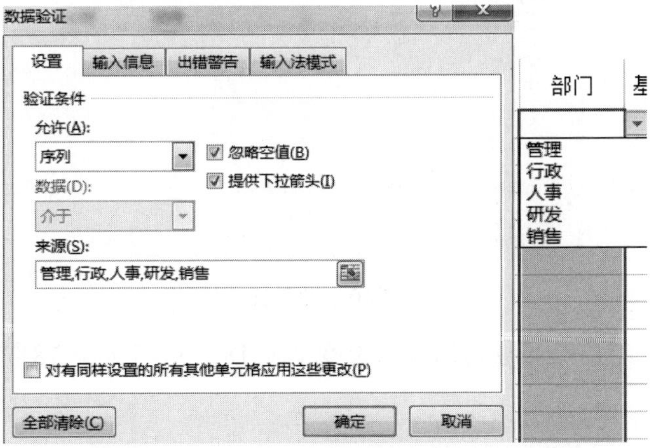

图 7-8　填写数据

（3）为了让大家进一步了解，例如控制身份证号码输入的位数。先选择数据区域，然后设置【单元格格式】为文本型数据。因为如果身份证号码不设置为文本型数据的话，这样就会显示科学计数法显示，如图 7-9 所示。

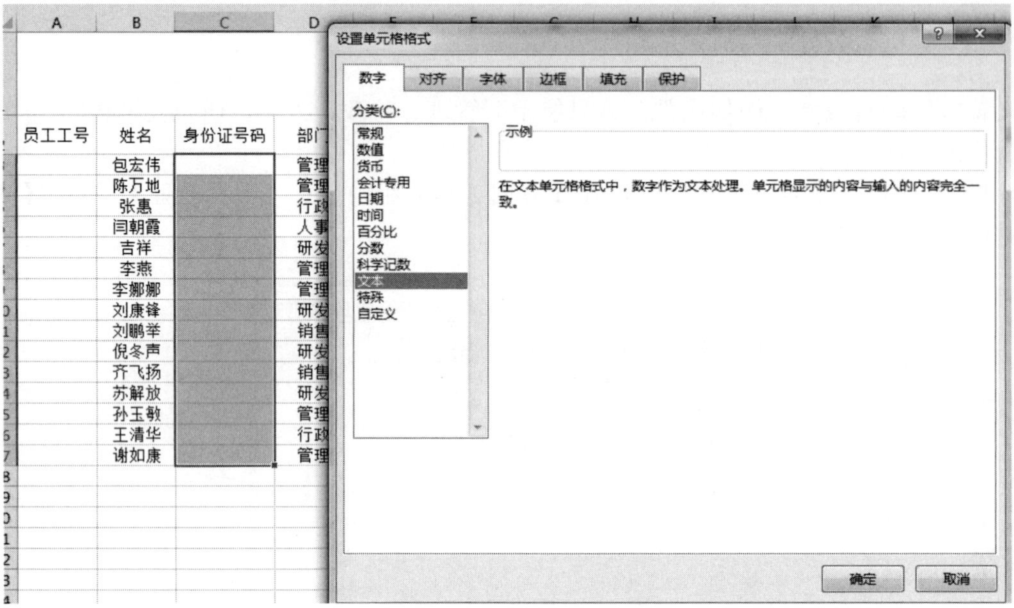

图 7-9 文本设置

（4）按上述方法打开【数据验证】对话框，在【允许】下拉列表中选择【文本长度】作为数据验证的条件，因为身份证是 18 位，这里设置【长度】等于 18 位长度即可，如图 7-10 所示。

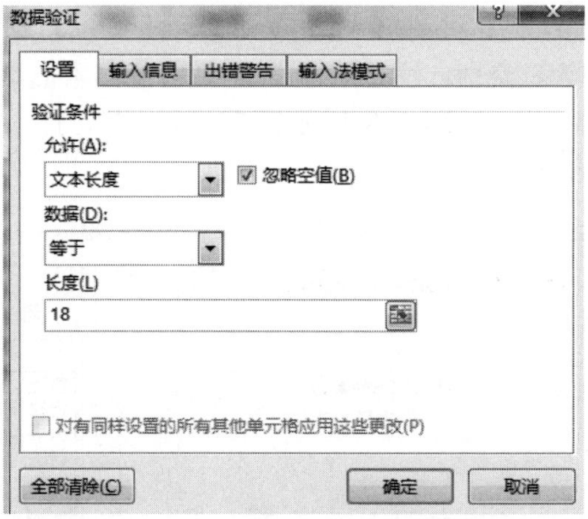

图 7-10 设置长度

（5）返回编辑，当身份证号码列输入长度小于 18 位或者大于 18 位的时候，就会弹出出错信息，如图 7-11 所示。

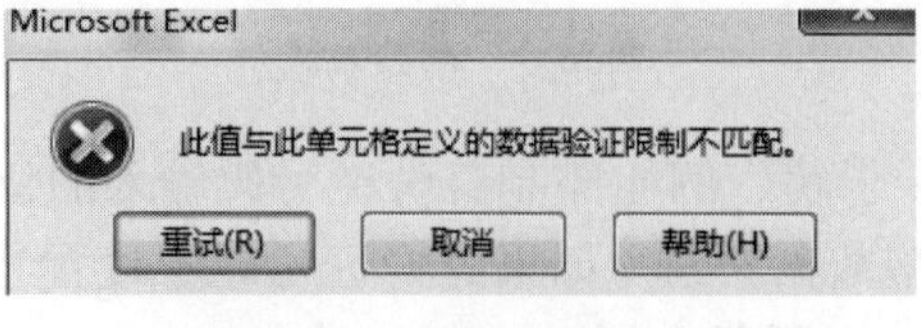

图 7-11 弹出出错信息

7.2.4 利用 IF 函数计算所得税

个人所得税率是指个人所得税税额与应纳税所得额之间的比例。个人所得税率是由国家相应的法律法规规定的，它是根据个人的收入进行计算的。2011 年 6 月 30 日，十一届全国人大常委会第二十一次会议 6 月 30 日表决通过了《中华人民共和国个税法》的修正案，将个税免征额调整为 3500 元。应纳税所得额=（应付工资合计－扣除社保）－3500，超额部分计算个人所得税（不超则免征个人所得税），参考“工资薪金所得税率”表，计算方法如下：应交个人所得税=应纳税所得额×对应税率－对应速算扣除数。（注：该案例只作为 IF 函数练习使用，不作为真实扣税计算。）

操作步骤如下：

（1）个税起征额为 3500 元，所以在计算应纳税所得额前必须先判断扣除社保后的工资是否大于 3500 元。计算第一个员工的应纳税所得额，选中“J3”单元格，单击【公式】→【插入函数】，或者是单击单元格编辑栏旁的【插入函数】，在【选择函数】列表框中选择【IF】，如果【选择函数】列表框中没有，那就在【搜索函数】文本框中输入“IF”再单击【转到】按钮。选择好后单击【确定】按钮插入，如图 7-12 所示。

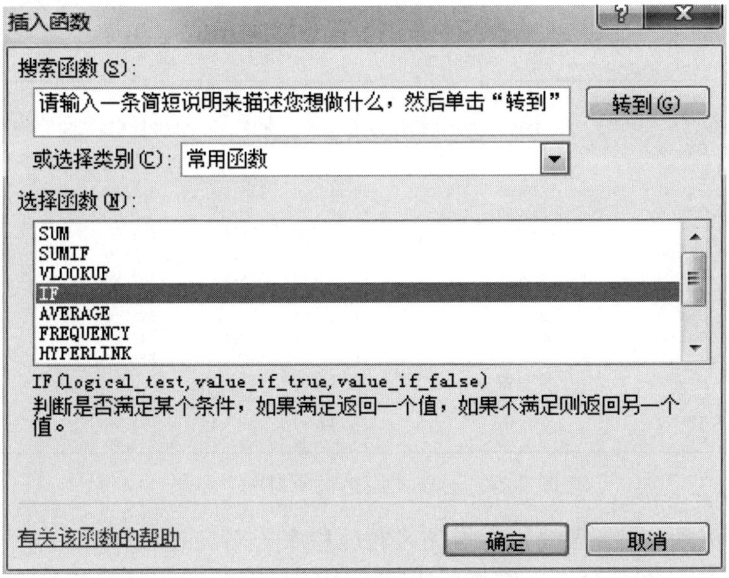

图 7-12 【插入函数】设置

（2）确定后进入【函数参数】对话框，如图 7-13 所示。IF 函数是根据指定的条件来判断“真”（TRUE）、“假”（FALSE），根据逻辑计算的真假值，从而返回相应的内容。可以使用函数 IF 对数值和公式进行条件检测。

公式：=IF(表达式或条件,条件成立返回的值,条件不成立返回的值)

参数说明：

logical_test：表示计算结果为 TRUE 或 FALSE 的任意值或表达式。

value_if_true：为 TRUE（满足条件）时返回的值。

value_if_false：为 FALSE（不满足条件）时返回的值。

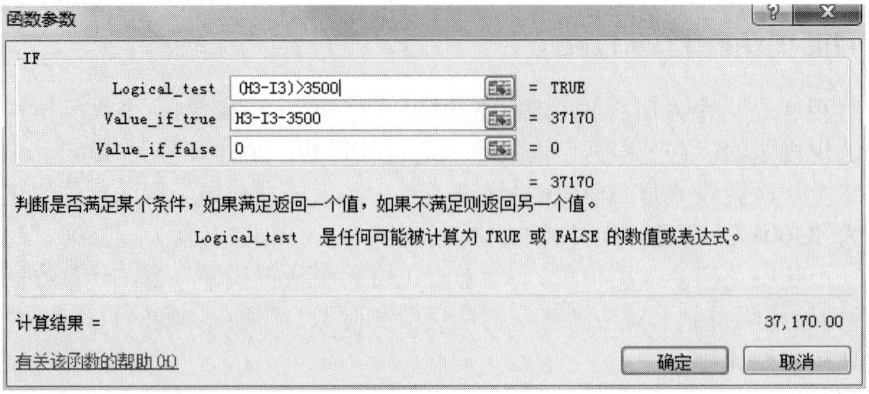

图 7-13 IF 函数参数输入

本例中要判断扣除社保后的工资是否大于 3500 元，也就是在第一个参数编辑栏中输入“(H3-I3)>3500”，当满足条件时，在第二个参数编辑栏中输入“H3-I3-3500”，不满足则不需要征税，在第三个参数编辑栏中输入“0”，如图 7-13 所示。输入完毕后单击【确定】按钮，在“J3”单元格得到第一个员工对应的应纳税所得额“37170.00”，用上文填充序列的方法将该列计算填充完毕，结果如图 7-14 所示。图中出现“-”是因为该员工实发工资达不到扣税的标准，所以为 0，由于数值设置了【会计专用】格式，所以显示为“-”。

××公司2015年3月员工工资表													
员工工号	姓名	部门	基础工资	奖金	补贴	扣除病事假	应付工资合计	扣除社保	应纳税所得额	应交个人所得税	实发工资	工资排名
DF001	包宏伟	管理	40,600.00	500.00	260.00	230.00	41,130.00	460.00	37,170.00			
DF002	陈万地	管理	3,500.00	-	260.00	352.00	3,408.00	309.00	-			
DF003	张惠	行政	12,450.00	500.00	260.00	-	13,210.00	289.00	9,421.00			
DF004	闫朝霞	人事	6,050.00	-	260.00	130.00	6,180.00	360.00	2,320.00			
DF005	吉祥	研发	6,150.00	-	260.00	-	6,410.00	289.00	2,621.00			
DF006	李燕	管理	6,350.00	500.00	260.00	-	7,110.00	289.00	3,321.00			
DF007	李娜娜	管理	10,550.00	-	260.00	-	10,810.00	206.00	7,104.00			
DF008	刘康锋	研发	15,550.00	500.00	260.00	155.00	16,155.00	308.00	12,347.00			
DF009	刘鹏举	销售	4,100.00	-	260.00	-	4,360.00	289.00	571.00			
DF010	倪冬声	研发	5,800.00	-	260.00	25.00	6,035.00	289.00	2,246.00			
DF011	齐飞扬	销售	5,050.00	-	260.00	-	5,310.00	289.00	1,521.00			
DF012	苏解放	研发	3,000.00	-	260.00	-	3,260.00	289.00	-			
DF013	孙玉敏	管理	12,450.00	500.00	260.00	-	13,210.00	289.00	9,421.00			
DF014	王清华	行政	4,850.00	-	260.00	-	5,110.00	289.00	1,321.00			
DF015	谢如康	管理	9,800.00	-	260.00	-	10,060.00	309.00	6,251.00			

图 7-14 计算“应纳税所得额”结果

（3）应交个人所得税=应纳税所得额×对应税率－对应速算扣除数，而在“工资薪金所得税率”表中按不同区间划分了应纳税所得额对应的税率标准和速算扣除数，当遇到问题的条件不只一个的时候，就需要使用多层 IF 嵌套语句。

公式：=IF(条件 1,返回结果 1,IF(条件 2,返回结果 2,IF(条件 3,返回结果 3,…)))

原理就是先判断条件 1 是否成立，如果条件 1 成立则返回结果 1，否则判断条件 2 是否成立，如果成立就返回结果 2，否则判断条件 3，以此类推。

在本例中假设 X 为应纳税所得额，利用表格分析判断，参照表 7-1。

从表 7-1 中可以分析出来，判断时从区间的边界开始判断，先判断 X<=1500，满足条件时个人所得税为 X*3%，不满足条件时继续判断下一个条件，以此类推。表 7-1 中共有 7 个条件，所以需要判断 6 次，最后一个条件可以不用判断，直接由以上条件都不满足直接得出。

表 7-1　IF 语句条件分析表

全月应纳税所得额	税率	速算扣除数/元	判断表达式	满足条件（个人所得税）	不满足条件
不超过 1500 元	3%	0	X<=1500	X*3%	判断 X=<4500
超过 1500 元至 4500 元	10%	105	X=<4500	X*10%-105	判断 X=<9000
超过 4500 元至 9000 元	20%	555	X=<9000	X*20%-555	判断 X=<35000
超过 9000 元至 35000 元	25%	1005	X=<35000	X*25%-1005	判断 X=<55000
超过 35000 元至 55000 元	30%	2755	X=<55000	X*30%-2755	判断 X=<80000
超过 55000 元至 80000 元	35%	5505	X=<80000	X*35%-5505	X*45%-13505
超过 80000 元	45%	13505			

将分析的情况应用到案例中，具体步骤如下：

1）计算第一个员工的个人所得税，选中“K3”单元格，单击【公式】→【插入函数】，或者是单元格编辑栏旁的【插入函数】，在【选择函数】列表框中选择【IF】，确定后进入【函数参数】对话框，在【Logical_test】编辑栏中输入“J3<=1500”（“J3”为第一个员工的应纳税所得额），判断是否小于等于 1500，如果满足条件，则在【Value_if_true】编辑栏中输入“J3*0.03”，如果不满足条件，继续判断，在【Value_if_false】编辑栏中输入“IF()”，插入新的 IF 函数公式，如图 7-15 所示。

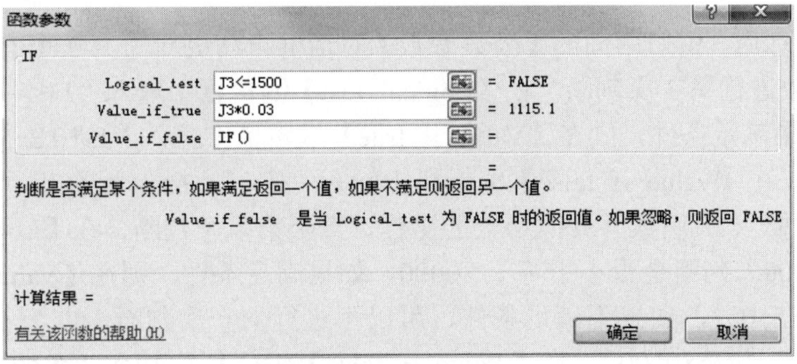

图 7-15　第 1 次判断

2）3 个参数输入完之后不能单击【确定】按钮，还要进行下一步的判断，在表格上方的【插入公式】编辑栏中会出现 IF 函数的公式，移动鼠标到第 2 个 IF 后的括号，单击括号中间，将光标定位到括号内，如图 7-16 所示。

图 7-16　编辑栏

3）定位好光标后，窗口中间的【函数参数】对话框自动更新为第 2 个 IF 函数的参数输入对话框，输入参数进行第 2 次判断。在【Logical_test】编辑栏中输入“J3<=4500”（注意，这里不能输入“1500<J3<=4500”，在 Excel 当中不能直接进行区间判断，而且由于在第 1 次判断中已经判断过 J3<=1500，不满足条件才进入第 2 次判断，所以第 2 次判断的数都是大于 1500

的，这里只需要判断“J3”是否小于等于 4500），判断是否小于等于 4500，如果满足条件，则在【Value_if_true】编辑栏中输入“J3*0.1-105”，如果不满足条件，继续判断，在【Value_if_false】编辑栏中输入“IF()”，插入新的 IF 函数公式，如图 7-17 所示。

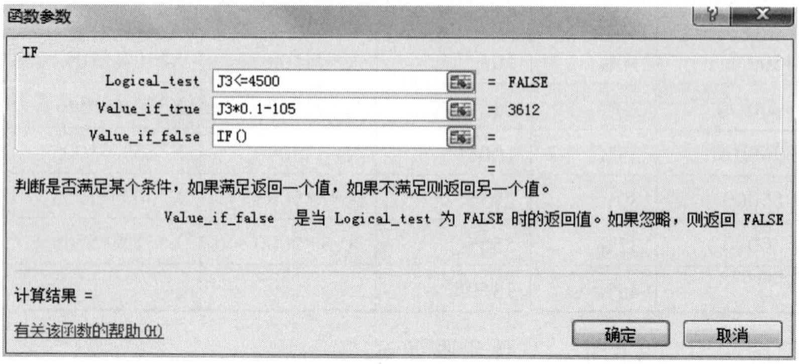

图 7-17 第 2 次判断

4）3 个参数输入完之后继续进行下一步的判断，移动鼠标到编辑栏公式第 2 个 IF 后的括号，单击括号中间，将光标定位到括号内，如图 7-18 所示。

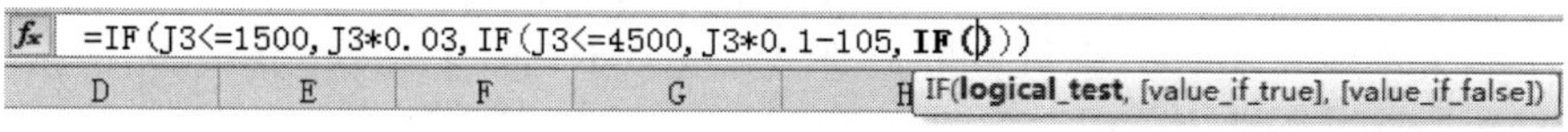

图 7-18 编辑栏

5）定位好光标后，窗口中间的【函数参数】对话框自动更新为第 3 个 IF 函数的参数输入对话框，输入参数进行第 3 次判断。在【Logical_test】编辑栏中输入“J3<=9000”判断是否小于等于 9000，如果满足条件，则在【Value_if_true】编辑栏中输入“J3*0.2-555”，如果不满足条件，继续判断，在【Value_if_false】编辑栏中输入“IF()”，插入新的 IF 函数公式。

6）重复上述插入 IF 函数并修改参数的操作，直至第 6 个判断，在【Logical_test】编辑栏中输入“J3<=80000”判断是否小于等于 80000，如果满足条件，则在【Value_if_true】编辑栏中输入“J3*0.35-5505”，如果不满足条件，可以不进行下一次判断，因为不满足条件则全部属于最后一种情况“J3>80000”，在【Value_if_false】编辑栏中输入“J3*0.45-13505”，如图 7-19 所示。

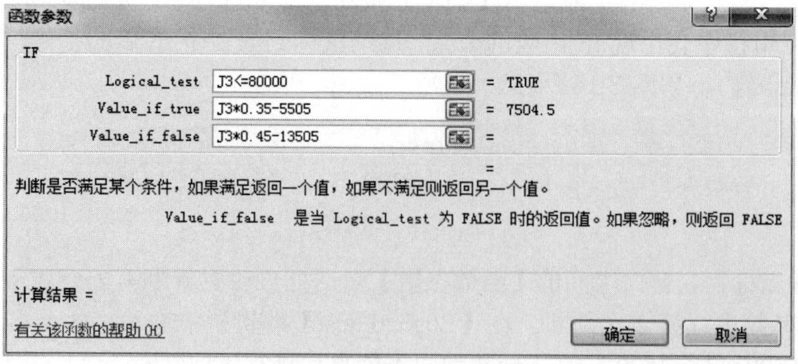

图 7-19 最后一次判断

7）至此所有的条件都已经进行过判断，单击【确定】按钮后，在“K3”单元格得到第一个员工对应的应交个人所得税“8396.00”，在公式编辑栏中完整的公式应为：

=IF(J3<=1500,J3*0.03,IF(J3<=4500,J3*0.1-105,IF(J3<=9000,J3*0.2-555,IF(J3<=35000,J3*0.25-1005,IF(J3<=55000,J3*0.3-2755,IF(J3<=80000,J3*0.35-5505,J3*0.45-13505))))))

用上文填充序列的方法将该列计算填充完毕，结果如图 7-20 所示。

××公司2015年3月员工工资表												
员工工号	姓名	部门	基础工资	奖金	补贴	扣除病事假	应付工资合计	扣除社保	应纳税所得额	应交个人所得税	实发工资	工资排名
DF001	包宏伟	管理	40,600.00	500.00	260.00	230.00	41,130.00	460.00	37,170.00	8,396.00		
DF002	陈万地	管理	3,500.00	-	260.00	352.00	3,408.00	309.00	-	-		
DF003	张惠	行政	12,450.00	500.00	260.00	-	13,210.00	289.00	9,421.00	1,350.25		
DF004	闫朝霞	人事	6,050.00	-	260.00	130.00	6,180.00	360.00	2,320.00	127.00		
DF005	吉祥	研发	6,150.00	-	260.00	-	6,410.00	289.00	2,621.00	157.10		
DF006	李燕	管理	6,350.00	500.00	260.00	-	7,110.00	289.00	3,321.00	227.10		
DF007	李娜娜	管理	10,550.00	-	260.00	-	10,810.00	206.00	7,104.00	865.80		
DF008	刘康锋	研发	15,550.00	500.00	260.00	155.00	16,155.00	308.00	12,347.00	2,081.75		
DF009	刘鹏举	销售	4,100.00	-	260.00	-	4,360.00	289.00	571.00	17.13		
DF010	倪冬声	研发	5,800.00	-	260.00	25.00	6,035.00	289.00	2,246.00	119.60		
DF011	齐飞扬	销售	5,050.00	-	260.00	-	5,310.00	289.00	1,521.00	47.10		
DF012	苏解放	研发	3,000.00	-	260.00	-	3,260.00	289.00	-	-		
DF013	孙玉敏	管理	12,450.00	500.00	260.00	-	13,210.00	289.00	9,421.00	1,350.25		
DF014	王清华	行政	4,850.00	-	260.00	-	5,110.00	289.00	1,321.00	39.63		
DF015	谢如康	管理	9,800.00	-	260.00	-	10,060.00	309.00	6,251.00	695.20		

图 7-20 计算“应交个人所得税”结果

7.2.5 利用 RANK 函数计算工资排名

要计算工资排名必须先计算每位员工的实发工资，实发工资＝应付工资合计－扣除社保－应交个人所得税。根据实发工资列的数值，利用 RANK 函数计算工资排名。

操作步骤如下：

（1）计算第一个员工的实发工资，选中“L3”单元格，单击单元格编辑栏或者是双击单元格，输入“=H3-I3-K3”后按 Enter 键确认。

（2）确认后在“L3”单元格显示“32274.00”，用上文填充序列的方法将该列计算填充完毕。

（3）计算第一个员工的工资排名，选中“M3”单元格，单击【公式】→【插入函数】，或者是单元格编辑栏旁的【插入函数】，在弹出的【插入函数】对话框【选择函数】列表框中选择【RANK】，如果【选择函数】列表框中没有，那就在【搜索函数】分组文本框中输入“RANK”再单击【转到】按钮，选择好后单击【确定】按钮插入，如图 7-21 所示。

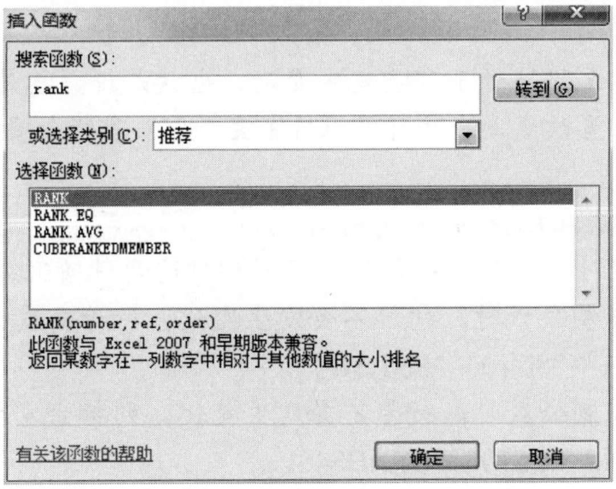

图 7-21 插入 RANK 函数

（4）确定后进入【函数参数】对话框，如图 7-22 所示。RANK 函数最常用的是求某一个数值在某一区域内的排名。

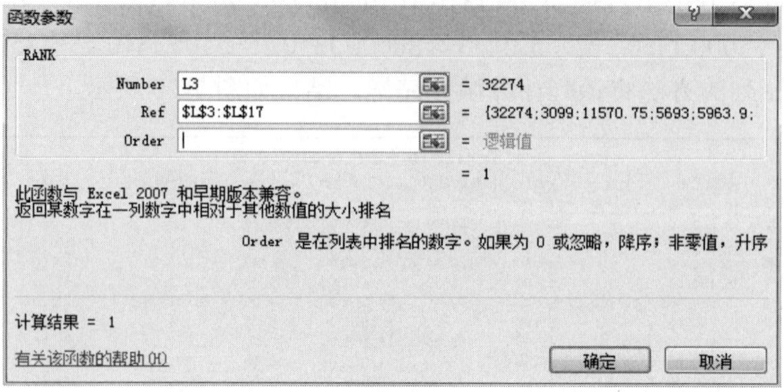

图 7-22　RANK 函数的使用

RANK 函数语法形式：RANK(number,ref,[order])

number：需要进行排名的数值或者单元格（单元格内必须为数字）。

ref：要排名的参照数值区域。

order：只能输入“0”和“1”，如不输入默认为“0”，得到的就是从大到小的排名，即降序，“1”为从小到大排名，即升序。

本例中要进行排名的数值是“实发工资”，第一个员工对应的“实发工资”单元格为“L3”，在【Number】编辑栏中输入“L3”，将每个员工的实发工资在所有员工的实发工资中排名，在【Ref】中选择“L3:L17”区域，为了保证【Ref】区域在填充公式时不随单元格的改变而改变，要使用绝对引用，选择“L3:L17”，按 F4 键切换为绝对引用。要实现工资最高的排名第一，【Order】参数可以忽略或者输入“0”。

注：相对引用、绝对引用和混合引用的区别。

相对引用：基于包含公式和单元格引用的单元格的相对位置。如果公式所在单元格的位置改变，引用也随之改变。如果多行或多列地复制公式，引用会自动调整。在默认的情况下，新公式使用的是相对引用。

例如，“B2”单元格公式为“=A1”，将“B2”单元格的相对引用复制到“B3”，则会自动从“=A1”调整为“=A2”。

绝对引用：引用的单元格地址不可能发生变动。也就是说，总是在指定位置引用单元格，如果公式所在单元格的位置改变，绝对引用保持不变。如果多行或多列地复制公式，绝对引用将不作调整。

例如，将“B2”单元格的绝对引用复制到“B3”，那么两个单元格都是“$A$1”。

混合引用：分为列绝对、行相对和行绝对、列相对这两种情况。

列绝对、行相对：复制公式时，列标不会发生变化，行号会发生变化，单元格地址的列标前添加$符号，如“$A1”“$C10”“$B1:$B4”。

行绝对、列相对：复制公式时，行号不会发生变化，列标会发生变化，单元格地址的行号前添加$符号，如“A$1”“C$10”“B$1:B$4”。

相对引用、绝对引用和混合引用可以通过 F4 键进行切换。

（5）输入完毕单击【确定】按钮，在“M3”单元格得到第一个员工在所有员工中的排名“1”，用上文填充序列的方法将该列计算填充完毕，结果如图 7-23 所示。

××公司2015年3月员工工资表												
员工工号	姓名	部门	基础工资	奖金	补贴	扣除病事假	应付工资合计	扣除社保	应纳税所得额	应交个人所得税	实发工资	工资排名
DF001	包宏伟	管理	40,600.00	500.00	260.00	230.00	41,130.00	460.00	37,170.00	8,396.00	32,274.00	1
DF002	陈万地	管理	3,500.00	-	260.00	352.00	3,408.00	309.00	-	-	3,099.00	14
DF003	张惠	行政	12,450.00	500.00	260.00	-	13,210.00	289.00	9,421.00	1,350.25	11,570.75	3
DF004	闫朝霞	人事	6,050.00	-	260.00	130.00	6,180.00	360.00	2,320.00	127.00	5,693.00	9
DF005	吉祥	研发	6,150.00	-	260.00	-	6,410.00	289.00	2,621.00	157.10	5,963.90	8
DF006	李燕	管理	6,350.00	500.00	260.00	-	7,110.00	289.00	3,321.00	227.10	6,593.90	7
DF007	李娜娜	管理	10,550.00	-	260.00	-	10,810.00	206.00	7,104.00	865.80	9,738.20	5
DF008	刘康锋	研发	15,550.00	500.00	260.00	155.00	16,155.00	308.00	12,347.00	2,081.75	13,765.25	2
DF009	刘鹏举	销售	4,100.00	-	260.00	-	4,360.00	289.00	571.00	17.13	4,053.87	13
DF010	倪冬声	研发	5,800.00	-	260.00	25.00	6,035.00	289.00	2,246.00	119.60	5,626.40	10
DF011	齐飞扬	销售	5,050.00	-	260.00	-	5,310.00	289.00	1,521.00	47.10	4,973.90	11
DF012	苏解放	研发	3,000.00	-	260.00	-	3,260.00	289.00	-	-	2,971.00	15
DF013	孙玉敏	管理	12,450.00	500.00	260.00	-	13,210.00	289.00	9,421.00	1,350.25	11,570.75	3
DF014	王清华	行政	4,850.00	-	260.00	-	5,110.00	289.00	1,321.00	39.63	4,781.37	12
DF015	谢如康	管理	9,800.00	-	260.00	-	10,060.00	309.00	6,251.00	695.20	9,055.80	6

图 7-23　“工资排名”计算结果

7.2.6　自定义序列排序

复制工作表“2015 年 3 月”，将副本放置到原表的右侧，并命名为“自定义序列排序”。将表格修改为按照“行政、人事、研发、管理、销售”的顺序排列。

操作步骤如下：

（1）在表格旁边空白处输入排序的序列，然后选中这个序列，选择【文件】选项卡，在左侧的菜单中选择【选项】，在【Excel 选项】对话框选择【高级】菜单，在右侧选项中找到【常规】组，单击【编辑自定义列表】选项，如图 7-24 所示。

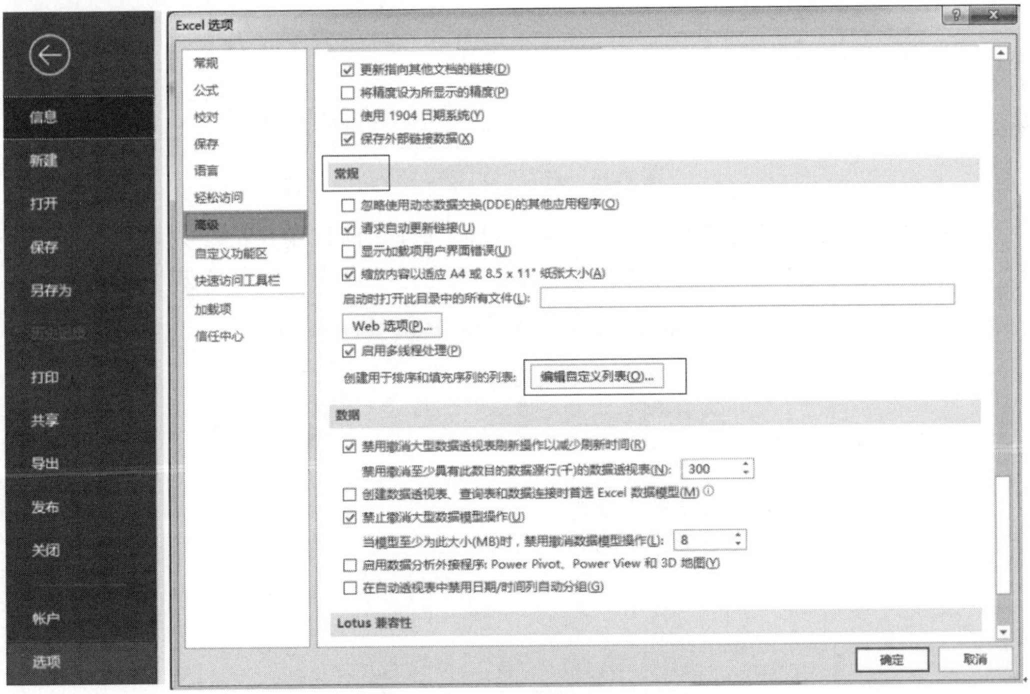

图 7-24　【高级】选项卡

（2）在弹出的【自定义序列】对话框中，【输入序列】的编辑栏已经默认选中刚刚所录入的序列，单击【导入】按钮添加到【输入序列】框和【自定义序列】组中，单击【确定】按钮完成添加，如之前没有录入排序序列也可在【输入序列】编辑框中手动输入（输入一个字段后按回车分隔），再单击【添加】按钮加入自定义序列，如图 7-25 所示。

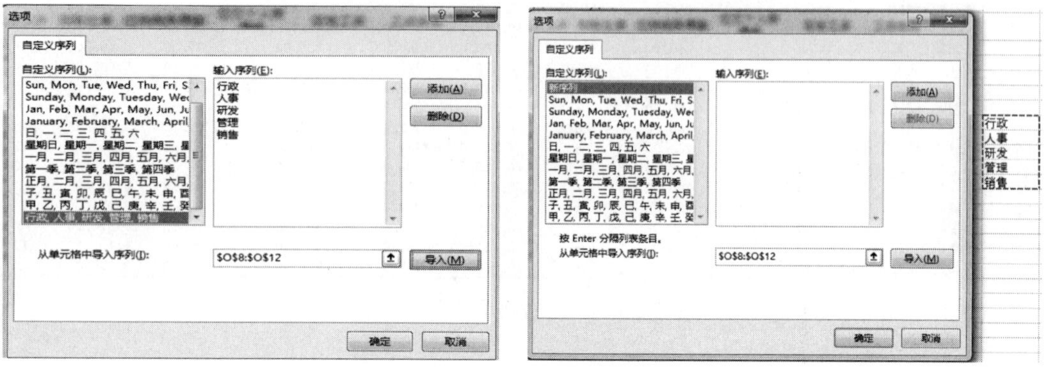

图 7-25 【自定义序列】设置

（3）返回到 Excel 工作表中，选中要排序的单元格表格。选择【数据】选项卡，单击【排序和筛选】组中的【排序】。在【排序】对话框，单击【主要关键字】下拉菜单按钮，选择“部门”，然后单击【次序】下方的下拉菜单按钮，选择“自定义序列”，如图 7-26 所示。

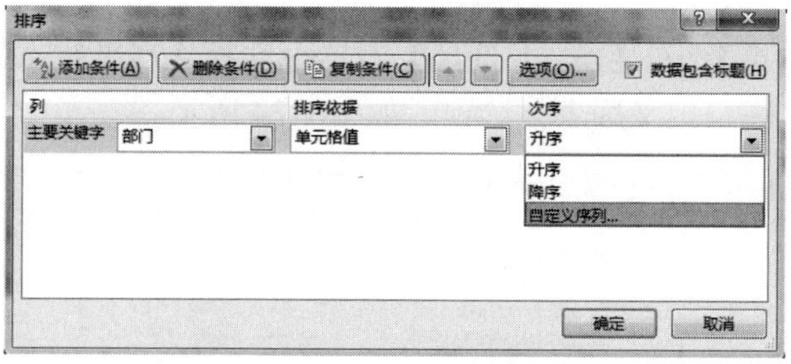

图 7-26 选择“自定义序列”

（4）在弹出的【自定义序列】对话框中，我们选择之前自定义的序列，然后单击【确定】按钮。返回到排序对话框中，再次单击【确定】按钮进行确认，如图 7-27 所示。

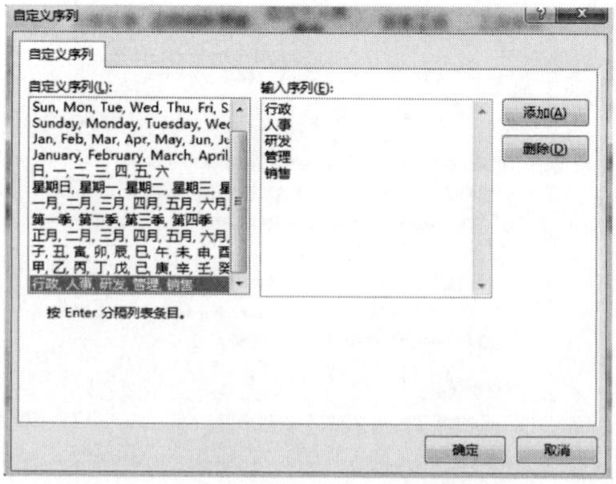

图 7-27 自定义序列

（5）返回到工作表中，表格已经按照自定义的序列排序，如图 7-28 所示。

员工工号	姓名	部门	基础工资	奖金	补贴	扣除病事假	应付工资合计	扣除社保	应纳税所得额	应交个人所得税	实发工资	工资排名
DF003	张惠	行政	12,450.00	500.00	260.00	-	13,210.00	289.00	9,421.00	1,350.25	11,570.75	3
DF014	王清华	行政	4,850.00	-	260.00	-	5,110.00	289.00	1,321.00	39.63	4,781.37	12
DF004	闫朝霞	人事	6,050.00	-	260.00	130.00	6,180.00	360.00	2,320.00	127.00	5,693.00	9
DF005	吉祥	研发	6,150.00	-	260.00	-	6,410.00	289.00	2,621.00	157.10	5,963.90	8
DF008	刘康锋	研发	15,550.00	500.00	260.00	155.00	16,155.00	308.00	12,347.00	2,081.75	13,765.25	2
DF010	倪冬声	研发	5,800.00	-	260.00	25.00	6,035.00	289.00	2,246.00	119.60	5,626.40	10
DF012	苏解放	研发	3,000.00	-	260.00	-	3,260.00	289.00	-	-	2,971.00	15
DF001	包宏伟	管理	40,600.00	500.00	260.00	230.00	41,130.00	460.00	37,170.00	8,396.00	32,274.00	1
DF002	陈万地	管理	3,500.00	-	260.00	352.00	3,408.00	309.00	-	-	3,099.00	14
DF006	李燕	管理	6,350.00	500.00	260.00	-	7,110.00	289.00	3,321.00	227.10	6,593.90	7
DF007	李娜娜	管理	10,550.00	-	260.00	-	10,810.00	206.00	7,104.00	865.80	9,738.20	5
DF013	孙玉敏	管理	12,450.00	500.00	260.00	-	13,210.00	289.00	9,421.00	1,350.25	11,570.75	3
DF015	谢如康	管理	9,800.00	-	260.00	-	10,060.00	309.00	6,251.00	695.20	9,055.80	6
DF009	刘鹏举	销售	4,100.00	-	260.00	-	4,360.00	289.00	571.00	17.13	4,053.87	13
DF011	齐飞扬	销售	5,050.00	-	260.00	-	5,310.00	289.00	1,521.00	47.10	4,973.90	11

图 7-28　最终结果

7.2.7　数据分类汇总

复制工作表“2015 年 3 月”，将副本放置到原表的右侧，并命名为“分类汇总”。在“分类汇总”工作表中通过“分类汇总”功能汇总出各部门“应付工资合计”“实发工资”的和，每组数据不分页。

注：分类汇总前必须要求对分类的字段进行排序。

操作步骤如下：

（1）将光标移动到“2015 年 3 月”工作表标签位置并右击，在快捷菜单中选择【移动或复制工作表】命令，弹出【移动或复制工作表】对话框，在【下列选定工作表之前】的列表框中选择“工资薪金所得税率”，并勾选【建立副本】复选框，如图 7-29 所示。单击【确定】按钮，在“2015 年 3 月”工作表后插入一个新的工作表“2015 年 3 月（2）”，右击新工作表，选择【重命名】命令，输入“分类汇总”。

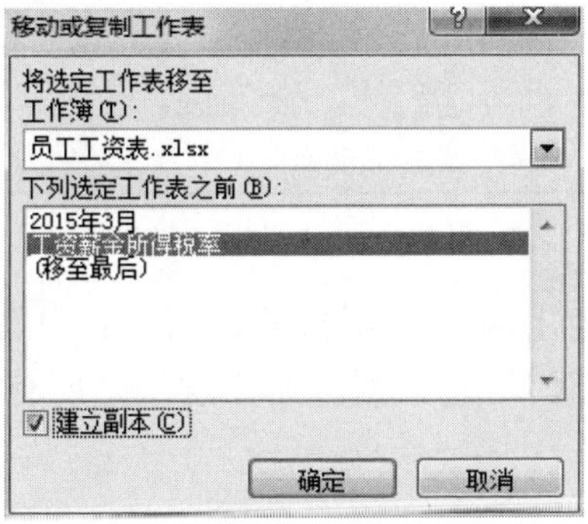

图 7-29　建立工作表副本

（2）汇总各部门的数据，先对部门进行排序，单击【数据】→【排序和筛选】→【排序】，主要关键字选择【部门】，然后单击【确定】按钮进行排序。

（3）单击【数据】→【分级显示】→【分类汇总】，设置分类汇总中【分类字段】为“部门”，【汇总方式】为“求和”，【选定汇总项】为“应付工资合计”和“实发工资”，如图 7-30 所示。

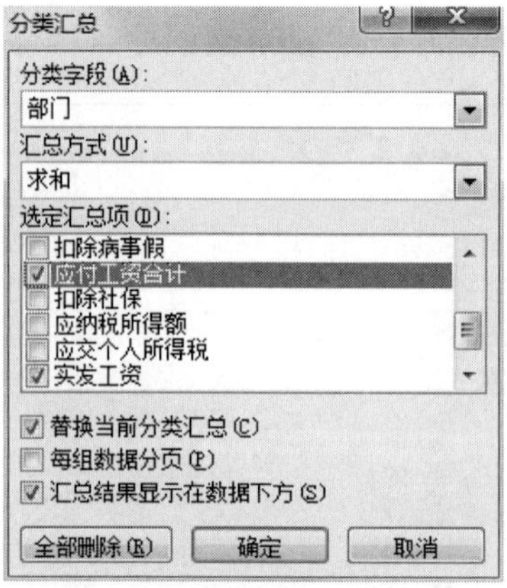

图 7-30 【分类汇总】对话框

（4）单击【确定】按钮，分类汇总后表格的行发生了变化，“工资排名”列因为单元格引用的关系与原表的“工资排名”列不同，删除“工资排名”列，得到分类汇总结果，如图 7-31 所示。

××公司2015年3月员工工资表

	A	B	C	D	E	F	G	H	I	J	K	L
2	员工工号	姓名	部门	基础工资	奖金	补贴	扣除病事假	应付工资合计	扣除社保	应纳税所得额	应交个人所得税	实发工资
3	DF001	包宏伟	管理	40,600.00	500.00	260.00	230.00	41,130.00	460.00	37,170.00	8,396.00	32,274.00
4	DF002	陈万地	管理	3,500.00	-	260.00	352.00	3,408.00	309.00	-	-	3,099.00
5	DF006	李燕	管理	6,350.00	500.00	260.00	-	7,110.00	289.00	3,321.00	227.10	6,593.90
6	DF007	李娜娜	管理	10,550.00	-	260.00	-	10,810.00	206.00	7,104.00	865.80	9,738.20
7	DF013	孙玉敏	管理	12,450.00	500.00	260.00	-	13,210.00	289.00	9,421.00	1,350.25	11,570.75
8	DF015	谢如康	管理	9,800.00	-	260.00	-	10,060.00	309.00	6,251.00	695.20	9,055.80
9		管理 汇总						85,728.00				72,331.65
10	DF003	张惠	行政	12,450.00	500.00	260.00	-	13,210.00	289.00	9,421.00	1,350.25	11,570.75
11	DF014	王清华	行政	4,850.00	-	260.00	-	5,110.00	289.00	1,321.00	39.63	4,781.37
12		行政 汇总						18,320.00				16,352.12
13	DF004	闫朝霞	人事	6,050.00	-	260.00	130.00	6,180.00	360.00	2,320.00	127.00	5,693.00
14		人事 汇总						6,180.00				5,693.00
15	DF009	刘鹏举	销售	4,100.00	-	260.00	-	4,360.00	289.00	571.00	17.13	4,053.87
16	DF011	齐飞扬	销售	5,050.00	-	260.00	-	5,310.00	289.00	1,521.00	47.10	4,973.90
17		销售 汇总						9,670.00				9,027.77
18	DF005	吉祥	研发	6,150.00	-	260.00	-	6,410.00	289.00	2,621.00	157.10	5,963.90
19	DF008	刘康锋	研发	15,550.00	500.00	260.00	155.00	16,155.00	308.00	12,347.00	2,081.75	13,765.25
20	DF010	倪冬声	研发	5,800.00	-	260.00	25.00	6,035.00	289.00	2,246.00	119.60	5,626.40
21	DF012	苏解放	研发	3,000.00	-	260.00	-	3,260.00	289.00	-	-	2,971.00
22		研发 汇总						31,860.00				28,326.55
23			总计					151,758.00				131,731.09

图 7-31 分类汇总结果

分类汇总后，数据表左上角出现 3 个层次的数据，其中第 3 层次显示数据表的明细数据与汇总数据，第 2 层次显示各部门汇总数据，第 1 层次是所有部门的汇总数据。

7.2.8 排序法制作工资条

复制工作表“2015 年 3 月”，将副本放置到“分类汇总”表的右侧，并命名为“工资条”。利用表中数据制作工资条。

操作步骤如下：

（1）将光标移动到“2015 年 3 月”工作表标签位置并右击，在快捷菜单中选择【移动或复制工作表】命令，弹出【移动或复制工作表】对话框，在【下列选定工作表之前】的列表框中选择“工资薪金所得税率”，并勾选【建立副本】复选框，单击【确定】按钮，在“分类汇总”工作表后插入一个新的工作表“2015 年 3 月（2)”，右击新工作表，选择【重命名】命令，输入“工资条”。

（2）删除“标题”行和“工资排名”列，将 M 列作为制作工资条的辅助列，在“M2”单元格输入“1”，“M3”输入“2”，然后采用序列填充的方式填充到数据表尾部，然后复制一份刚刚填充的序列，粘贴到紧接着的尾部。

（3）单击【数据】→【排序和筛选】→【排序】，主要关键字选择【(列 M)】，然后单击【确定】按钮进行排序。

（4）排序后，辅助列将变成 1122……，这样就达到在各员工之间插入空白行的效果，如图 7-32 所示，然后删除辅助列。

员工工号	姓名	部门	基础工资	奖金	补贴	扣除病事假	应付工资合计	扣除社保	应纳税所得额	应交个人所得税	实发工资	
DF001	包宏伟	管理	40,600.00	500.00	260.00	230.00	41,130.00	460.00	37,170.00	8,396.00	32,274.00	1
												1
DF002	陈万地	管理	3,500.00	-	260.00	352.00	3,408.00	309.00	-	-	3,099.00	2
												2
DF003	张惠	行政	12,450.00	500.00	260.00	-	13,210.00	289.00	9,421.00	1,350.25	11,570.75	3
												3
DF004	闫朝霞	人事	6,050.00	-	260.00	130.00	6,180.00	360.00	2,320.00	127.00	5,693.00	4
												4
DF005	吉祥	研发	6,150.00	-	260.00	-	6,410.00	289.00	2,621.00	157.10	5,963.90	5
												5
DF006	李燕	管理	6,350.00	500.00	260.00	-	7,110.00	289.00	3,321.00	227.10	6,593.90	6
												6
DF007	李娜娜	管理	10,550.00	-	260.00	-	10,810.00	206.00	7,104.00	865.80	9,738.20	7
												7
DF008	刘康锋	研发	15,550.00	500.00	260.00	155.00	16,155.00	308.00	12,347.00	2,081.75	13,765.25	8
												8
DF009	刘鹏举	销售	4,100.00	-	260.00	-	4,360.00	289.00	571.00	17.13	4,053.87	9
												9
DF010	倪冬声	研发	5,800.00	-	260.00	25.00	6,035.00	289.00	2,246.00	119.60	5,626.40	10
												10
DF011	齐飞扬	销售	5,050.00	-	260.00	-	5,310.00	289.00	1,521.00	47.10	4,973.90	11
												11
DF012	苏解放	研发	3,000.00	-	260.00	-	3,260.00	289.00	-	-	2,971.00	12
												12
DF013	孙玉敏	管理	12,450.00	500.00	260.00	-	13,210.00	289.00	9,421.00	1,350.25	11,570.75	13
												13
DF014	王清华	行政	4,850.00	-	260.00	-	5,110.00	289.00	1,321.00	39.63	4,781.37	14
												14
DF015	谢如康	管理	9,800.00	-	260.00	-	10,060.00	309.00	6,251.00	695.20	9,055.80	15
												15

图 7-32　插入空行的工资表

（5）复制表头数据，然后选择工资表区域（A1:L30），然后单击【开始】→【编辑】→【查找和选择】，在下拉列表中选择【定位条件】（或者直接按 F5 键），如图 7-33 所示。

（6）弹出【定位条件】对话框，选择【空值】单选按钮，单击【确定】按钮，如图 7-34 所示。

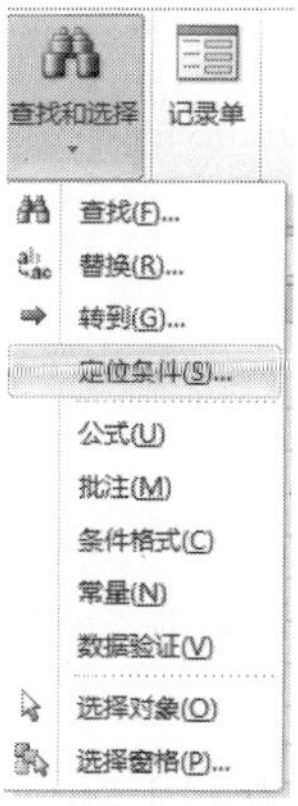

图 7-33　选择【定位条件】

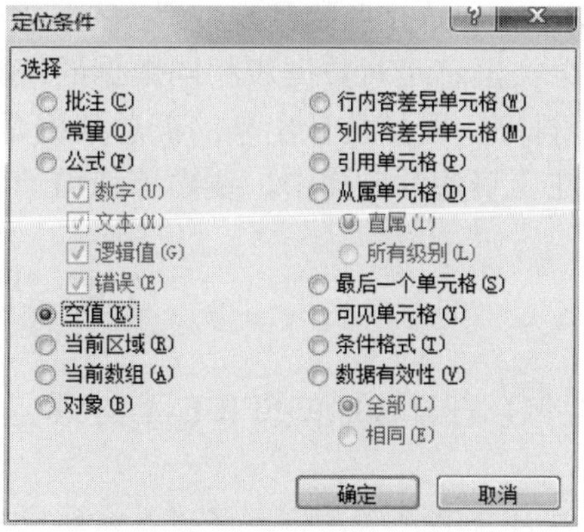

图 7-34　【定位条件】对话框

（7）确定后每个员工数据上方的空行被选中，按“Ctrl+V”组合键粘贴表头数据到空行，完成工资条制作，如图 7-35 所示，最后单击【文件】→【保存】。

员工工号	姓名	部门	基础工资	奖金	补贴	扣除病事假	应付工资合计	扣除社保	应纳税所得额	应交个人所得税	实发工资
DF001	包宏伟	管理	40,600.00	500.00	260.00	230.00	41,130.00	460.00	37,170.00	8,396.00	32,274.00
员工工号	姓名	部门	基础工资	奖金	补贴	扣除病事假	应付工资合计	扣除社保	应纳税所得额	应交个人所得税	实发工资
DF002	陈万地	管理	3,500.00	-	260.00	352.00	3,408.00	309.00	-	-	3,099.00
员工工号	姓名	部门	基础工资	奖金	补贴	扣除病事假	应付工资合计	扣除社保	应纳税所得额	应交个人所得税	实发工资
DF003	张惠	行政	12,450.00	500.00	260.00	-	13,210.00	289.00	9,421.00	1,350.25	11,570.75
员工工号	姓名	部门	基础工资	奖金	补贴	扣除病事假	应付工资合计	扣除社保	应纳税所得额	应交个人所得税	实发工资
DF004	闫朝霞	人事	6,050.00	-	260.00	130.00	6,180.00	360.00	2,320.00	127.00	5,693.00
员工工号	姓名	部门	基础工资	奖金	补贴	扣除病事假	应付工资合计	扣除社保	应纳税所得额	应交个人所得税	实发工资
DF005	吉祥	研发	6,150.00	-	260.00	-	6,410.00	289.00	2,621.00	157.10	5,963.90
员工工号	姓名	部门	基础工资	奖金	补贴	扣除病事假	应付工资合计	扣除社保	应纳税所得额	应交个人所得税	实发工资
DF006	李燕	管理	6,350.00	500.00	260.00	-	7,110.00	289.00	3,321.00	227.10	6,593.90
员工工号	姓名	部门	基础工资	奖金	补贴	扣除病事假	应付工资合计	扣除社保	应纳税所得额	应交个人所得税	实发工资
DF007	李娜娜	管理	10,550.00	-	260.00	-	10,810.00	206.00	7,104.00	865.80	9,738.20
员工工号	姓名	部门	基础工资	奖金	补贴	扣除病事假	应付工资合计	扣除社保	应纳税所得额	应交个人所得税	实发工资
DF008	刘康锋	研发	15,550.00	500.00	260.00	155.00	16,155.00	308.00	12,347.00	2,081.75	13,765.25
员工工号	姓名	部门	基础工资	奖金	补贴	扣除病事假	应付工资合计	扣除社保	应纳税所得额	应交个人所得税	实发工资
DF009	刘鹏举	销售	4,100.00	-	260.00	-	4,360.00	289.00	571.00	17.13	4,053.87
员工工号	姓名	部门	基础工资	奖金	补贴	扣除病事假	应付工资合计	扣除社保	应纳税所得额	应交个人所得税	实发工资
DF010	倪冬声	研发	5,800.00	-	260.00	25.00	6,035.00	289.00	2,246.00	119.60	5,626.40
员工工号	姓名	部门	基础工资	奖金	补贴	扣除病事假	应付工资合计	扣除社保	应纳税所得额	应交个人所得税	实发工资
DF011	齐飞扬	销售	5,050.00	-	260.00	-	5,310.00	289.00	1,521.00	47.10	4,973.90
员工工号	姓名	部门	基础工资	奖金	补贴	扣除病事假	应付工资合计	扣除社保	应纳税所得额	应交个人所得税	实发工资
DF012	苏解放	研发	3,000.00	-	260.00	-	3,260.00	289.00	-	-	2,971.00
员工工号	姓名	部门	基础工资	奖金	补贴	扣除病事假	应付工资合计	扣除社保	应纳税所得额	应交个人所得税	实发工资
DF013	孙玉敏	管理	12,450.00	500.00	260.00	-	13,210.00	289.00	9,421.00	1,350.25	11,570.75
员工工号	姓名	部门	基础工资	奖金	补贴	扣除病事假	应付工资合计	扣除社保	应纳税所得额	应交个人所得税	实发工资
DF014	王清华	行政	4,850.00	-	260.00	-	5,110.00	289.00	1,321.00	39.63	4,781.37
员工工号	姓名	部门	基础工资	奖金	补贴	扣除病事假	应付工资合计	扣除社保	应纳税所得额	应交个人所得税	实发工资
DF015	谢如康	管理	9,800.00	-	260.00	-	10,060.00	309.00	6,251.00	695.20	9,055.80

图 7-35　工资条最终效果

7.3　案例小结

本章主要学习了利用 IF 函数计算所得税和利用 RANK 函数计算工资排名，并对工资表进行了分类汇总，最后制作了工资条，在实际应用中，大家还应该注意：

（1）一般使用 IF(logical_test,value_if_true,value_if_false)函数时，第一个参数为条件，不能加引号；第二个参数为条件成立时的结果，如果是显示某个值（文本），则要加引号；第三个参数为条件不成立时的结果，如果是显示某个值（文本），同样要加引号。IF 函数可以嵌套使用，即在第三个参数处可以再写一个 IF 函数，但是最多只能嵌套 7 层。

（2）在使用 RANK(number,ref,[order])函数时，第二个参数表示将第一个参数的数值放在哪一组数中进行排名，在选择数据区域时要记得进行绝对引用，否则在进行公式填充时数据区域发生改变，会导致排名错乱。

（3）分类汇总是对数据表相同数据的统计，但是在进行分类汇总前，必须要依据分类的字段先进行排序，否则统计出来的汇总数据是不准确的。

（4）在工资条的制作中，要熟练使用单元格的定位功能。

7.4　思考练习

参照案例，打开【D:\OFFICE\素材\第 7 章】文件夹中的“学生成绩表.xlsx”完成如下操作。

1．通过合并单元格，将表名“××班学生成绩表”放于整个表的上端、居中，并调整字体、字号。

2．在“学号”列中分别填入“20150301001”—“201530301010”，将其数据格式设置为文本。

3．将“语文成绩”列（含）往右各列设置为数值格式、保留2位小数。

4．调整表格各列宽度、对齐方式，使得显示更加美观。并设置纸张大小为“A4”“横向”，整个工作表需调整在1个打印页内。

5．利用公式或函数计算“总分”和“平均分”列。

6．利用“平均分”列计算学生名次。

7．参考“成绩等级表”，利用IF函数计算“等级”列。

8．制作每个学生的成绩条。

案例 8　人口普查数据统计分析

扫码看视频

学习目标

- 掌握外部数据导入的方法。
- 掌握美化表格的方法。
- 掌握合并计算的使用。
- 掌握 INDEX、MATCH、COUNTIFS 函数的使用。
- 掌握数据透视表的使用。

8.1　案例简介

中国的人口发展形势非常严峻，为此国家统计局每 10 年就要进行一次全国人口普查，以掌握全国人口的增长速度及规模。按照下列要求完成对第五次、第六次人口普查数据的统计分析。

8.2　案例制作

本章以全国人口普查数据分析作为案例，统计和分析第五次、第六次人口普查数据。打开【D:\OFFICE\素材\第 8 章】文件夹中的“全国人口普查数据分析.xlsx”，完成如下操作。

8.2.1　利用“数据导入”功能插入外部数据

1. 自文本导入外部数据

浏览文本文件“第五次全国人口普查公报.txt”，将“第五次全国人口普查主要数据”导入到工作表“第五次普查数据”中（要求从“A1”单元格开始导入，不得对工作表中的数据进行排序）。

操作步骤如下：

（1）将光标定位在“第五次普查数据”工作表“A1”单元格，单击【数据】选项卡，在【获取外部数据】组中选择【自文本】，如图 8-1 所示。

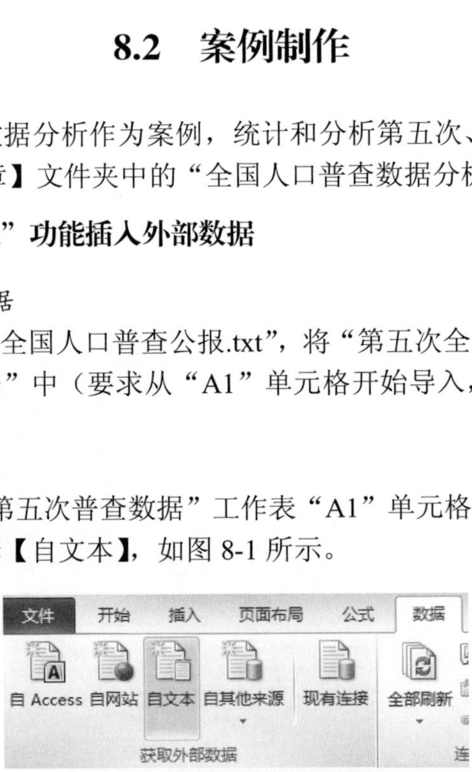

图 8-1　自文本导入数据菜单

（2）在【导入文本文件】对话框中打开【D:\OFFICE\素材\第 8 章】路径，选择【第五次全国人口普查公报.txt】的文件，单击【导入】按钮，如图 8-2 所示。

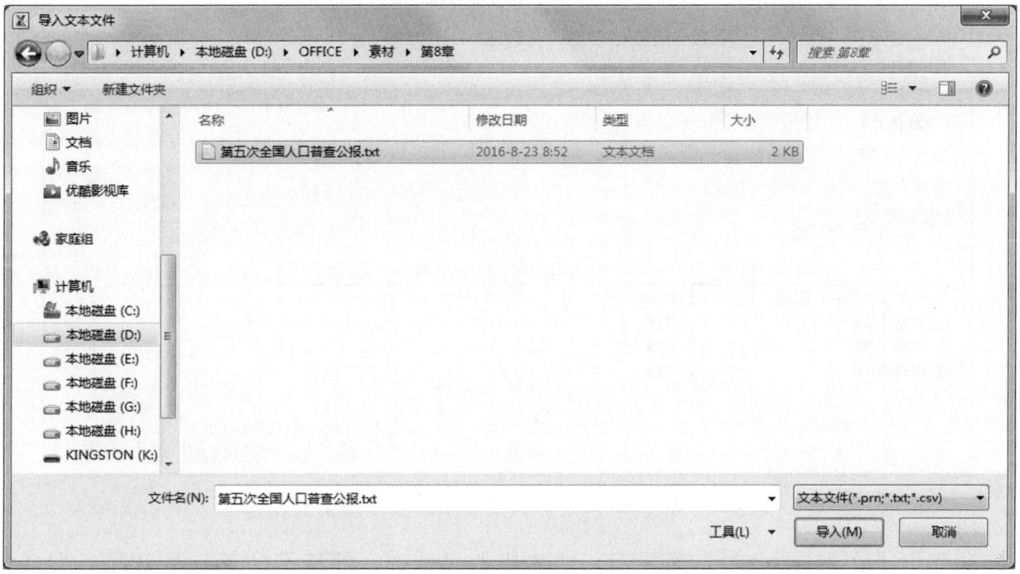

图 8-2　【导入文本文件】对话框

（3）在弹出的【文本导入向导-第 1 步，共 3 步】对话框中选择【分隔符号】单选按钮，单击【下一步】按钮，如图 8-3 所示。

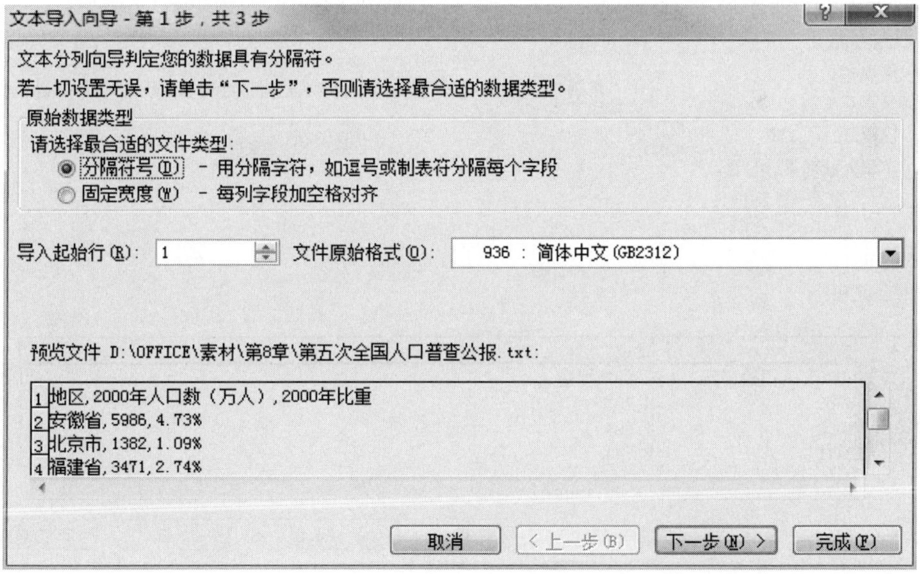

图 8-3　【文本导入向导-第 1 步，共 3 步】对话框

（4）弹出【文本导入向导-第 2 步，共 3 步】对话框，在【分隔符号】分组中根据文本的间隔符号勾选相应的复选框，默认为【Tab 键】，本例中使用的是【逗号】间隔，去掉其余的复选框选项，勾选【逗号】复选框，然后单击【下一步】按钮，如图 8-4 所示。

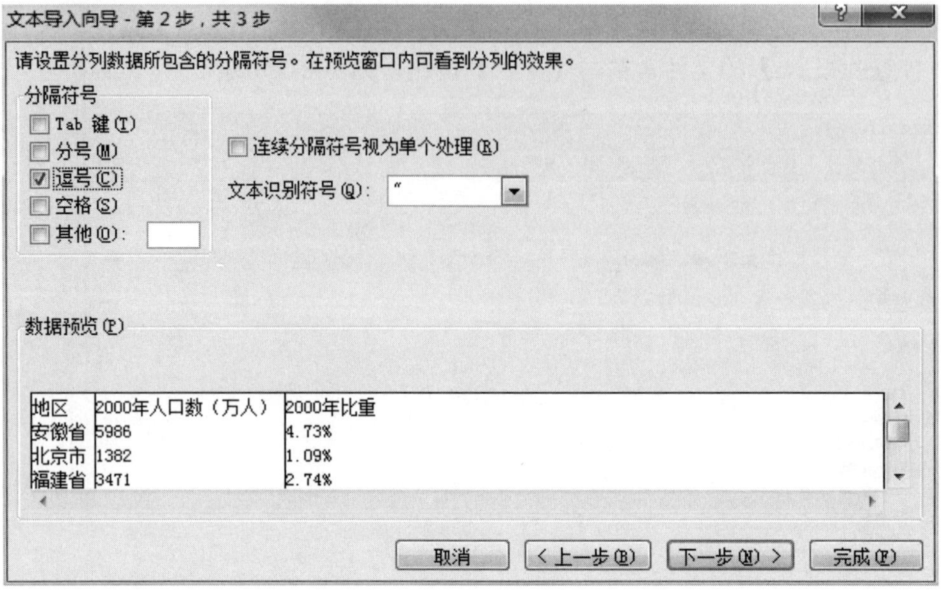

图 8-4 【文本导入向导-第 2 步，共 3 步】对话框

（5）弹出【文本导入向导-第 3 步，共 3 步】对话框，默认选中第一列数据，根据该列的数据类型设置列数据格式，本例中第一列为文本，其余两列为数据，选择第一列数据，在【列数据格式】分组中选择【文本】单选按钮，然后单击【完成】按钮，如图 8-5 所示。

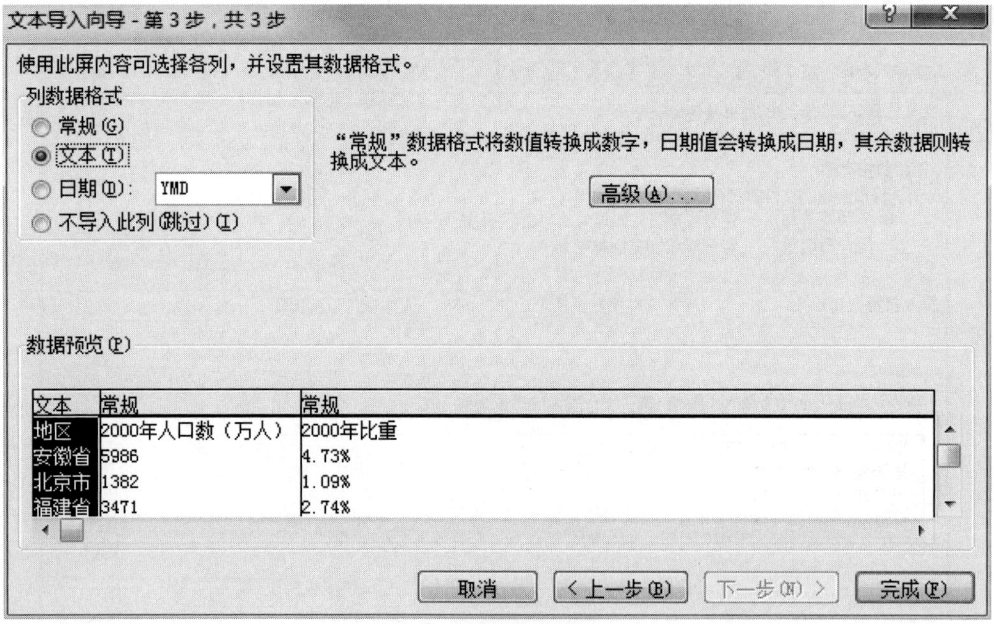

图 8-5 【文本导入向导-第 3 步，共 3 步】对话框

（6）在弹出的【导入数据】对话框中选择【现有工作表】单选按钮，编辑框中显示“=$A$1”，如果没有显示“=$A$1”，原因是在导入数据前没有选择“A1”单元格，此时重新选择即可，如果需要在新表中建立，则选择【新工作表】单选按钮，如图 8-6 所示。

图 8-6 【导入数据】对话框

（7）单击【确定】按钮后，就可以在工作表中导入文本数据，并以表格的方式排列，如图 8-7 所示。

	A	B	C
1	地区	2000年人口数（万人）	2000年比重
2	安徽省	5986	4.73%
3	北京市	1382	1.09%
4	福建省	3471	2.74%
5	甘肃省	2562	2.02%
6	广东省	8642	6.83%
7	广西壮族自治区	4489	3.55%
8	贵州省	3525	2.78%
9	海南省	787	0.62%
10	河北省	6744	5.33%
11	河南省	9256	7.31%
12	黑龙江省	3689	2.91%
13	湖北省	6028	4.76%
14	湖南省	6440	5.09%
15	吉林省	2728	2.16%

图 8-7 导入文本数据结果

2. 自网页导入外部数据

浏览网页“第六次全国人口普查公报.htm”，将其中的“2010 年第六次全国人口普查主要数据”表格导入到工作表“第六次普查数据”中（要求从“A1”单元格开始导入，不得对工作表中的数据进行排序）。

操作步骤如下：

（1）将光标定位在“第六次普查数据”工作表“A1”单元格，单击【数据】选项卡，在【获取外部数据】组中选择【自网站】，如图 8-8 所示。

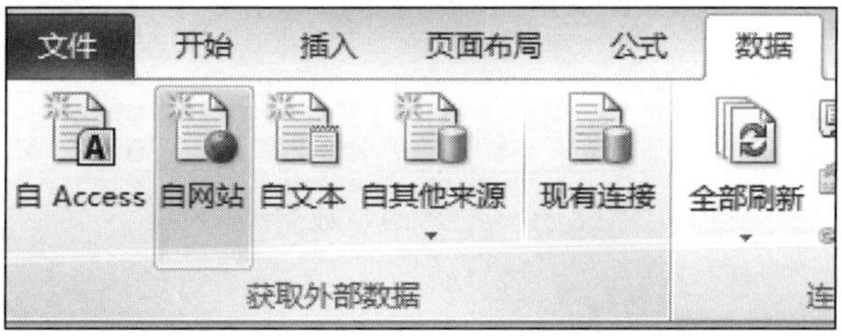

图 8-8 自网站导入数据菜单

（2）弹出【新建 Web 查询】对话框，在【地址】栏编辑框中输入要导入数据的所在网址，如果是保存在计算机中的网页文件则输入“路径+文件名”，本例是输入“D:\OFFICE\素材\第 8 章\第六次全国人口普查公报.htm”，输入后单击【转到】按钮，打开网页内容，如图 8-9 所示。

图 8-9 【新建 Web 查询】对话框

（3）在网页中找到需要导入的表格，在表格的左上角有一个向右【箭头】按钮，单击【箭头】按钮变成【打勾】按钮，单击【导入】按钮。

（4）在弹出的【导入数据】对话框中选择【现有工作表】单选按钮和【=$A$1】，单击【确定】按钮导入网页数据，并以表格的方式排列，如图 8-10 所示。

	A	B	C
1	地区	2010年人口数（万人）	2010年比重
2	北京市	1961	1.46%
3	天津市	1294	0.97%
4	河北省	7185	5.36%
5	山西省	3571	2.67%
6	内蒙古自治区	2471	1.84%
7	辽宁省	4375	3.27%
8	吉林省	2746	2.05%
9	黑龙江省	3831	2.86%
10	上海市	2302	1.72%
11	江苏省	7866	5.87%
12	浙江省	5443	4.06%
13	安徽省	5950	4.44%

图 8-10 导入网站数据结果

8.2.2 美化表格

对两个工作表中的数据区域套用合适的表格样式，要求至少四周有边框且偶数行有底纹，并将所有“人口数”列的数据格式设为带千分位分隔符的整数。

Excel 表格样式实际上就是对单元格的填充颜色、边框样式以及字体颜色等进行设置，达到美化表格的效果。表格样式是灵活多变的，Excel 提供了不少的内置样式供用户选择。

操作步骤如下：

（1）选择“第五次普查数据”工作表，将光标定位在表格数据的任意位置，单击【开始】选项卡【样式】工作组中的【套用表格格式】，根据要求，偶数行须有底纹，在选择时要注意观察预览图，在下拉列表中选择【中等深浅】区域中的【表样式中等深浅 5】，如图 8-11 所示。

图 8-11　【套用表格格式】菜单

（2）选择后弹出【套用表格式】对话框，在【表数据的来源】编辑栏中会自动选择表格数据，如果不正确就重新选择，如果表格包含标题（这里的标题指表头），就勾选【表包含标题】复选框，如图 8-12 所示。

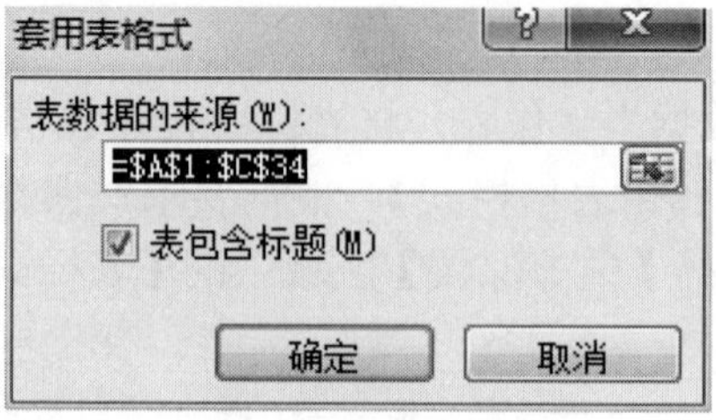

图 8-12 【套用表格式】对话框

（3）单击【确定】按钮，因为表格的数据是外部导入的，因此会弹出一个对话框要求转换表并删除外部链接，单击【是】按钮即可，如图 8-13 所示。

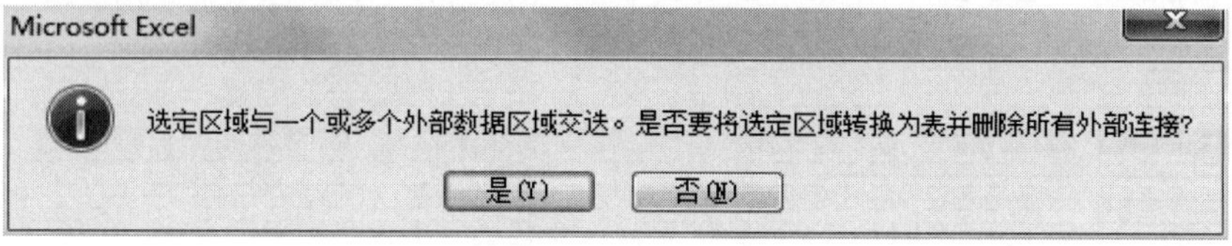

图 8-13 【转换表并删除外部链接】对话框

（4）单击【是】按钮之后，表格将会应用内置样式，然后选择“人口数”列“B2:B34”单元格，设置单元格格式，在【数字】选项卡【分类】中选择【数值】，设置【小数位数】为“0”，勾选【使用千位分隔符(,)】复选框，如图 8-14 所示。

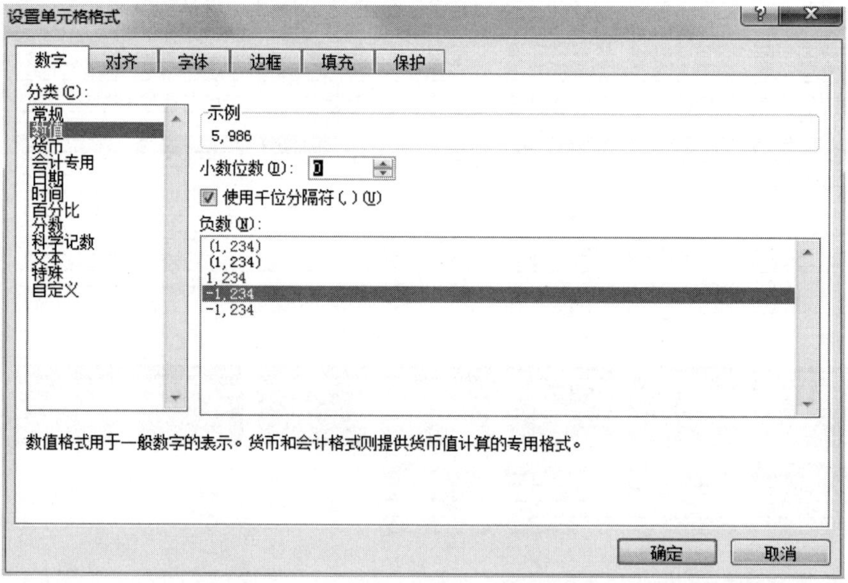

图 8-14 设置“人口数”列数据格式

（5）参照上述美化表格的方法，对“第六次普查数据”工作表套用适当的表格样式。

8.2.3 合并计算

将两个工作表的内容合并，合并后的工作表放置在新工作表“比较数据”中（自“A1”单元格开始），且保持最左列仍为地区名称、“A1”单元格中的列标题为“地区”，对合并后的工作表适当地调整行高、列宽、字体、字号、边框、底纹等，使其便于阅读。以“地区”为关键字对“比较数据”工作表进行升序排列。

合并计算是指通过合并后再计算的方法来汇总一个或多个数据源区域中的数据。Excel 提供两种合并计算数据的方法。一种是通过位置，对数据源区域中有相同位置的数据进行汇总。另一种是通过分类，当数据源区域中没有相同的布局时，则采用分类方式进行汇总。

操作步骤如下：

（1）在工作表列表区，单击最右侧的【插入工作表】按钮新建工作表，命名为“比较数据”，如图 8-15 所示。

图 8-15　新建工作表

（2）新建工作表后，将光标定位在“A1”单元格，单击【数据】选项卡，在【数据工具】组中选择【合并计算】，如图 8-16 所示。

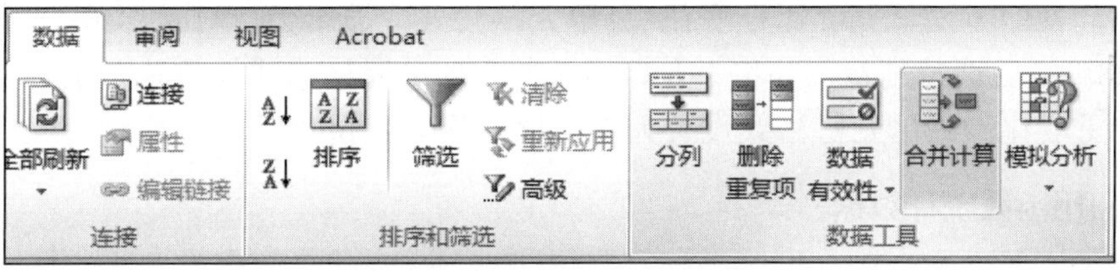

图 8-16　选择【合并计算】

（3）在弹出的【合并计算】对话框中，设置【函数】为“求和”，在【引用位置】文本编辑框中用鼠标拖选的方式选择第一个区域“第五次普查数据!$A$1:$C$34”，单击【添加】按钮，再选择第二个区域“第六次普查数据!$A$1:$C$34”，单击【添加】按钮，由于数据表的最左列和首行是文字，不能进行合并，要进行标识，在【标签位置】区域中勾选【首行】和【最左列】复选框，如图 8-17 所示。

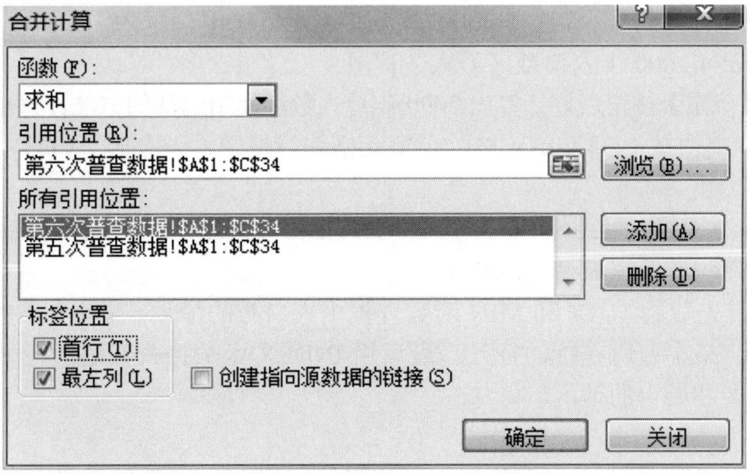

图 8-17　【合并计算】对话框

（4）单击【确定】按钮后，两个表格的数据合并到一个表格中，但由于标签同时选择了“首行”和“最左列”，它们交叉的单元格“A1”的文字没显示出来，需要手动录入，接着按之前所学知识调整行高、列宽、字体、字号、边框、底纹等，并为表格套用样式。

（5）将光标定位在表格数据区域中，单击【数据】→【排序和筛选】→【排序】，在【主要关键字】中选择【地区】，【次序】中选择【升序】，然后单击【确定】按钮进行排序。

在合并后的表格区域的最右边依次增加“人口增长数”和“比重变化”两列，计算这两列的值，并设置合适的格式。

其中：人口增长数=2010 年人口数－2000 年人口数；比重变化=2010 年比重－2000 年比重。

（1）将光标定位在“F1”单元格，输入“人口增长数”，完成后表格样式会自动套用到该列。同样，将光标定位在“G1”单元格，输入“比重变化”。

（2）将光标定位在“F2”单元格，在单元格编辑栏中输入公式“=”，单击“B2”单元格，再输入“+”，然后再单击“D2”单元格，由于表格套用了样式，在编辑栏显示的公式为“=[@2010 年人口数（万人）]-[@2000 年人口数（万人）]”，按 Enter 键确认后，整列的数据自动计算出来，这也是套用表格样式的一个优点。

（3）以同样的方法计算“比重变化”，单元格公式应显示为“=[@2010 年比重]-[@2000 年比重]”，计算完后调整列宽，并将“人口增长数”列单元格格式设置为数值、带千位分隔符的整数，“比重变化”列单元格格式设置为百分比，保留 2 位小数。

8.2.4 利用函数统计数据

打开工作表“统计数据”，利用“比较数据”表中的数据，结合 INDEX、MATCH、COUNTIFS 函数在相应的单元格统计各项数据。

1. 计算总人数、总增长数

操作步骤如下：

（1）打开“统计数据”工作表，将光标定位在“C3”单元格，单击编辑栏左边的【插入函数】按钮，在【插入函数】对话框中选择【SUM】函数，单击【确定】按钮。

（2）单击【确定】按钮后，光标自动置于【SUM】第一个参数【Number1】编辑框位置，然后切换到“比较数据”工作表，选择 2000 年人口数“D2:D34”，由于应用了样式，在【Number1】编辑栏中显示“表 4[2000 年人口数（万人）]”。

（3）单击【确定】按钮后，计算出 2000 年总人数，使用同样的方法计算出 2010 年总人数。

（4）将光标定位在“D4”单元格，在单元格编辑栏中输入公式“=D3-C3”，按 Enter 键确认，计算总增长数。

2. 查找出人口最多的地区和人口增长最多的地区（其中“中国人民解放军现役军人”和“难以确定常住地”的两项数据不统计）

解题思路：首先使用 MAX 和 MIN 函数查找出人口数的最大、最小值，然后再用 MATCH 函数查找出最大、最小值所在行的行号，最后用 INDEX 函数将查找出的行号匹配到“地区”列查找出人口最多和最少的地区。

操作步骤如下：

（1）先计算 2000 年人口最多的地区，将光标定位在“C5”单元格，单击编辑栏左边的【插入函数】按钮，在【插入函数】对话框中选择【MAX】函数，单击【确定】按钮。

（2）单击【确定】按钮后，光标自动置于【MAX】第一个参数【Number1】编辑框位置，然后切换到“比较数据”工作表，由于“中国人民解放军现役军人”和“难以确定常住地”两项数据数值比较小，在统计最多人数时不需要去除，所以数据区域选择 2000 年人口数“D2:D34”，由于应用了样式，在【Number1】编辑栏中显示“表 4[2000 年人口数（万人）]”。

（3）单击【确定】按钮后，计算出 2000 年人口数中最大的数“9256”，接下来要获取“9256”所在的行号。

（4）将光标置于编辑栏公式的“=”与“MAX”之间，输入“MATCH(”插入公式，在输入的同时系统也会提示公式，如图 8-18 所示。

图 8-18　插入 MATCH 函数

MATCH 函数又称为匹配函数，指返回指定数值在指定数组区域中的位置。MATCH 函数是 Excel 主要的查找函数之一，该函数通常有以下几个方面的用途：

1）确定列表中某个值的位置。

2）对某个输入值进行检验，确定这个值是否存在于某个列表中。

3）判断某列表中是否存在重复数据。

4）定位某一列表中最后一个非空单元格的位置。

查找文本值时，函数 MATCH 不区分大小写字母。

公式：=MATCH(lookup_value,lookup_array,match_type)

lookup_value：需要在数据表（lookup_array）中查找的值。可以为数值（数字、文本或逻辑值）或对数字、文本或逻辑值单元格的引用。可以包含通配符、星号（*）和问号（？）。星号可以匹配任何字符序列；问号可以匹配单个字符。

lookup_array：可能包含有所要查找数值的连续的单元格区域，区域必须是某一行或某一列，即必须为一维数组，引用的查找区域是一维数组。

match_type：表示查询的指定方式，用数字-1、0 或者 1 表示。

为 1 时，查找小于或等于 lookup_value 的最大数值在 lookup_array 中的位置，lookup_array 必须按升序排列。

为 0 时，查找等于 lookup_value 的第一个数值，lookup_array 按原顺序排列。

为-1 时，查找大于或等于 lookup_value 的最小数值在 lookup_array 中的位置，lookup_array 必须按降序排列。

利用 MATCH 函数的查找功能时，当查找条件存在时，MATCH 函数结果为具体位置（数值），否则显示“#N/A”错误。

（5）输入完公式后，将光标置于“MATCH”中，单击【插入函数】图标，弹出【函数参数】对话框，在本例中，第一个参数查找数值已经默认为“MAX(比较数据！D2:D34)”，查找人口数中的最大值，也就是人口最多的数值；第二个参数查找区域，也就是在包含人口最多的数值所在的数据区域，选择“比较数据”表中的“2000 年人口数”列“D2:D34”，自动变为“表 4[2000 年人口数（万人）]”；最后一个参数，为了要获取最大值所在的行号，所以输入“0”，获取按原顺序排列的序号，如图 8-19 所示。

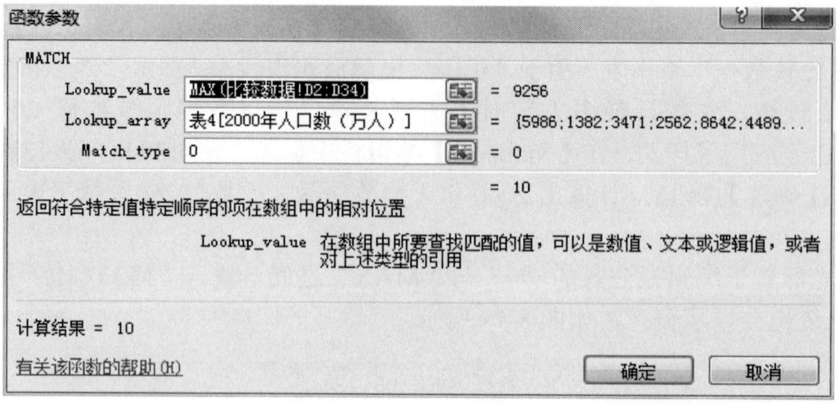

图 8-19　MATCH 函数参数

（6）单击【确定】按钮后，计算出 2000 年人口数中最大的数“9256”所在的行号为“10”。

（7）再次将光标置于编辑栏公式的“=”与“MATCH”之间，输入“INDEX(”插入公式，在输入的同时系统也会提示公式，如图 8-20 所示。

图 8-20　插入 INDEX 函数

（8）输入完公式后，将光标置于“INDEX”中，单击【插入函数】图标，弹出【选定参数】对话框，如图 8-21 所示。

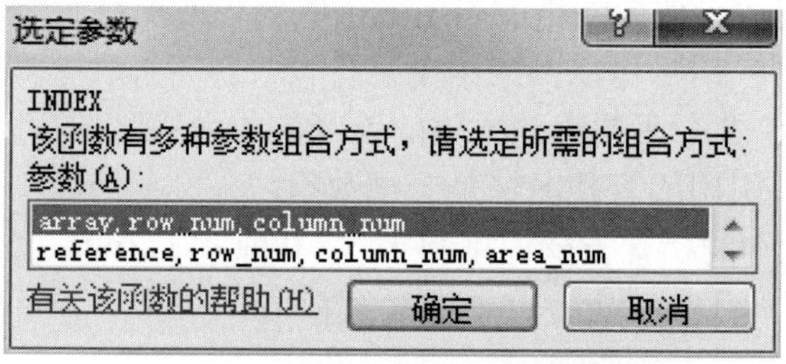

图 8-21　选定 INDEX 函数对话框

INDEX 函数是返回表或区域中的值或对值的引用。函数 INDEX()有两种形式：一种是数组形式，另一种是引用形式。数组形式通常返回数值或数值数组；引用形式通常返回引用。本例当中使用的是数组形式。

数组形式：返回由行和列编号索引选定的表或数组中的元素值。如果 INDEX 的第一个参数是数组常量，请使用数组形式。

公式：=INDEX(array,row_num,column_num)

array：为一个单元格区域或数组常量。

row_num：用于选择要返回值的数组中的行。如果省略 row_num，则需要使用 column_num。

column_num：用于选择要返回值的数组中的列。如果省略 column_num，则需要使用 row_num。

（9）选定后单击【确定】按钮，弹出【函数参数】对话框，第一个参数编辑栏中默认填入了 MATCH 公式（也就是获取到的行号），如图 8-22 所示。

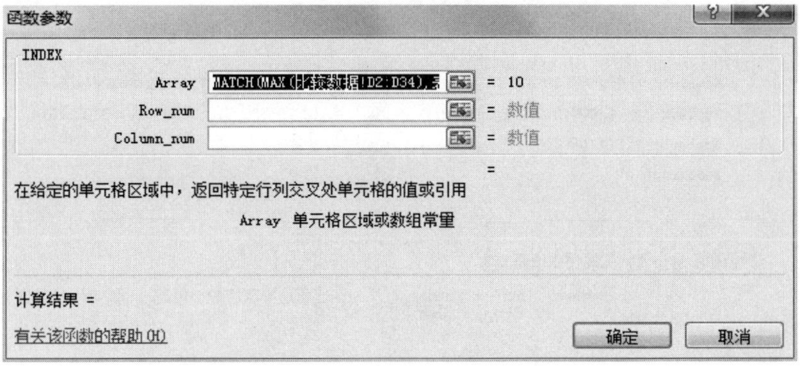

图 8-22　INDEX 函数参数

（10）第一个参数必须填入单元格区域或者是数组常量，第二个参数才是行号的值，这时应将光标定位在公式编辑栏“=INDEX(”后输入一个“,”，接着再将光标定位在“INDEX”中，然后【函数参数】对话框原默认的第一个参数中的“MATCH”公式部分自动移动到了第二个参数中，然后在第一个参数中选择“比较数据”工作表中的“A2:A34”，显示为“表 4[地区]”，如图 8-23 所示。

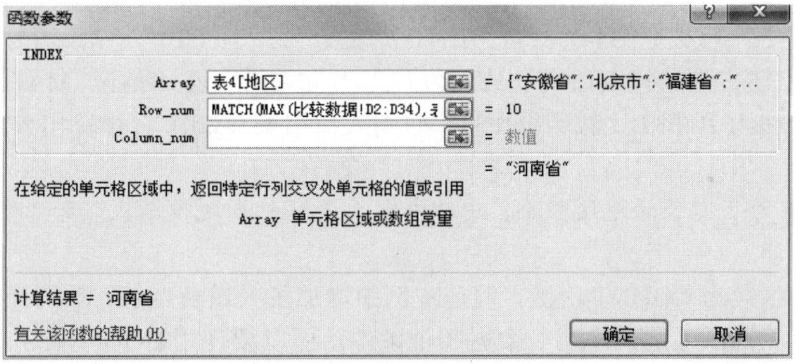

图 8-23　INDEX 函数参数输入

（11）单击【确定】按钮后，在“C5”单元格计算出 2000 年人口最多的地区为“河南省”。

（12）参照上述方法选择“2010 年人口数”，公式为“=INDEX(表 4[地区],MATCH(MAX(表 4[2010 年人口数（万人）]),表 4[2010 年人口数（万人）],0))”，计算出 2010 年人口最多的地区为“广东省”。

（13）参照上述方法选择“人口增长数”，公式为“=INDEX(表 4[地区],MATCH(MAX(表 4[人口增长数]),表 4[人口增长数],0))”，计算出人口增长最多的地区为“广东省”。

3. 查找出人口最少的地区和人口增长最少的地区（其中“中国人民解放军现役军人”和“难以确定常住地”的两项数据不统计）

操作步骤如下：

（1）参照上述计算方法，但计算人口最少的地区与计算人口最多的地区有些区别，因为要去除“中国人民解放军现役军人”和“难以确定常住地”的人口数，所以在使用 MIN 计算最小值时，在参数选择上要间隔选择，如图 8-24 所示。

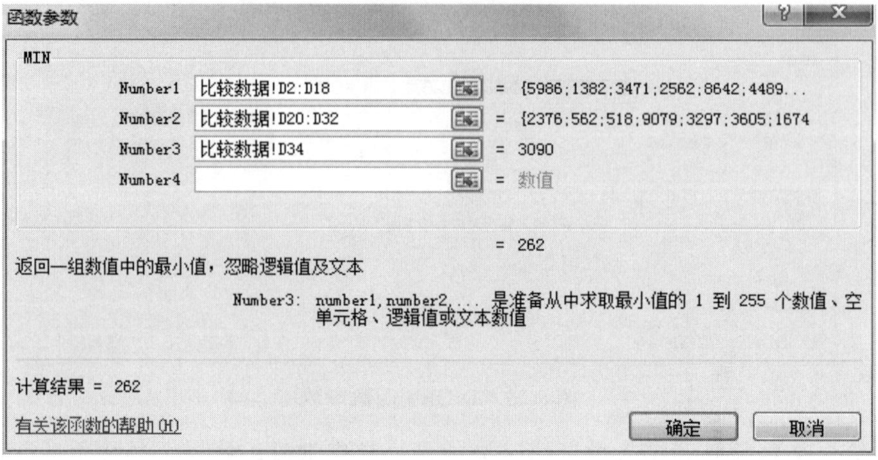

图 8-24 MIN 函数参数

（2）确定 MIN 函数的参数后，MATCH 函数和 INDEX 函数均参照上文输入，2000 年人口最少的地区最后的公式应为“=INDEX(表 4[地区],MATCH(MIN(比较数据!D2:D18,比较数据!D20:D32,比较数据!D34),表 4[2000 年人口数（万人）],0))”。

2010 年人口最少的地区公式应为“=INDEX(表 4[地区],MATCH(MIN(比较数据!B2:B18,比较数据!B20:B32,比较数据!B34),表 4[2010 年人口数（万人）],0))”，结果均为“西藏自治区”。

（3）参照上述方法选择人口增长数，公式为“=INDEX(表 4[地区],MATCH(MIN(比较数据!F2:F18,比较数据!F20:F32,比较数据!F34),表 4[人口增长数],0))”，计算出人口增长最少的地区为“湖北省”。

4. 计算人口为负增长的地区数（其中“中国人民解放军现役军人”和“难以确定常住地”的两项数据不统计）

计算数量的函数为 COUNT 函数，但是本例中增加了人口负增长、不统计“中国人民解放军现役军人”和“难以确定常住地”数据 3 个条件，所以要使用 COUNTIFS 函数。

COUNTIFS 函数是用来统计多个区域中满足给定条件的单元格的个数。

公式：=COUNTIFS(criteria_range1,criteria1,criteria_range2,criteria2,…)

criteria_range1：为第一个需要计算其中满足某个条件的单元格数目的单元格区域（简称“条件区域”）。

criteria1：为第一个区域中将被计算在内的条件（简称“条件”），其形式可以为数字、表达式或文本。

同理，criteria_range2 为第二个条件区域，criteria2 为第二个条件，依次类推。最终结果为多个区域中满足所有条件的单元格个数。

操作步骤如下：

（1）选中“D9”单元格，单击【插入函数】，弹出【插入函数】对话框，在【搜索函数】文本框中输入 COUNTIFS，单击【转到】按钮，选择好后单击【确定】按钮插入，如图 8-25 所示。

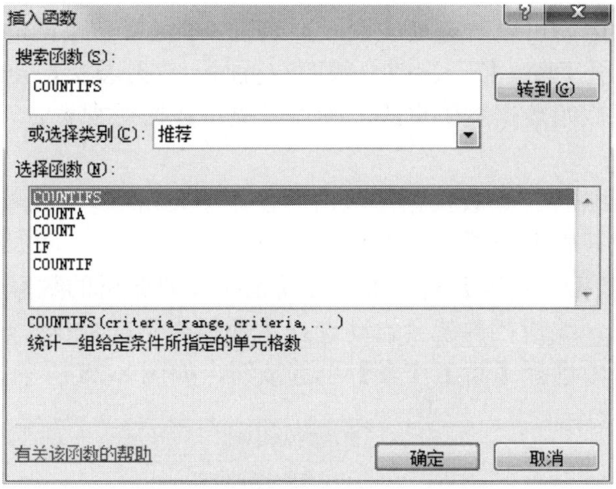

图 8-25　插入 COUNTIFS 函数

（2）确定后进入【函数参数】对话框，输入第一个条件，【Criteria_range1】参数选择“比较数据”工作表中的“人口增长数”列“F2:F34”，显示为“表 4[人口增长数]”，【Criteria1】编辑栏输入条件表达式“"<0"”。第二个条件，【Criteria_range2】参数选择“地区”列“A2:A34”，显示为“表4[地区]”，【Criteria2】编辑栏输入条件表达式“"< >中国人民解放军现役军人"”。第三个条件，【Criteria_range3】参数选择“地区”列“A2:A34”，显示为“表 4[地区]”，【Criteria3】编辑栏输入条件表达式“"< >难以确定常住地"”，如图 8-26 所示。

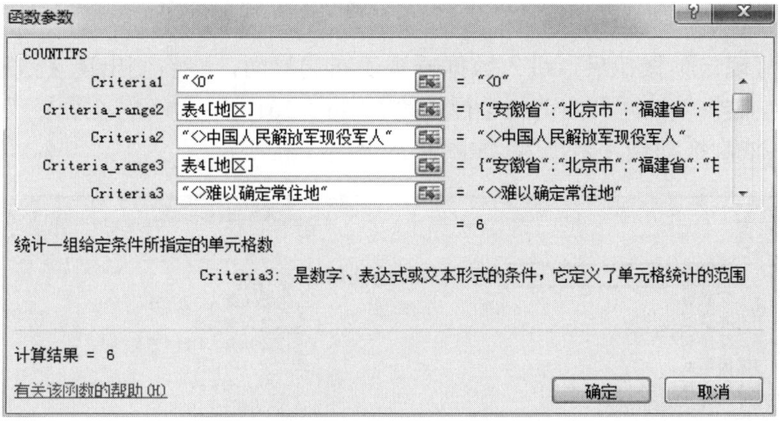

图 8-26　COUNTIFS 函数参数

（3）单击【确定】按钮，在“D9”单元格计算出人口为负增长的地区数为“6”。

8.2.5　创建数据透视表

基于工作表“比较数据”创建一个数据透视表，将其单独存放在一个名为“透视分析”的工作表中。透视表中要求筛选出 2010 年人口数超过 5000 万的地区及其人口数、2010 年所占比重、人口增长数，并按人口数从多到少排序。最后适当调整透视表中的数字格式。（提示：行标签为“地区”，数值项依次为 2010 年人口数、2010 年比重、人口增长数。）

数据透视表（Pivot Table）是一种交互式的表，可以进行某些计算，如求和与计数等。之所以称为数据透视表是因为可以动态地改变版面布置，以便按照不同的方式分析数据，也可以重新安排行号、列标和页字段。每一次改变版面布置时，数据透视表会立即按照新的布置重新计算数据。另外，如果原始数据发生更改，则可以更新数据透视表。

操作步骤如下：

（1）选中“比较数据”工作表数据区域内的任意单元格，单击【插入】→【表格】→【数据透视表】→【数据透视表】选项，如图 8-27 所示。

（2）弹出【创建数据透视表】对话框，在【请选择要分析的数据】分组中选择【选择一个表或区域】单选按钮，编辑栏内就会自动选择了数据表中的数据“表 4”，在【选择放置数据透视表的位置】分组中选择【新工作表】单选按钮，如图 8-28 所示。

图 8-27　插入数据透视表

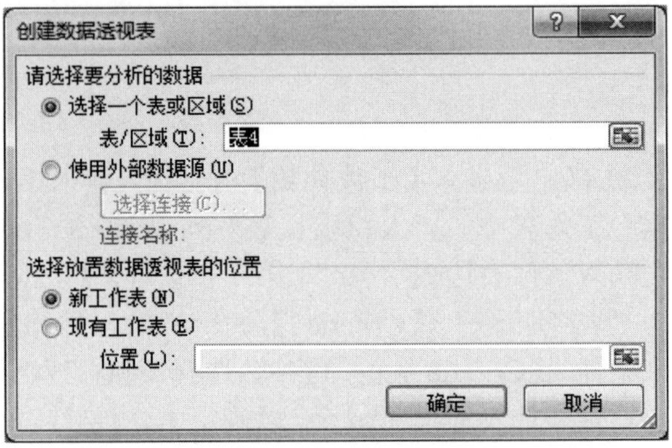

图 8-28　【创建数据透视表】对话框

（3）单击【确定】按钮后，进入数据透视表布局界面，在右侧出现【数据透视表字段列表】，按住鼠标左键将“地区”拖动到【行标签】，将“2010 年人口数（万人）”“2010 年比重”“人口增长数”依次拖动到【数值】，如图 8-29 所示。

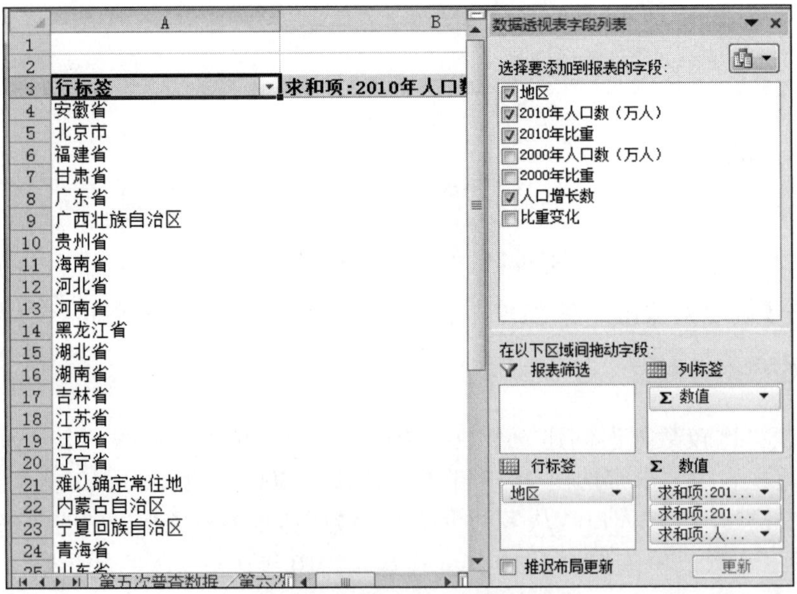

图 8-29　数据透视表字段设置

（4）布局完毕后单击【数据透视表字段列表】右上角的【×】，关闭后单击透视表【行标签】右侧的下拉按钮，选择【值筛选】→【大于】，在弹出的【值筛选(地区)】对话框中，选择【求和项:2010 年人口数（万人）】【大于】，在最后一个文本框中输入“5000”，单击【确定】按钮完成，如图 8-30 所示。

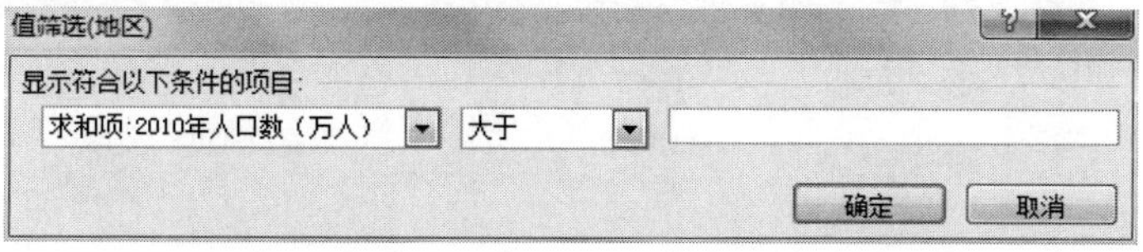

图 8-30　数据透视表【值筛选(地区)】对话框

（5）单击透视表【行标签】右侧的下拉按钮，选择【其他排序选项】命令，弹出【排序(地区)】对话框，选择第二项【升序排序（A 到 Z）依据】单选按钮，并在编辑栏的下拉列表中选择【求和项:2010 年人口数（万人）】，单击【确定】按钮完成，如图 8-31 所示。

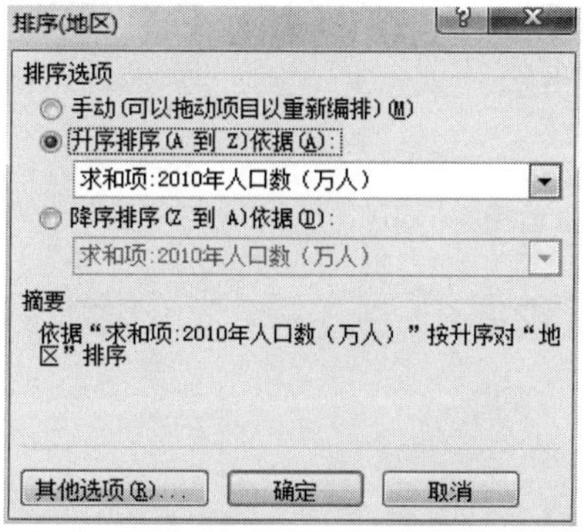

图 8-31　数据透视表【排序(地区)】对话框

（6）“求和项:2010 年人口数（万人）”和“求和项:人口增长数”列数据单元格格式设置为数值、带千位分隔符的整数，“求和项:2010 年比重”列数据单元格格式设置为百分比、保留 2 位小数，并将工作表重命名为“透视分析”，最后保存，最终效果如图 8-32 所示。

行标签	求和项:2010年人口数（万人）	求和项:2010年比重	求和项:人口增长数
浙江省	5,443	4.06%	766
湖北省	5,724	4.27%	-304
安徽省	5,950	4.44%	-36
湖南省	6,568	4.90%	128
河北省	7,185	5.36%	441
江苏省	7,866	5.87%	428
四川省	8,042	6.00%	-287
河南省	9,402	7.02%	146
山东省	9,579	7.15%	500
广东省	10,430	7.79%	1,788
总计	76189	0.5686	3570

图 8-32　数据透视表最终效果图

8.2.6　3D 地图

Excel 2016 新增加了 3D 地图的功能，利用【第六次普查数据】工作表中【A1:B32】的数据创建 3D 地图。

具体操作步骤如下：

（1）选中【第六次普查数据】工作表中【A1:B32】单元格，在【插入】选项卡中，单击【三维地图】下拉菜单，选择【打开三维地图】，如图 8-33 所示。

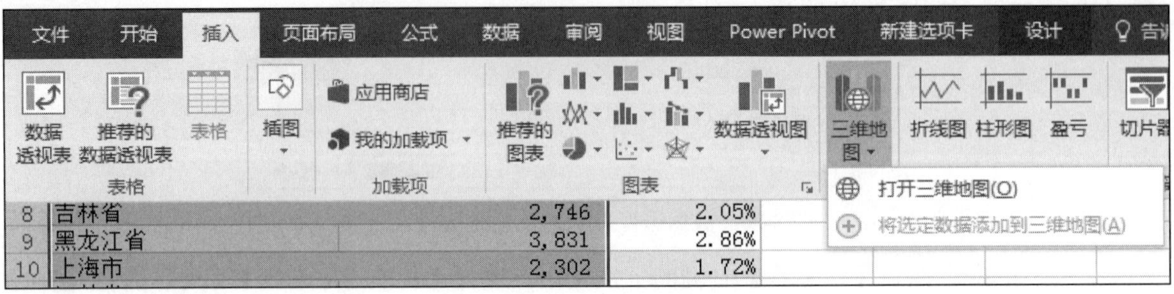

图 8-33　打开三维地图

（2）启动三维地图窗口，在右侧三维地图的图层窗格的【位置】组中，单击【地区】右侧【国家/地区】下拉菜单，选择【省/市/自治区】，在【高度】组中单击【添加字段】，选择【2010年人口数（万人）】，如图 8-34 所示。

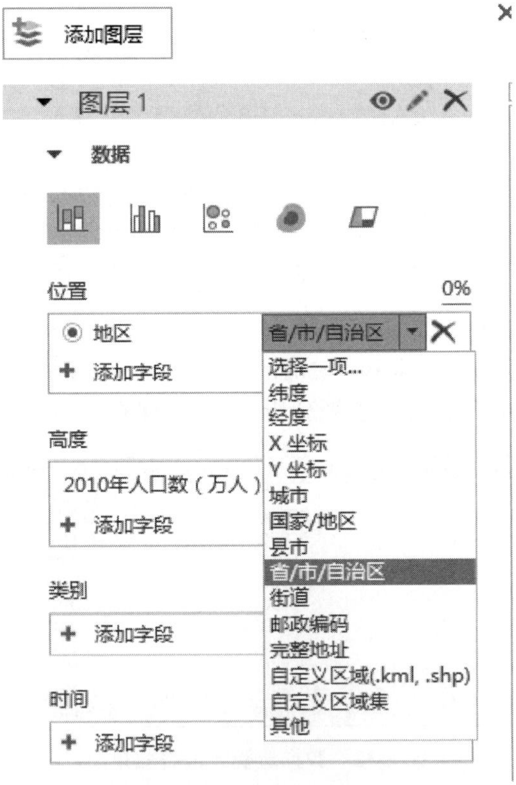

图 8-34 设置 3D 地图图层

（3）设置好后，3D 地图绘制完毕，可以通过图层 1 的按钮来控制地图的显示效果，如图 8-35 所示。

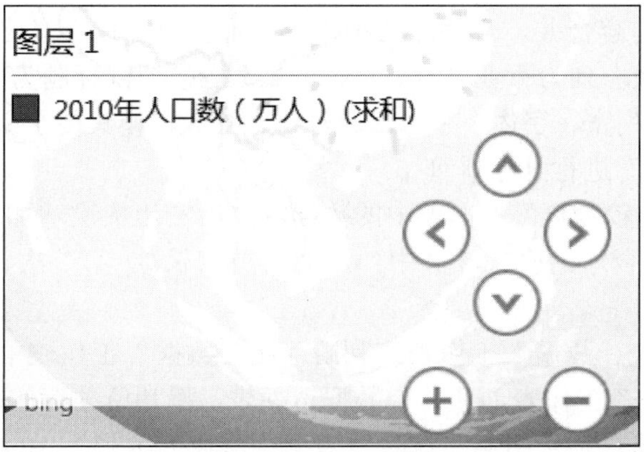

图 8-35　地图控制按钮

8.3　案例小结

本章主要学习了自文本和网站导入表格、美化表格，利用 MAX、MIN、MATCH、 INDEX、COUNTIFS 函数计算人口数据并创建数据透视表。在实际应用中，大家还应该注意：

（1）MATCH 函数用于在指定区域内按指定方式查询与指定内容所匹配的单元格位置，使用时的指定区域必须是单行多列或者单列多行，查找的指定内容也必须在指定区域存在，否则会显示“#N/A”的错误。

（2）在使用 INDEX(array,row_num,column_num)函数时，array 为单元格区域或数组常数；row_num 为数组中某行的行号，函数从该行返回数值，如果省略 row_num，则必须有 column_num; column_num 是数组中某列的列号，函数从该列返回数值，如果省略 column_num，则必须有 row_num。

（3）创建数据透视表时，必须清楚地知道想要得到的汇总表格的框架，根据框架的模式把相应的数据字段拉到合适的位置，就可以得到符合条件的数据透视表。

8.4　思考练习

参照案例，打开【D:\OFFICE\素材\第 8 章】文件夹中的“全国经济普查数据分析.xlsx”完成如下操作。

1．将文本“第一次全国经济普查主要数据公报.txt”中的“交通运输、仓储和邮政业企业法人单位和就业人员”数据导入到工作表“第一次普查数据”中。

浏览网页“第二次全国经济普查主要数据公报.htm”中的“表 1 交通运输、仓储和邮政业企业法人单位和就业人员”表格并导入到工作表“第二次普查数据”中，导入后将“标题”行和“合计”行删除，并在“A1”单元格输入“行业”。（要求均从“A1”单元格开始导入，不得对两个工作表中的数据进行排序）。

2．对两个工作表中的数据区域套用合适的表格样式，要求至少四周有边框且偶数行有底纹。

3．将两个工作表内容合并，合并后的工作表放置在新工作表“比较数据”中（自“A1”单元格开始），且保持最左列为行业名称、“A1”单元格中的列标题为“行业”，对合并后的工作表适当地调整行高、列宽、字体、字号、边框、底纹等，使其便于阅读。以“行业”为关键字对工作表“比较数据”进行升序排列。

4．在合并后的“比较数据”工作表中的数据区域最右边依次增加“从业人员增长数”列，计算此列的值，并设置合适的格式。其中：从业人员增长数=第二次普查从业人员数-第一次普查从业人员数。

5．打开工作簿“统计数据”工作表，利用“比较数据”工作表中的数据计算统计结果。

6．基于“比较数据”工作表创建一个数据透视表，将其单独存放在一个名为“透视分析”的工作表中。透视表中要求筛选出第二次普查数据中从业人数超过100万的行业及其从业人员数、从业人员增长数，并按从业人员增长数由多到少排序，最后适当调整透视表中的数字格式。（提示：行标签为“行业”，数值项依次为从业人员数、从业人员增长数）。

案例 9　统计和分析销售情况

扫码看视频

学习目标

- 掌握条件格式的使用。
- 掌握取位函数 LEFT、MID、RIGHT 的使用。
- 掌握 LOOKUP 函数的使用。
- 掌握图表的制作方法。

9.1　案例简介

××数码销售公司主要经营电脑配件等数码产品的零售业务，该公司销售部使用 Excel 软件对销售情况进行管理，每个季度将销售数据记录在销售记录表中，请你帮助公司销售部对各类数码产品的销售记录进行统计和分析。

9.2　案例制作

本章以××公司第一季度销售记录作为案例，统计和分析员工的销售记录。打开【D:\OFFICE\素材\第 9 章】文件夹中的“第一季度销售记录.xlsx”，完成如下操作。

9.2.1　表格数据初始化

对工作表“第一季度销售清单”中的数据列表进行格式化操作：将第一列“工号”列设为文本，适当加大行高、列宽，改变字体、字号，设置对齐方式，增加适当的边框和底纹以使工作表更加美观。

操作步骤如下：

（1）按住鼠标左键拖选“A2:A19”单元格，右击并在弹出的快捷菜单中选择【设置单元格格式】命令，在【数字】选项卡【分类】栏中选择【文本】。

（2）按住鼠标左键拖选“A:L”列，右击并在弹出的快捷菜单中选择【列宽】命令，在【列宽】对话框中输入“10”，用同样的方法选中“1:19”行，设置【行高】为“15”。

（3）按住鼠标左键拖选“A1:L19”单元格，设置字体为“楷体”“11 号”“垂直居中”“水平居中”，表格底纹为“橙色，强调文字颜色 6，淡色 80%”，边框为“所有框线”。

9.2.2　设置单元格条件格式

利用“条件格式”功能进行下列设置：将 CPU、显卡、内存中不低于 110 的销售记录所在的单元格以“浅红色填充”，硬盘、主板、电源、鼠标、键盘中高于平均值的以“黄填充色深黄色文本”标出。

条件格式是指当单元格满足某种或某几种条件时，显示为设定的单元格格式。条件可以是公式、文本和数值。

操作步骤如下：

（1）按住鼠标左键拖选“D2:K19”单元格，单击【开始】→【样式】→【条件格式】，如图 9-1 所示。

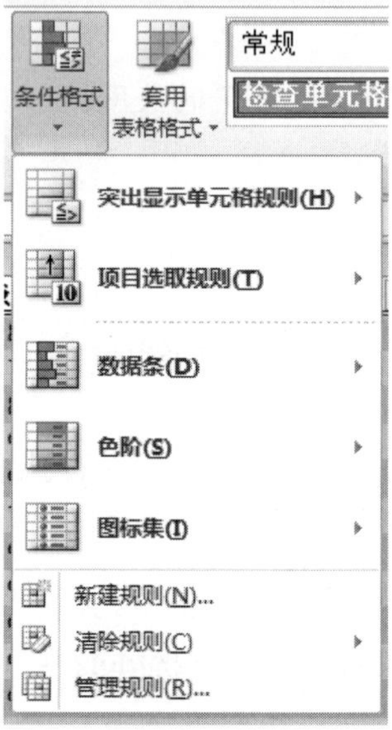

图 9-1 【条件格式】列表

（2）在下拉列表中选择【突出显示单元格规则】→【大于】，在【大于】对话框的编辑框中输入“110”，在【设置为】的下拉列表中选择“浅红色填充”，设置好后单击【确定】按钮，如图 9-2 所示。

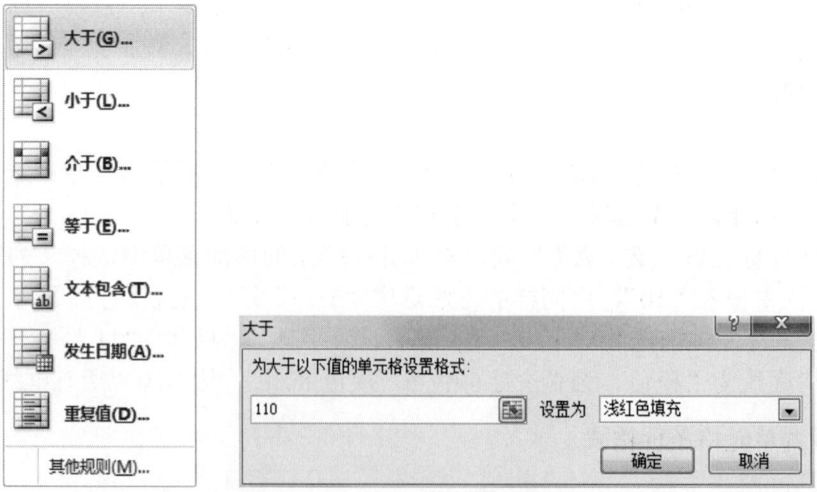

图 9-2 条件格式【大于】对话框

除了设置【大于】外，在【突出显示单元格规则】中还可以设置其他的条件，默认条件主要还有：【小于】【介于】【等于】【文本包含】【发生日期】【重复值】和【其他规则】。

选择【其他规则】，在弹出的【新建格式规则】对话框中还可以新建默认规则以外的规则，例如【大于或等于】【小于或等于】等，如图 9-3 所示。

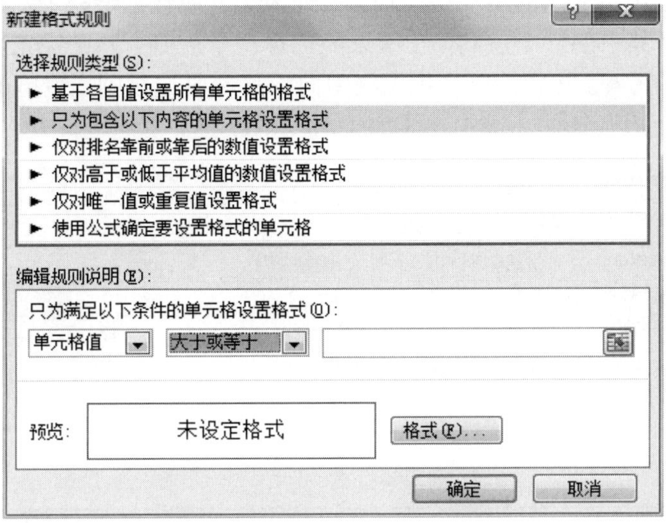

图 9-3　【新建格式规则】对话框

（3）按住鼠标左键拖选“G2:K19”单元格，单击【开始】→【样式】→【条件格式】→【项目选取规则】→【高于平均值】，在弹出的【高于平均值】对话框中选择“黄填充色深黄色文本”，如图 9-4 所示。

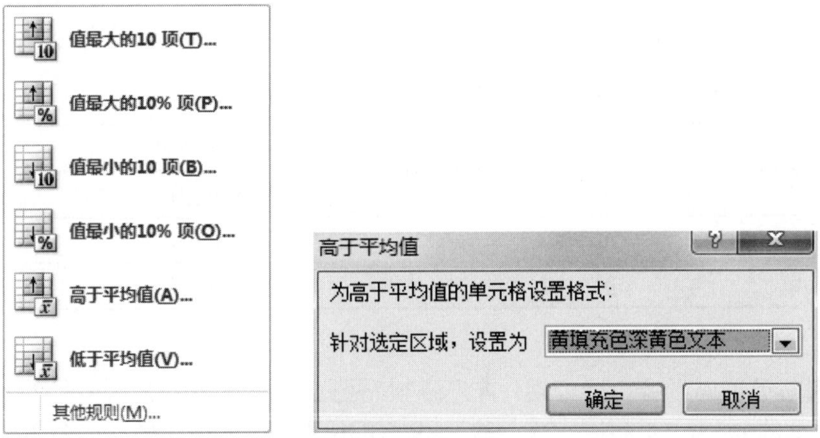

图 9-4　条件格式【高于平均值】对话框

同样的，除了【高于平均值】以外，在【项目选取规则】中还包括【值最大的 10 项】【值最大的 10%项】【值最小的 10 项】【值最小的 10%项】【低于平均值】和【其他规则】等条件选项，其中【其他规则】与上文的格式设置一样，主要是通过新建不同类型的规则去设置条件。

注：对于单元格区域，如果满足条件格式（规则为真），它将优先于手动调整的单元格格式，如果删除条件格式规则，单元格区域的手动格式将保留。

此外，条件格式对规则的管理还可以在【开始】→【样式】组中进行设置，单击【条件格式】→【管理规则】，弹出【条件格式规则管理器】对话框，编辑条件格式规则优先级，如图 9-5 所示。为当前选择（包括规则类型、格式、应用规则的单元格区域以及“如果为真则停止”设置）显示条件格式规则的列表，如果没有找到所需的规则，请在【显示其格式规则】列表框中选取，确保已选中适当的单元格区域、工作表、表或数据透视表。在列表中显示的是当前设置的规则，选择其中的一个规则，一次只能选择一个规则。要在优先级中向上移动所选规则，请单击菜单栏的【▲】按钮；要在优先级中向下移动所选规则，请单击【▼】按钮。另外，要在特定规则处停止规则评估，请勾选【如果为真则停止】复选框。

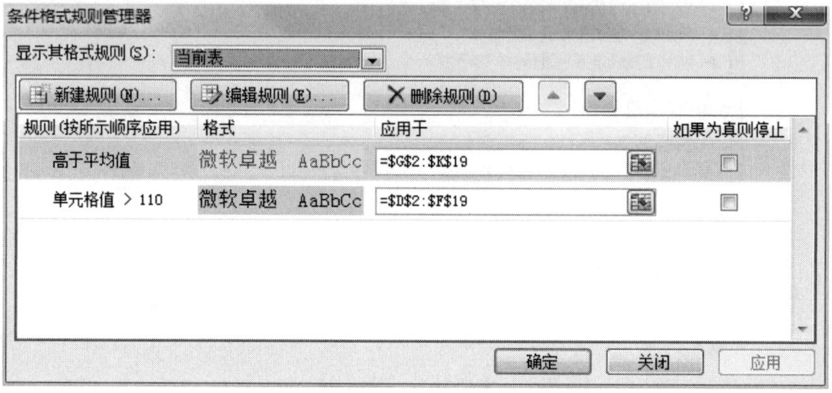

图 9-5 【条件格式规则管理器】对话框

9.2.3 取位函数 LEFT、MID、RIGHT 的使用

工号第 3、4 位代表员工所在的分公司表 9-1，例如：“120105”中的“01”代表华中分公司。请通过函数提取每个员工所在的分公司并按下表对应关系填写在“分公司”列中。

表 9-1 工号第 3、4 位代表的分公司

“工号”的第 3、4 位	对应分公司
01	华中分公司
02	华北分公司
03	华南分公司

操作步骤如下：

（1）要判断员工属于哪个分公司，首先必须先把工号中代表分公司编号的数字提取出来。计算第一个员工的分公司，选中“C2”单元格，单击【公式】→【插入函数】，或者单击单元格编辑栏旁的【插入函数】，在弹出的【插入函数】对话框【搜索函数】文本框中输入“MID”，单击【转到】按钮，选择好后单击【确定】按钮插入，如图 9-6 所示。

（2）确定后进入【函数参数】对话框，如图 9-7 所示。MID 是一个字符串函数，作用是从一个字符串中截取出指定数量的字符。

公式：=MID(text,start_num,num_chars)

text：文本（字符串）表达式，要被截取的字符。

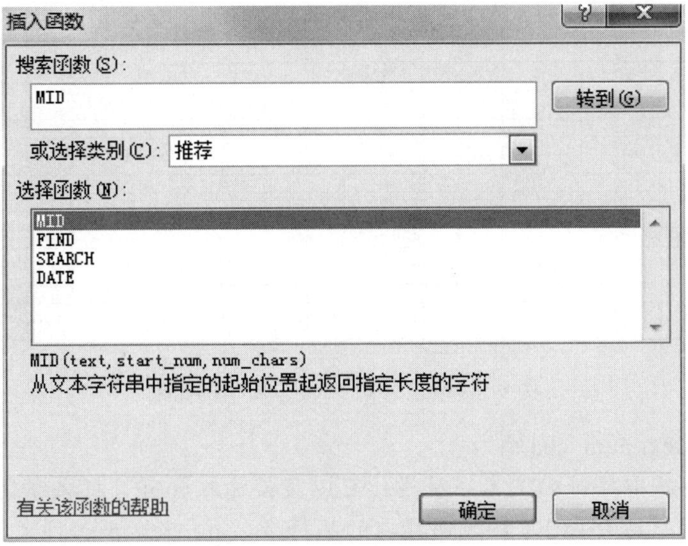

图 9-6　插入 MID 函数

start_num：数值表达式，从左起第几位开始截取。

num_chars：文本（数值）表达式，从 start_num 参数指定的位置开始要向右截取的长度。如果省略，将指定为从 start_num 参数位置开始向右到字符串结尾的所有字符数。

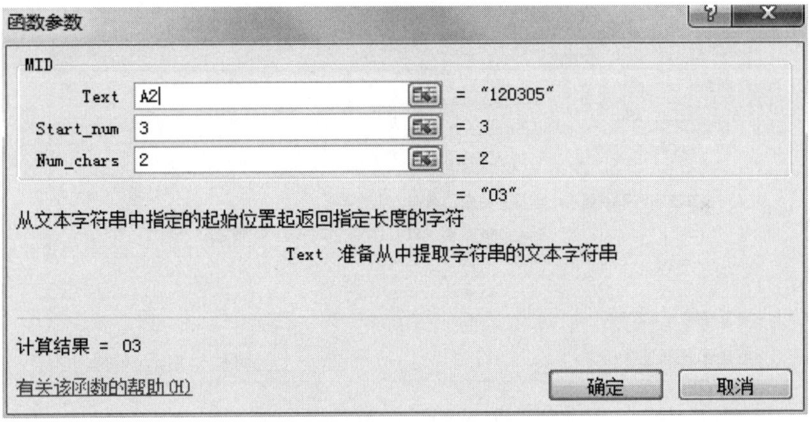

图 9-7　MID 函数参数输入

本例当中要截取工号的第 3、4 位，将光标置于第一个参数的编辑栏内，单击或者输入“A2”单元格，在第二个参数的编辑栏内输入“3”，表示从左边的第 3 位开始截取，在第三个参数的编辑栏内输入“2”，表示从第 3 位开始向右截取 2 位，如图 9-7 所示。

（3）输入完毕单击【确定】按钮，向下填充公式，所有员工的分公司编号都显示在“分公司列”，如图 9-8 所示。

拓展知识：

还有另外两个与 MID 函数相类似的取位函数：LEFT 函数和 RIGHT 函数。

（1）LEFT 函数。LEFT 函数是用于从一个文本字符串左边的第一个字符开始返回指定个数的字符。

工号	姓名	分公司	CPU	显卡	内存	硬盘	主板	电源	鼠标	键盘	平均值
120305	李宏伟	03	91	113	94	92	91	86	86	91	93.00
120203	何万地	02	93	99	92	86	86	73	92	87	88.50
120104	石学江	01	102	116	113	78	88	86	73	89	93.13
120301	宋合	03	99	98	101	95	91	95	78	90	93.38
120306	吉祥	03	101	94	99	90	87	95	93	95	94.25
120206	韦北大	02	116	103	104	88	89	78	90	93	95.13
120302	张娜娜	03	78	95	94	82	90	93	84	91	88.38
120204	卢康锋	02	95	92	96	84	95	91	92	92	92.13
120201	蓝鹏举	02	117	107	96	100	93	92	93	92	98.75
120304	尔冬声	03	95	97	102	93	95	92	88	92	94.25
120103	叶飞扬	01	95	121	99	98	92	92	88	95	97.50
120105	覃解放	01	88	98	101	89	73	95	91	88	90.38
120202	陆玉敏	02	111	107	89	88	92	88	89	92	94.50
120205	黄清华	02	103	105	105	93	93	90	86	86	95.13
120102	黎如康	01	110	95	112	99	93	93	92	78	96.50
120303	何朝霞	03	84	100	97	87	78	89	93	95	90.38
120101	王令煊	01	97	106	108	98	99	99	96	90	99.13
120106	林桂花	01	90	111	116	72	95	93	95	88	95.00

图 9-8　取工号第 3、4 位所得的结果

公式：=LEFT(text,num_chars)

text：是包含要提取字符的文本字符串，可以直接输入含有目标文字的单元格名称。

num_chars：指定要由 LEFT 函数所提取的字符数，num_chars 必须大于或等于 0。

如果 num_chars 大于文本长度，则 LEFT 返回所有文本。如果省略 num_chars，则假定其为 1。

例如：截取工号的前 4 位，就是将光标置于第一个参数的编辑栏内，单击或者输入“A2”单元格，在第二个参数的编辑栏内输入“4”，表示截取工号的前 4 位，如图 9-9 所示。输入完毕后单击【确定】按钮，向下填充公式，所有员工工号的前 4 位将会在表中显示出来，如图 9-10 所示。

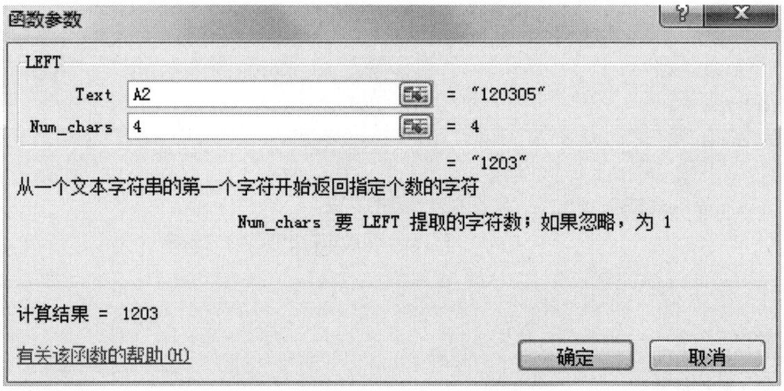

图 9-9　LEFT 函数参数输入

工号	姓名	分公司	CPU	显卡	内存	硬盘	主板	电源	鼠标	键盘	平均值
120305	李宏伟	1203	91	113	94	92	91	86	86	91	93.00
120203	何万地	1202	93	99	92	86	86	73	92	87	88.50
120104	石学江	1201	102	116	113	78	88	86	73	89	93.13
120301	宋合	1203	99	98	101	95	91	95	78	90	93.38
120306	吉祥	1203	101	94	99	90	87	95	93	95	94.25
120206	韦北大	1202	116	103	104	88	89	78	90	93	95.13
120302	张娜娜	1203	78	95	94	82	90	93	84	91	88.38
120204	卢康锋	1202	95	92	96	84	95	91	92	92	92.13
120201	蓝鹏举	1202	117	107	96	100	93	92	93	92	98.75
120304	尔冬声	1203	95	97	102	93	95	92	88	92	94.25
120103	叶飞扬	1201	95	121	99	98	92	92	88	95	97.50
120105	覃解放	1201	88	98	101	89	73	95	91	88	90.38
120202	陆玉敏	1202	111	107	89	88	92	88	89	92	94.50
120205	黄清华	1202	103	105	105	93	93	90	86	86	95.13
120102	黎如康	1201	110	95	112	99	93	93	92	78	96.50
120303	何朝霞	1203	84	100	97	87	78	89	93	95	90.38
120101	王令煊	1201	97	106	108	98	99	99	96	90	99.13
120106	林桂花	1201	90	111	116	72	95	93	95	88	95.00

图 9-10　取工号的前 4 位所得的结果

（2）RIGHT 函数。RIGHT 函数是用于从一个文本字符串最后一个字符开始，从后往前截取用户指定长度的内容。

公式：=RIGHT(text,num_chars)

text：是包含要提取字符的文本字符串，可以直接输入含有目标文字的单元格名称。

num_chars：指定希望 RIGHT 函数提取的字符数。num_chars 必须大于或等于 0。

如果 num_chars 大于文本长度，则 RIGHT 返回所有文本。如果忽略 num_chars，则假定其为 1。

例如：截取工号的后 4 位，就是将光标置于第一个参数的编辑框内，单击或者输入“A2”单元格，在第二个参数的编辑栏内输入“4”，表示截取工号的后 4 位，如图 9-11 所示。输入完毕后单击【确定】按钮，向下填充公式，所有员工工号的后 4 位将会在表中显示出来，如图 9-12 所示。

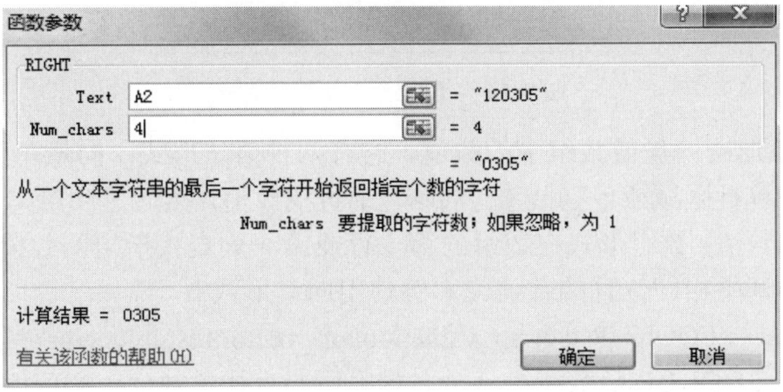

图 9-11　RIGHT 函数参数输入

工号	姓名	分公司	CPU	显卡	内存	硬盘	主板	电源	鼠标	键盘	平均值
120305	李宏伟	0305	91	113	94	92	91	86	86	91	93.00
120203	何万地	0203	93	99	92	86	86	73	92	87	88.50
120104	石学江	0104	102	116	113	78	88	86	73	89	93.13
120301	宋合	0301	99	98	101	95	91	95	78	90	93.38
120306	吉祥	0306	101	94	99	90	87	95	93	95	94.25
120206	韦北大	0206	116	103	104	88	89	78	90	93	95.13
120302	张娜娜	0302	78	95	94	82	90	93	84	91	88.38
120204	卢康锋	0204	95	92	96	84	95	91	92	92	92.13
120201	蓝鹏举	0201	117	107	96	100	93	92	93	92	98.75
120304	尔冬声	0304	95	97	102	93	95	92	88	92	94.25
120103	叶飞扬	0103	95	121	99	98	92	92	88	95	97.50
120105	章解放	0105	88	98	101	89	73	95	91	88	90.38
120202	陆玉敏	0202	111	107	89	88	92	88	89	92	94.50
120205	黄清华	0205	103	105	105	93	93	90	86	86	95.13
120102	黎如康	0102	110	95	112	99	93	93	92	78	96.50
120303	何朝霞	0303	84	100	97	87	78	89	93	95	90.38
120101	王令煊	0101	97	106	108	98	99	99	96	90	99.13
120106	林桂花	0106	90	111	116	72	95	93	95	88	95.00

图 9-12　取工号的后 4 位所得的结果

9.2.4　LOOKUP 函数的使用

将员工的第 3、4 位分公司的编号取出后，接下来就需要将编号转换成分公司名称，操作步骤如下：

（1）将光标置于编辑栏公式的“=”与“MID”之间，输入“LOOKUP(”，在输入的同时系统也会提示公式，如图 9-13 所示。

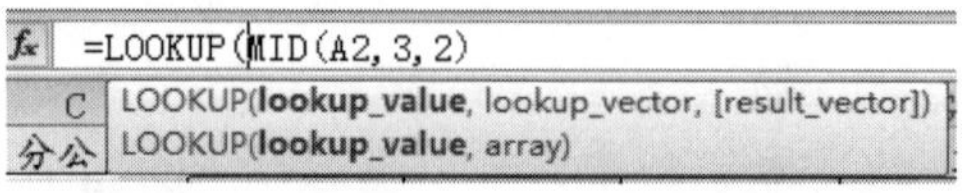

图 9-13 插入 LOOKUP 函数

（2）输入完公式后，将光标置于“LOOKUP”中，单击【插入函数】图标，弹出 LOOKUP【选定参数】对话框，如图 9-14 所示。

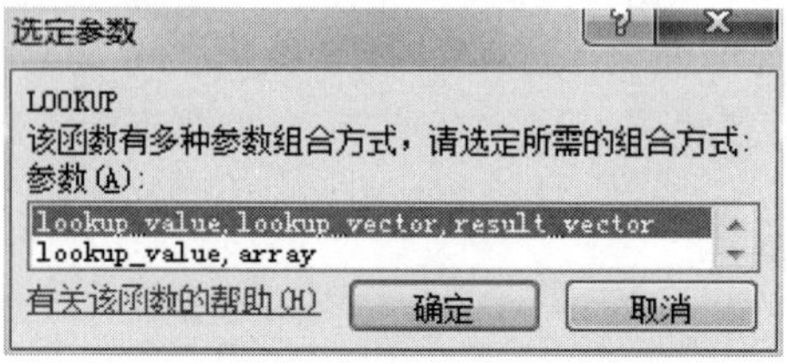

图 9-14 【选定参数】对话框

LOOKUP 函数返回向量或数组中的数值，它有两种语法形式：向量和数组。LOOKUP 函数的向量形式是在单行区域或单列区域（向量）中查找数值，然后返回第二个单行区域或单列区域中相同位置的数值；数组形式在数组的第一行或第一列查找指定的数值，然后返回数组的最后一行或最后一列中相同位置的数值。本例使用向量形式。

向量形式公式：= LOOKUP(lookup_value,lookup_vector,result_vector)

lookup_value：LOOKUP 函数在第一个向量中所要查找的数值，它可以为数字、文本、逻辑值或包含数值的名称、引用。

lookup_vector：只包含一行或一列的区域，它的数值可以为文本、数字或逻辑值。

result_vector：只包含一行或一列的区域，其大小必须与 lookup_vector 相同。

注：lookup_vector 的数值必须按升序排序：...、-2、-1、0、1、2、...、A ~ Z、FALSE、TRUE；否则，函数不能返回正确的结果。文本不区分大小写。

（3）选定后单击【确定】按钮，弹出【函数参数】对话框，在第一个参数的编辑栏中默认填入了“MID”公式（也就是获取到的分公司编号），第二个参数的编辑栏中填入数组“{"01","02","03"}”，第三个参数返回与第二个参数相对应的数值，填入数组“{"华中分公司","华北分公司","华南分公司"}”，如图 9-15 所示。

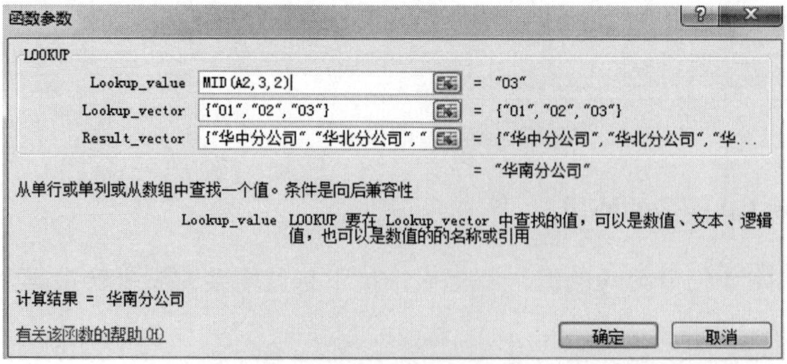

图 9-15 LOOKUP【函数参数】对话框

（4）单击【确定】按钮后，完整公式为“=LOOKUP(MID(A2,3,2),{"01","02","03"},{"华中分公司","华北分公司","华南分公司"})”，然后向下填充将所有员工号对应的分公司名称计算出来，如图 9-16 所示。

工号	姓名	分公司	CPU	显卡	内存	硬盘	主板	电源	鼠标	键盘	平均值
120305	李宏伟	华南分公司	91	113	94	92	91	86	86	91	93.00
120203	何万地	华北分公司	93	99	92	86	86	73	92	87	88.50
120104	石学江	华中分公司	102	116	113	78	88	86	73	89	93.13
120301	宋合	华南分公司	99	98	101	95	91	95	78	90	93.38
120306	吉祥	华南分公司	101	94	99	90	87	95	93	95	94.25
120206	韦北大	华北分公司	116	103	104	88	89	78	90	93	95.13
120302	张娜娜	华南分公司	78	95	94	82	90	93	84	91	88.38
120204	卢康锋	华北分公司	95	92	96	84	95	91	92	92	92.13
120201	蓝鹏举	华北分公司	117	107	96	100	93	92	93	92	98.75
120304	尔冬声	华南分公司	95	97	102	93	95	92	88	92	94.25
120103	叶飞扬	华中分公司	95	121	99	98	92	92	88	95	97.50
120105	覃解放	华中分公司	88	98	101	89	73	95	91	88	90.38
120202	陆玉敏	华北分公司	111	107	89	88	92	88	89	92	94.50
120205	黄清华	华北分公司	103	105	105	93	93	90	86	86	95.13
120102	黎如康	华中分公司	110	95	112	99	93	93	92	78	96.50
120303	何朝霞	华南分公司	84	100	97	87	78	89	93	95	90.38
120101	王令煊	华中分公司	97	106	108	98	99	99	96	90	99.13
120106	林桂花	华中分公司	90	111	116	72	95	93	95	88	95.00

图 9-16　计算分公司最终结果

9.2.5　数据分类汇总

复制工作表“销售清单”，将副本放置到原表之后；改变该副本表标签的颜色，并重新命名，新表命名为“分类汇总”。通过“分类汇总”功能求出各分公司的平均销售情况，并将每组结果分页显示。

操作步骤如下：

（1）将光标移动到“销售清单”工作表标签位置右击，在快捷菜单中选择【移动或复制工作表】命令，打开【移动或复制工作表】对话框，在【下列选定工作表之前】的下拉列表中选择【销售清单】，并勾选【建立副本】复选框，单击【确定】按钮。在“销售清单”工作表后插入一个新的工作表“销售清单（2）”。右击新工作表标签，选择【重命名】命令，输入“分类汇总”，再次右击“分类汇总”工作表标签，选择【工作表标签颜色】，设置为标准色“红色”。

（2）要汇总各分公司的数据，就要先对分公司进行排序，单击【数据】→【排序和筛选】→【排序】，主要关键字选择【分公司】，然后单击【确定】按钮进行排序。

（3）单击【数据】→【分级显示】→【分类汇总】，在弹出的【分类汇总】对话框中设置【分类字段】为“分公司”，【汇总方式】为“平均值”，【选定汇总项】为“所有的产品”和“平均值”，并勾选【每组数据分页】复选框，如图 9-17 所示。

（4）单击【确定】按钮，得到分类汇总结果，并以虚线进行分页显示。

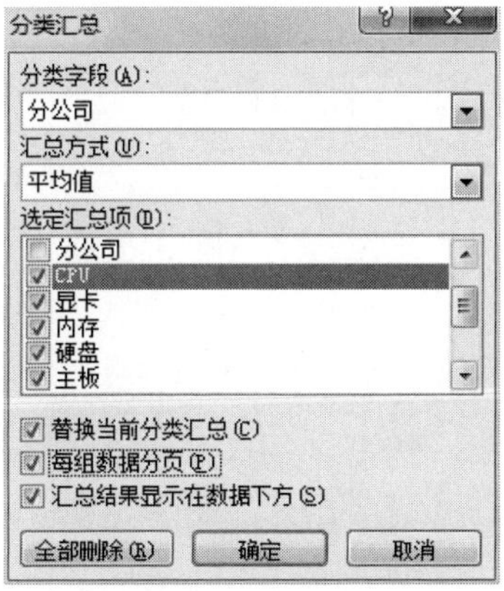

图 9-17　【分类汇总】对话框

9.2.6　图表的应用

1. 创建图表

以分类汇总结果为基础，创建一个簇状柱形图，对各个分公司的平均销售情况进行比较，并将该图表放置在一个名为“柱状分析图”的新工作表中。

图表是指将工作表中的数据用图形表示出来。图表可以使数据更加有趣和吸引人，易于阅读和评价，也可以帮助我们分析和比较数据。

当基于工作表选定区域建立图表时，使用来自工作表的值，并将其当作数据点在图表上显示。数据点用条形、线条、柱形、切片、点及其他形状表示，这些形状称作数据标示。

图表可以用来表现数据间的某种相对关系，在常规状态下一般运用柱形图比较数据间的多少关系；用折线图反映数据间的趋势关系；用饼图表现数据间的比例分配关系。

建立了图表后，我们可以通过增加图表项，如数据标记、图例、标题、文字、趋势线、误差线及网格线来美化图表及强调某些信息。大多数图表项可被移动或调整大小。当然也可以用图案、颜色、对齐、字体及其他格式属性来设置这些图表项的格式。

制作图表的方法有两种：一种是先选择创建的图表类型并插入后再选择数据源生成图表，另一种是先选择数据源再选择创建的图表类型插入生成图表。本例选择第二种方法创建。

操作步骤如下：

（1）确定数据源区域，根据要求，创建图表需要用到各个分公司的平均销售情况，也就是“分类汇总”工作表中的分类名称“C1:K1”、华北分公司的平均值“C8:K8”、华南分公司的平均值“C15:K15”和华中分公司的平均值“C22:K22”，由于不是连续的单元格区域，所以选择时首先按住鼠标左键选择“C1:K1”，然后按住 Ctrl 键再依次拖选“C8:K8”“C15:K15”和“C22:K22”。

（2）选择好数据区域后，单击【插入】选项卡，在【图表】组中选择【柱形图】，在下拉列表中选择【二维柱形图】中的【簇状柱形图】，如图 9-18 所示。

（3）选择好后在工作表中会出现一个绘制好的图表，如图 9-19 所示。不同的图表由不同的图表要素构成，构成柱形图的要素主要有：图表标题、绘图区（数据系列）、图例、数值轴（Y）、分类轴（X）等。

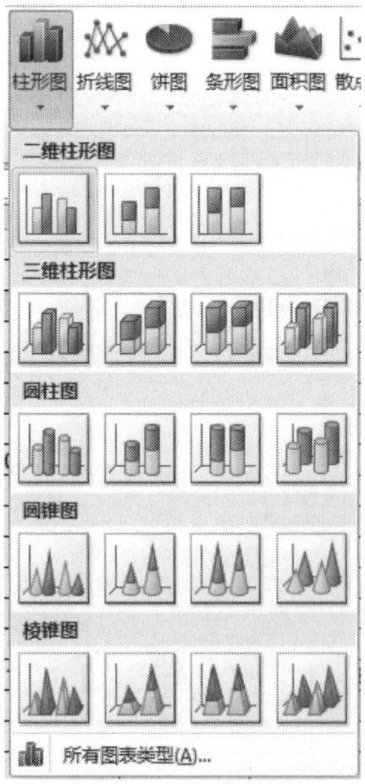

图 9-18　插入图表菜单

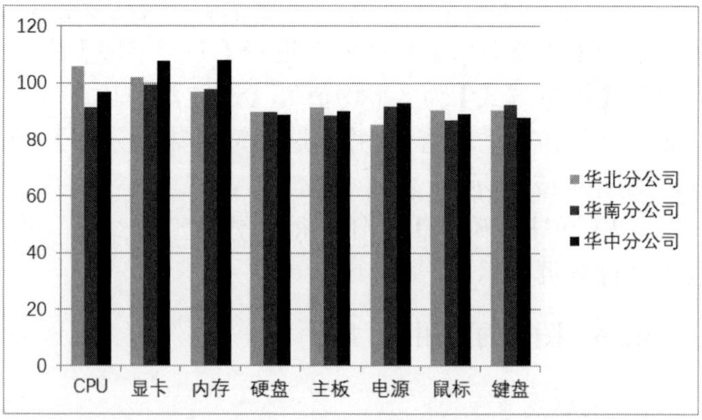

图 9-19　生成的图表

如果数据显示不正确，或者布局不符合要求，图表样式就要更改，可以通过选择图表，单击【图表工具/设计】选项卡，如图 9-20 所示，设置数据行、列互换，图表布局和图表样式。

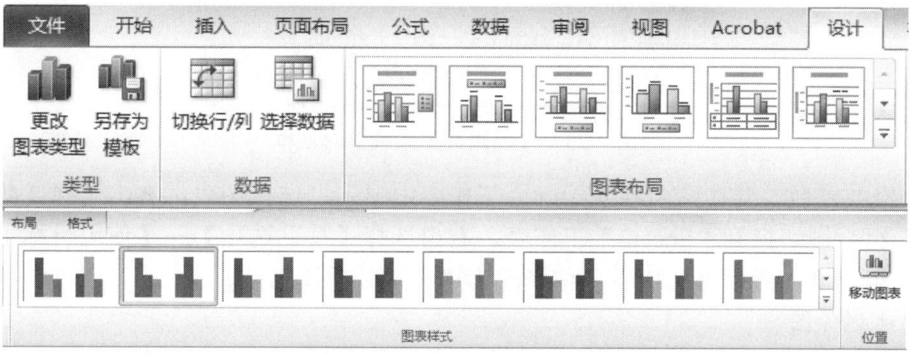

图 9-20　图表【设计】选项卡

【布局】选项卡主要针对图表的标题、坐标轴标题、图例位置、数据标签、趋势线等图表的元素进行设置，如图 9-21 所示。

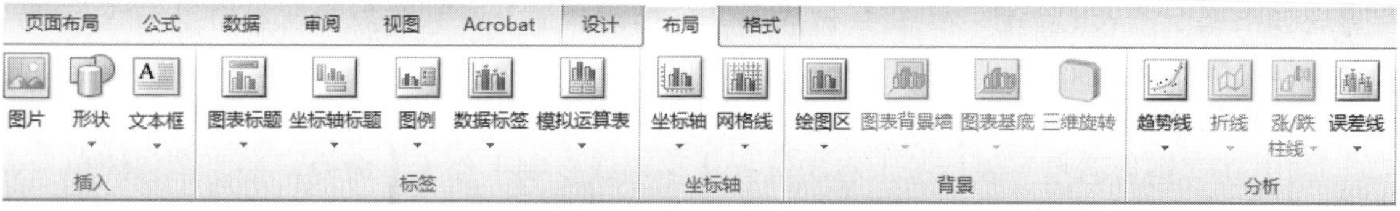

图 9-21　图表【布局】选项卡

【格式】选项卡主要针对图表中的图形、文本框的格式和样式进行设置，与图形的调整菜单类似。

本例中，需要修改图例中的文字，将各分公司后的“平均值”去掉。选择图表，单击【设计】→【数据】→【选择数据】，弹出【选择数据源】对话框，如图 9-22 所示。

图 9-22　【选择数据源】对话框

在【图例项（系列）】列表中选择“华中分公司 平均值”，单击【编辑】按钮，在弹出的【编辑数据系列】对话框中，将【系列名称】文本框的值修改为“华中分公司”，然后单击【确定】按钮即可，如图 9-23 所示，接着按同样的方法继续修改另外两项的名称。

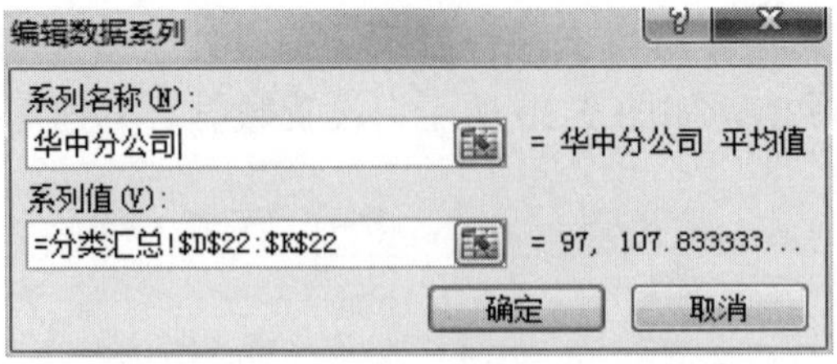

图 9-23　【编辑数据系列】对话框

（4）修改好后，要让图表独立于一个工作表中显示。选择图表，右击选择【剪切】或按“Ctrl+X”组合键切换到“Sheet2”工作表，右击选择【粘贴选项】→【使用目标主题】或按“Ctrl+V”组合键，最后将工作表名称修改为“柱状分析图”。

2. 创建迷你图

复制工作表“销售清单”，将副本放置到原表之前，命名为：迷你图。在工作表“迷你图”中，在“内存”列后面增加一列，列宽为“15”，设置列标题为“迷你图”，利用每一行 CPU、显卡、内存的销售数据，在“迷你图”列中，插入折线迷你图，将折线图的线条设为“1.5 磅”，颜色改为“黄色”。设置【高点】颜色为“红色”，【低点】颜色为“绿色”。

迷你图属于图表的一种，主要有折线图、柱形图、盈亏，其特点是在表格里生成图形，简要地表现数据的变化。

操作步骤如下：

（1）在“销售清单”表标签上右击选择【移动或复制工作表】命令，在“销售清单”表前建立一个副本“销售清单（2）”，并重命名为“迷你图”。

（2）单击列标题，选择“硬盘”（H）列，右击选择【插入】命令，在“内存”列后插入一空列，在“G1”单元格输入“迷你图”，设置列宽为“15”。

（3）选中“G2”单元格，单击【插入】选项卡，在【迷你图】组中选择【折线图】，如图 9-24 所示。

（4）在打开的【创建迷你图】对话框中，【数据范围】选择“G2”单元格所对应的 CPU、显卡、内存单元格“D2:F2”，【位置范围】默认填入当前选中的单元格“G2”，如图 9-25 所示。

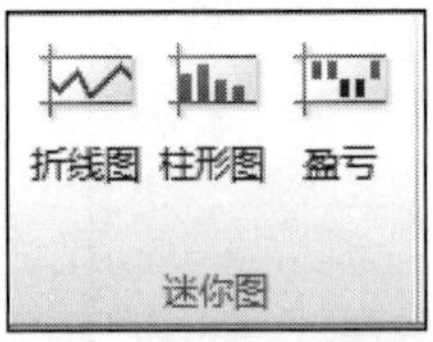

图 9-24　插入迷你图

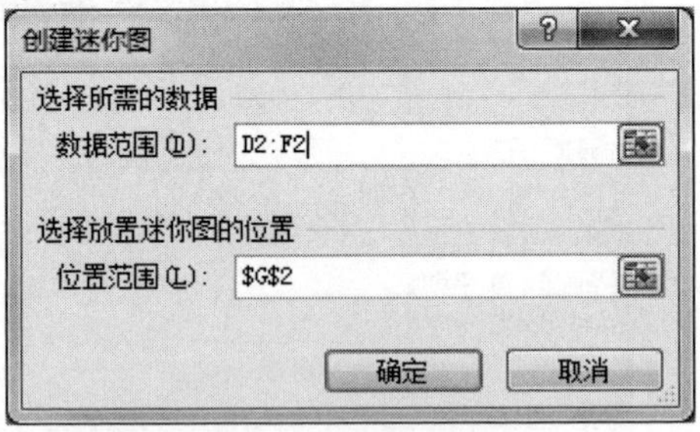

图 9-25　创建迷你图

（5）单击【确定】按钮，在“G2”单元格生成一个迷你折线图，单击【设计】选项卡，设置迷你图格式。在【显示】分组中勾选【高点】【低点】复选框；在【样式】分组中选择【迷你图颜色】，设置颜色为“黄色”，【粗细】为“1.5 磅”；选择【标记颜色】，设置【高点】颜色为“红色”，【低点】颜色为“绿色”，如图 9-26 所示。

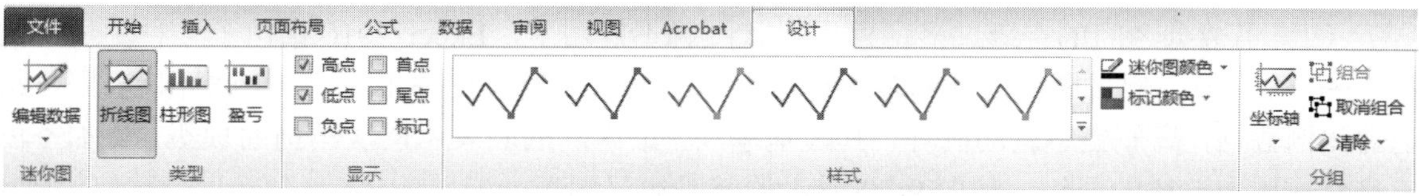

图 9-26　迷你图【设计】选项卡

（6）设置好后的最终效果如图 9-27 所示。

工号	姓名	分公司	CPU	显卡	内存	迷你图
120305	李宏伟	华南分公司	91	113	94	
120301	宋合	华南分公司	99	98	101	
120204	卢康锋	华北分公司	95	92	96	
120201	蓝鹏举	华北分公司	117	107	96	
120304	尔冬声	华南分公司	95	97	102	
120103	叶飞扬	华中分公司	95	121	99	
120202	陆玉敏	华北分公司	111	107	89	
120205	黄清华	华北分公司	103	105	105	
120102	黎如康	华中分公司	110	95	112	
120106	林桂花	华中分公司	90	111	116	
120203	何万地	华北分公司	93	99	92	
120104	石学江	华中分公司	102	116	113	
120306	吉祥	华南分公司	101	94	99	
120206	韦北大	华北分公司	116	103	104	
120302	张娜娜	华南分公司	78	95	94	
120105	章解放	华中分公司	88	98	101	
120303	何朝霞	华南分公司	84	100	97	
120101	王令煊	华中分公司	97	106	108	

图 9-27　迷你图最终效果

3. 6 种新图表

在 OFFICE 中新增加了 6 种新图表，分别是树状图、旭日图、直方图、箱型图、瀑布图及漏斗图。下面简单的进行介绍。

（1）树状图，一般用于展示数据之间的层级和占比关系，矩形的面积代表数值的大小，颜色和排列代表数据的层级关系。树状图按颜色和分隔矩形显示类别，可以轻松表达其他图表类型很难表达的大量数据，如图 9-28 所示。

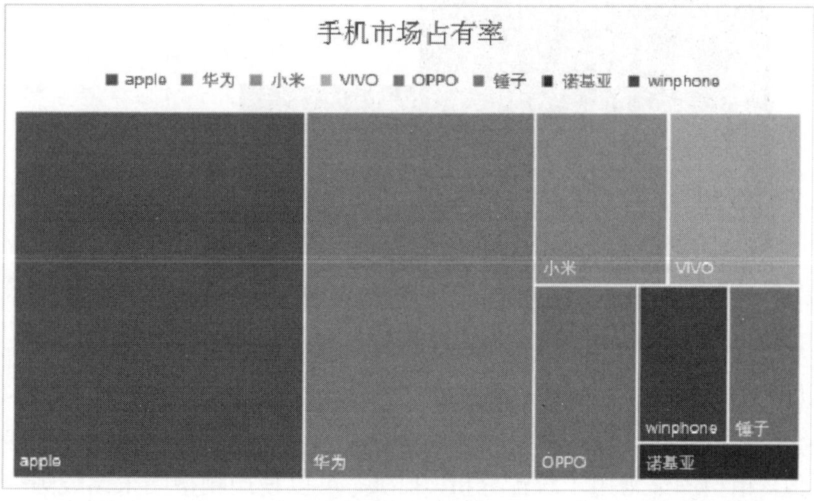

图 9-28　树状图

（2）当数据之间的层级过多，使用树状图就不好用了，Excel 2016 推出了一种更适用的图表——旭日图。旭日图用于展示多层级数据之间的占比及对比关系，每一个圆环代表同一级别的比例数据，离原点越近的圆环，其级别越高，最内层的圆表示层次结构的顶级。比如季度→月份→周次这样的层级，如图 9-29 所示的就是旭日图表。

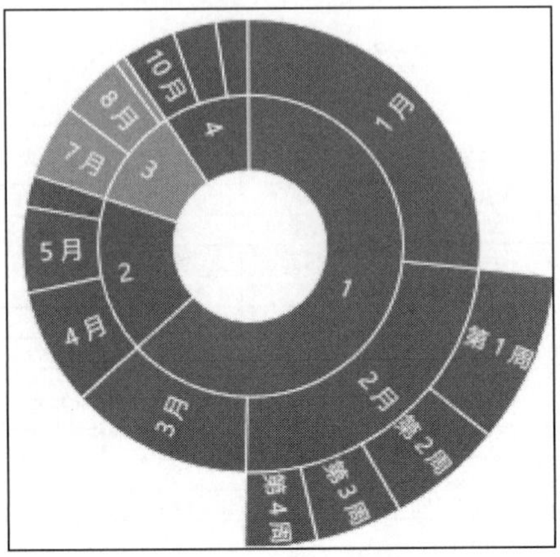

图 9-29　旭日图

（3）直方图，是数据统计常用的一种图表，它可以清晰地展示一组数据的分布情况，让用户一目了然地查看到数据的分类情况和各类别之间的差异，为分析和判断数据提供依据。直方图或排列图（经过排序的直方图）是显示频率数据的柱形图，如图 9-30 所示。

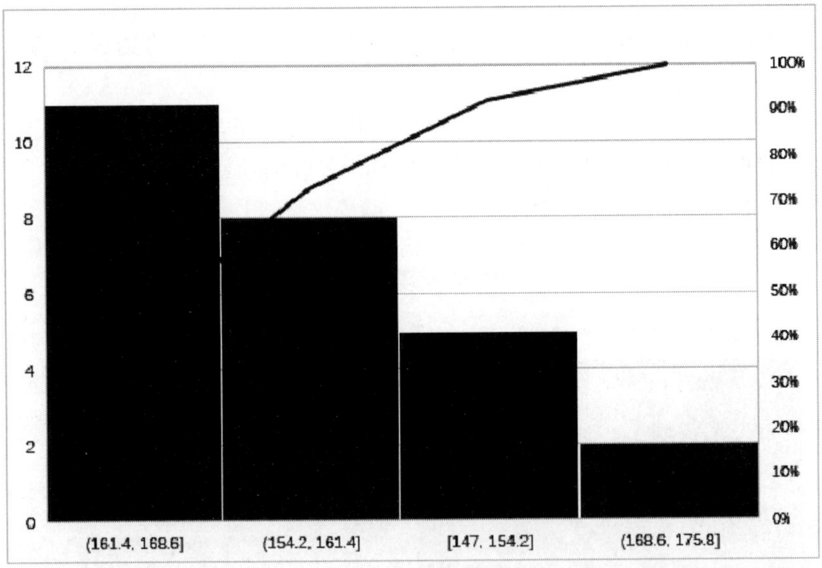

图 9-30　直方图

（4）箱型图，是一种用作显示一组数据分布情况的统计图。图形由柱形、线段和数据点组成，这些线条指示超出四分位点上限和下限的变化程度，处于这些线条或须线之外的任何点都被视为离群值。箱型图最常用于统计分析，比如，可以使用箱型图来比较医疗试用结果或测试分数。箱型图也可用来展示日常中最常见的股票涨跌 K 线图，如图 9-31 所示。

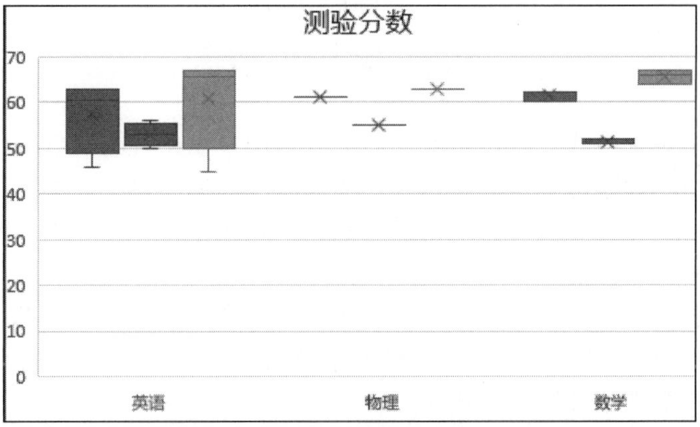

图 9-31　箱型图

（5）瀑布图，用于表现一系列数据的增减变化情况以及数据之间的差异对比，通过显示各阶段的增值或者负值来显示值的变化过程。在表达一系列正值和负值对初始值（例如，净收入）的影响时，这种图表非常有用。采用彩色编码，可以快速将正数与负数区分开来。 初始值和最终值列通常从水平轴开始，而中间值则为浮动列。由于拥有这样的“外观”，瀑布图也称为桥梁图，如图 9-32 所示。

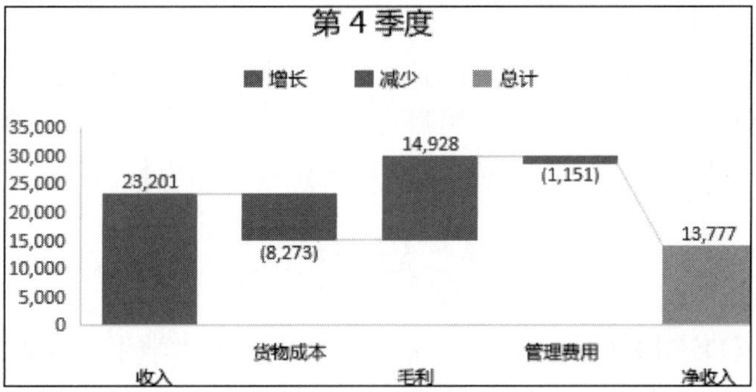

图 9-32　瀑布图

（6）漏斗图，是用来显示流程中多个阶段的值。例如，可以使用漏斗图来显示销售中每个阶段的销售潜在客户数。通常情况下，值逐渐减小，从而使条形图呈现出漏斗形状。

在传统的做法中，漏斗图与瀑布图类似，也是使用辅助列，只不过漏斗图是在条形图的基础上演变而来的，如图 9-33 所示。

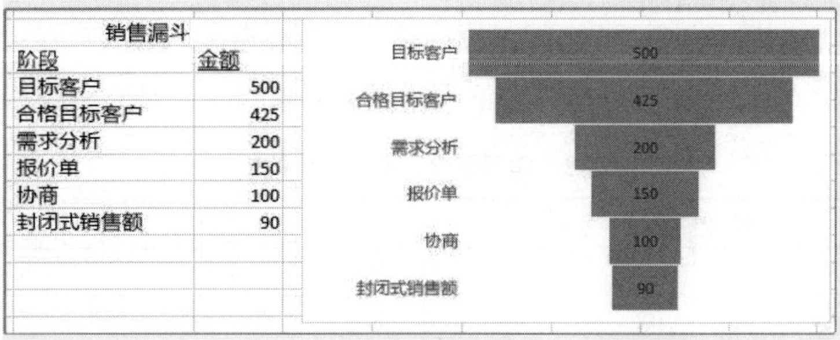

图 9-33　漏斗图

9.3 案例小结

本章主要学习了条件格式、取位函数（LEFT、MID、RIGHT、LOOKUP 函数）和图表的运用，在实际应用中，大家还应该注意：

（1）对于一个单元格区域，可以有多个条件格式规则计算值为真。在规则的应用上，有规则不冲突和规则冲突两种情况。

1）规则不冲突：例如，一个规则将单元格格式设置为字体“加粗”，而另一个规则将同一个单元格格式设置为“红色”，则该单元格的字体将被加粗并设为“红色”。因为这两种格式间没有冲突，所以两个规则都得到应用。

2）规则冲突：例如，一个规则将单元格字体颜色设置为“红色”，而另一个规则将单元格字体颜色设置为“绿色”。因为这两个规则冲突，所以只应用一个规则，且应用优先级较高的规则（对话框列表中的较高位置）。

（2）取位函数只能取文本类型的数据，其中 MID 函数是取位函数中最为灵活的函数，可以完成 LEFT 和 RIGHT 函数能完成的计算。

（3）在使用 LOOKUP 函数查询一个明确的值或者范围的时候（也就是知道在查找的数据列肯定包含被查找的值），查询列必须按照升序排列。如果所查询值为明确的值，则返回值对应的结果行；如果没有明确的值，则向下取对于所查询值最近的值。查找一个不确定的值，如查找一列数据的最后一个数值，在这种情况下，并不需要升序排列。

（4）在图表的制作中，首先要确定用哪些数据源制作图表，其次确定制作什么类型的图表，最后再对图表的数据进行设计、结构进行布局和设置图表样式。

9.4 思考练习

参照案例，打开【D:\OFFICE\素材\第 9 章】文件夹中的“学生成绩表.xlsx”完成如下操作。

1．对工作表“第一学期期末成绩”中的数据列表进行格式化操作：将第一列“学号”列设为文本，将所有“成绩”列设为保留两位小数的数值；适当加大行高、列宽，改变字体、字号，设置对齐方式，增加适当的边框和底纹以使工作表更加美观。

2．利用“条件格式”功能进行下列设置：将语文、数学、英语 3 科中不低于 110 分的成绩所在的单元格以一种颜色填充，其他 4 科中高于 95 分的成绩用另一种颜色标出，所用颜色的深浅以不遮挡数据为宜。

3．利用 SUM 和 AVERAGE 函数计算每一个学生的总分及平均成绩。

4．学号第 3、4 位代表学生所在的班级（表 9-2），例如“120105”代表 12 级 1 班 5 号。请通过函数提取每个学生所在的班级并按下列对应关系填写在“对应班级”列中。

表 9-2　学号第 3、4 位代表的班级

学号的第 3、4 位	对应班级
01	1 班
02	2 班
03	3 班

5．复制工作表“第一学期期末成绩”，将副本放置到原表之后；改变该副本表标签的颜色，并重新命名，新表名需包含“分类汇总”的字样。

6．通过“分类汇总”功能求出每个班各科的平均成绩，并将每组结果分页显示。

7．以分类汇总结果为基础，创建一个簇状柱形图，对每个班各科平均成绩进行比较，并将该图表放置在一个名为“柱状分析图”的新工作表中。

8．复制工作表“第一学期期末成绩”，将副本放置到原表之前，命名为：迷你图。在工作表“迷你图”“英语”列后面增加一列，列宽为“20”，列标题为“迷你图”，利用每一行“语文”“数学”“英语”的成绩数据，在“迷你图”列中插入折线迷你图，将折线图的线条设为“1.5磅”，颜色改为“红色”。设置【高点】颜色为“紫色”，【低点】颜色为“蓝色”。

9．复制工作表“第一学期期末成绩”，将副本放置到“柱状分析图”工作表之后，命名为：地理排序。在“地理排序”工作表中，按地理成绩数值升序方式排序，并将所有重复的成绩数值标记为“绿色”（标准色），加粗字体，然后将其排列在“地理成绩”列表区域的顶端。

案例 10　公司差旅报销管理和统计

扫码看视频

学习目标

- 掌握单元格日期格式的使用。
- 掌握 WEEKDAY 函数的使用。
- 掌握 VLOOKUP 函数的使用。
- 掌握 SUMIFS 函数的使用。

10.1　案例简介

××公司财务部助理小王需要向主管汇报 2013 年度公司差旅报销情况，现在小王需要对差旅费的报销记录进行统计和分析。

10.2　案例制作

本章以××公司差旅报销管理为案例，统计和分析员工的报销记录。打开【D:\OFFICE\素材\第 10 章】文件夹中的“公司差旅报销管理.xlsx”完成如下操作。

10.2.1　设置差旅费产生日期格式

在“费用报销管理”工作表“日期”列的所有单元格中，标注每个报销日期是星期几，例如日期为“2013 年 1 月 20 日”的单元格应显示为“2013 年 1 月 20 日星期日”，日期为“2013 年 1 月 21 日”的单元格应显示为“2013 年 1 月 21 日星期一”。

日期格式是单元格格式中类型最多的，默认的格式有中文、数字、英文和星期，还有日期与时间结合的形式，但是并没有 “××年××月××日星期×”这种日期格式，这就需要用户自定义格式。

在单元格日期格式中，“y”代表年，“m”代表月，“d”代表日，“a”代表星期，“h”代表时，“m”代表分，“s”代表秒，“-”连接日期，“:”连接时间，不同的组合有不同的形式，以“2014 年 5 月 20 日 17:20:00”为例，具体格式及说明见表 10-1。

操作步骤如下：

（1）单击列号“A”，选中“日期”列，右击选择【设置单元格格式】命令。

（2）选择【数字】选项卡，因为【日期】的默认格式中没有要求的格式，所以要在分类中选择【自定义】，在右侧【类型】列表框中选择【yyyy"年"m"月"d"日"】，在【类型】下方的编辑框中会显示所选的格式，然后在格式后输入“aaaa”，如图 10-1 所示。

表 10-1　单元格日期格式及其说明

样式	格式	说明
2014-05-20	yyyy-mm-dd	双位月和双位日格式
05-20	mm-dd	月-日格式
2014-05	yyyy-mm	年-月格式
5 月 20 日	m 月 d 日	汉字日月
2014 年 5 月 20 日	yyyy 年 m 月 d 日	汉字年月日
二	aaa	中文星期简写
Tue	ddd	英文星期简写
星期二	aaaa	完整中文星期
Tuesday	dddd	完整英文星期
May	mmmmm	英文月份
20140520	yyyymmdd	年月日格式
2014 年 05 月 20 日星期二	yyyy 年 mm 月 dd 日 aaaa	中文年月日+星期
17:20:00	h:mm:ss	时分秒 24 小时格式
17 时 20 分 00 秒	h 时 mm 分 ss 秒	中文时分秒 24 小时格式
5:20:00 PM	h:mm:ss AM/PM	英文 12 小时制格式
下午 5 时 20 分 00 秒	上午/下午 h 时 mm 分 ss 秒	中文 12 小时制格式
2014-5-20 17:20	yyyy-m-d h:mm	年月日时分格式
2014 年 05 月 20 日 17 时 20 分	yyyy 年 mm 月 dd 日 h 时 mm 分	中文年月日时分格式

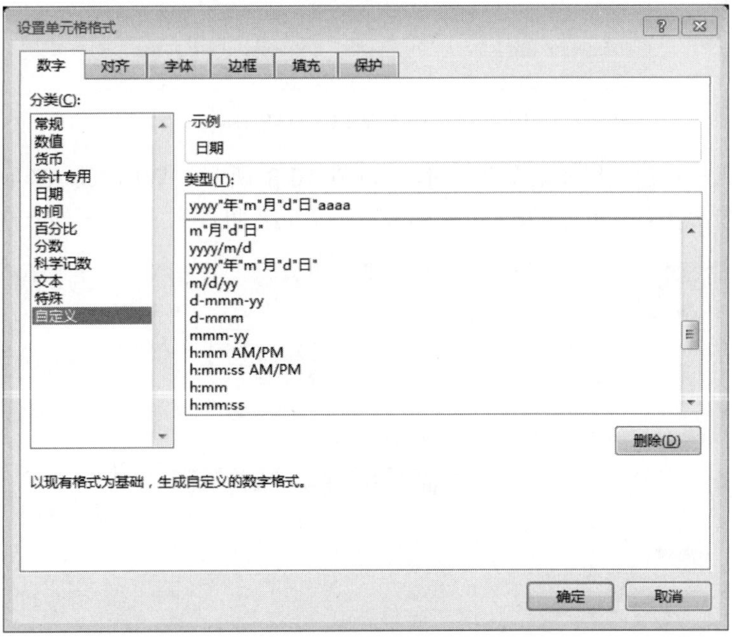

图 10-1　设置日期单元格格式

（3）单击【确定】按钮后，“日期”列的格式变为“××年××月××日星期×”。

10.2.2 使用 WEEKDAY 判断日期

如果“日期”列中的日期为星期六或星期日，则在“是否加班”列的单元格中显示“是”，否则显示“否”（必须使用公式）。

操作步骤如下：

（1）判断“日期”列中的日期是否为星期六或星期日，要使用 WEEKDAY 函数将星期转为 1～7 的数字，星期六和星期日为 6 和 7，确定后即可用 IF 函数判断日期是否大于 5，大于即为周末。判断第一个日期是否为周末，选中“H3”单元格，单击【公式】→【插入函数】，或者单击单元格编辑栏旁的【插入函数】按钮，在【搜索函数】文本框中输入“WEEKDAY”，单击【转到】按钮，选择好后单击【确定】按钮插入，如图 10-2 所示。

图 10-2 插入 WEEKDAY 函数

（2）确定后进入【函数参数】对话框，如图 10-3 所示。WEEKDAY 函数返回某日期的星期数。在默认情况下，它的值为 1（星期天）～7（星期六）之间的一个整数。

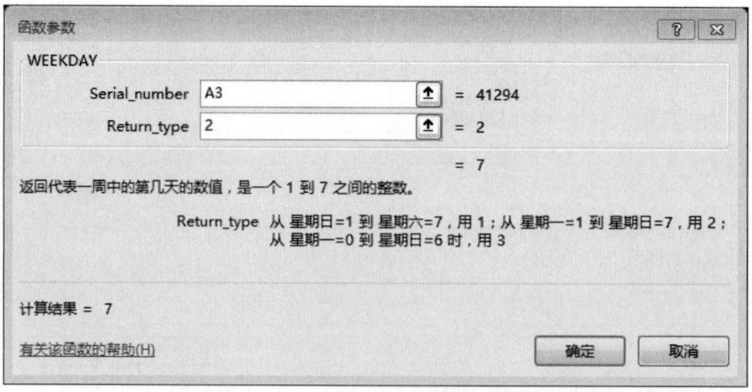

图 10-3 WEEKDAY 函数参数输入

公式：= WEEKDAY(serial_number,return_type)

serial_number：是要返回日期数的日期，它有多种输入方式，有带引号的文本串（如"2001/02/26"）、序列号（如 35825 表示 1998 年 1 月 30 日）或其他公式、函数的结果（如 DATEVALUE("2000/1/30")）。

return_type：确定返回值类型的数字，数字 1 或省略则 1～7 代表星期天到星期六，数字 2 则 1～7 代表星期一到星期天，数字 3 则 0～6 代表星期一到星期天。

本例中在第一个参数中输入要返回数值的日期，单击或者输入“A3”单元格；在第二个参数中输入“2”，返回第二种类型的星期数（星期一为 1、星期二为 2，以此类推），如图 10-3 所示。

（3）输入完毕后单击【确认】按钮，在“H3”单元格显示“7”，与日期中的“星期日”对应，接下来就要判断所返回的数值是否大于 5，大于则为周末，输出“是”，否则就不是周末，输出“否”。

（4）将光标置于编辑栏公式中的“=”与“WEEKDAY”之间，输入“IF(”，插入公式，将光标置于“IF”中，单击【插入函数】图标，弹出【函数参数】对话框，第一个参数默认填入了“WEEKDAY(A3,2)”，在其结尾输入“>5”进行判断，第二个参数输入“"是"”，第三个参数输入“"否"”，如图 10-4 所示。

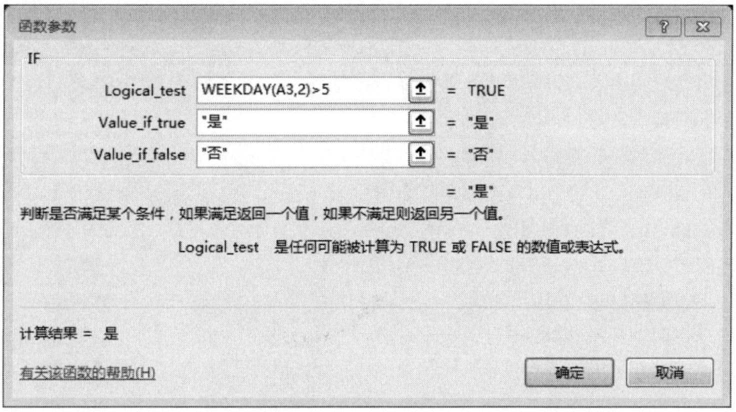

图 10-4　IF 函数参数输入

（5）单击【确定】按钮后，完整公式应为“=IF(WEEKDAY(A3,2)>5,"是","否")”，“H3”单元格显示“是”，然后向下填充公式，判断所有的日期是否是周末加班。

10.2.3　取位函数截取活动地点的地区

在“活动地点”列中，每个活动地点的前 3 个字代表所在的省份或直辖市，使用公式将其填写在“地区”列所对应的单元格中，例如“北京市”“浙江省”。

操作步骤如下：

（1）使用 LEFT 函数或者 MID 函数均可以完成，因为要截取活动地点的前 3 个字，为了便于操作，本例使用 LEFT 函数完成。

（2）选中“D3”单元格，单击【公式】→【插入函数】，或者单击单元格编辑栏旁的【插入函数】图标，在弹出的【插入函数】对话框【搜索函数】文本框中输入“LEFT”，单击【转到】按钮，选择好后单击【确定】按钮插入，在【函数参数】第一个参数编辑栏中输入“C3”，第二个参数编辑栏中输入“3”，如图 10-5 所示。

（3）单击【确定】按钮后，完整公式为“=LEFT(C3,3)”，“D3”单元格显示“福建省”，然后向下填充公式，将所有单元格的省份或直辖市截取出来，如图 10-6 所示。

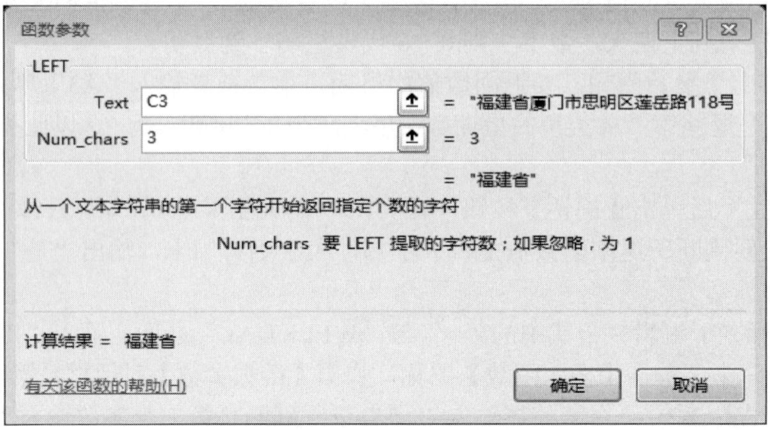

图 10-5 LEFT 函数参数输入

活动地点	地区
福建省厦门市思明区莲岳路118号中烟大厦1702室	福建省
广东省深圳市南山区蛇口港湾大道2号	广东省
上海市闵行区浦星路699号	上海市
上海市浦东新区世纪大道100号上海环球金融中心56楼	上海市
海南省海口市琼山区红城湖路22号	海南省
云南省昆明市官渡区拓东路6号	云南省
广东省深圳市龙岗区坂田	广东省
江西省南昌市西湖区洪城路289号	江西省
北京市海淀区东北旺西路8号	北京市

图 10-6 截取活动地点的结果

10.2.4 查找匹配 VLOOKUP 函数的使用

“费用类别”工作表是“类型编号”与“费用类别”的一个对应关系表，依据这个工作表将“费用报销管理”工作表的“费用类别”计算出来，并与“费用类别编号”一一对应。

解题思路：在“费用类别”工作表中已经存在了“类型编号”与“费用类别”的对应关系，只要利用 VLOOKUP 函数将“费用报销管理”工作表中的“费用类别编号”与“费用类别”工作表的“类型编号”进行查找匹配，然后返回“费用类别”列的数据即可。

操作步骤如下：

（1）计算第一个费用类别，选中“F3”单元格，单击【公式】→【插入函数】，或者单击单元格编辑栏旁的【插入函数】图标，在弹出的【插入函数】对话框【搜索函数】文本框中输入“VLOOKUP”，单击【转到】按钮，选择好后单击【确定】按钮插入，如图 10-7 所示。

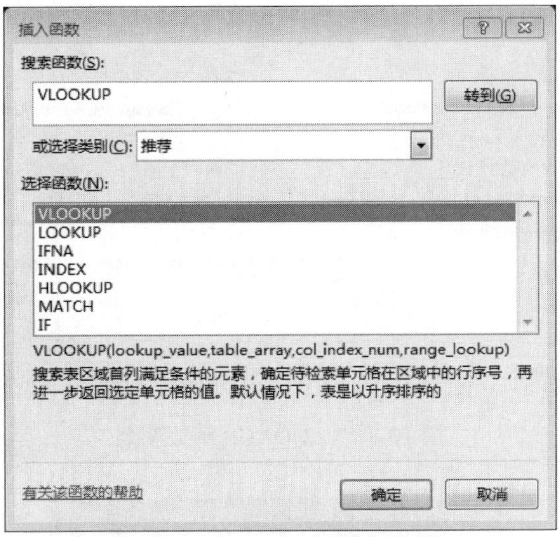

图 10-7　插入 VLOOKUP 函数

（2）确定后进入【函数参数】对话框，如图 10-8 所示。VLOOKUP 函数是一个纵向查找函数，它与 LOOKUP 函数和 HLOOKUP 函数属于一类函数，在工作中都有广泛应用。VLOOKUP 函数是按列查找，最终返回该列所需查询列序所对应的值；与之对应的 HLOOKUP 函数是按行查找的。

公式：=VLOOKUP(lookup_value,table_array,col_index_num,range_lookup)

lookup_value：为需要在数据表第一列中进行查找的数值。lookup_value 可以为数值、引用或文本字符串。当 VLOOKUP 函数第一参数省略查找值时，表示用 0 查找。

table_array：为需要在其中查找数据的数据表，使用对区域或区域名称的引用。

col_index_num：为 table_array 中查找数据的数据列序号。col_index_num 为 1 时，返回 table_array 第一列的数值，col_index_num 为 2 时，返回 table_array 第二列的数值，以此类推。如果 col_index_num 小于 1，VLOOKUP 函数返回错误值“#VALUE!”；如果 col_index_num 大于 table_array 的列数，VLOOKUP 函数返回错误值“#REF!”。

range_lookup：为一逻辑值，指明 VLOOKUP 函数查找时是精确匹配还是近似匹配。如果为 FALSE 或 0，则返回精确匹配，如果找不到，则返回错误值“#N/A”。如果 range_lookup 为 TRUE 或 1，VLOOKUP 函数将查找近似匹配值。也就是说，如果找不到精确匹配值，则返回小于 lookup_value 的最大数值。如果 range_lookup 省略，则默认为近似匹配。

（3）第一个参数，要搜索的值，也就是“BIC-001”，单击或者输入“E3”单元格；第 2 个参数，这里输入要查找的区域，即“费用类别”工作表中的数据区域“A3:B12”，因为工作表套用了格式，所以选择后就显示为“表 4[#全部]”，如果没有套用格式则必须按 F4 键加上绝对引用符号，因为之后进行公式填充时，搜索的区域是固定的，不随公式的填充而改变数据区域；第 3 个参数，在“费用类别”工作表中比较查找“类别编号”列并返回第 2 列“费用类别”的数据，所以这里输入“2”（注意，这里的列数不是 Excel 默认的列数，而是查找范围的列数）；第 4 个参数，精确查找返回“费用类别”列，所以输入“FALSE”或者“0”，如图 10-8 所示。

（4）输入完毕后单击【确认】按钮，完整公式为：“=VLOOKUP(E3,表 4[#全部],2,FALSE)”，向下填充公式，“费用类别”列则会对应“费用类别编号”填入，如图 10-9 所示。

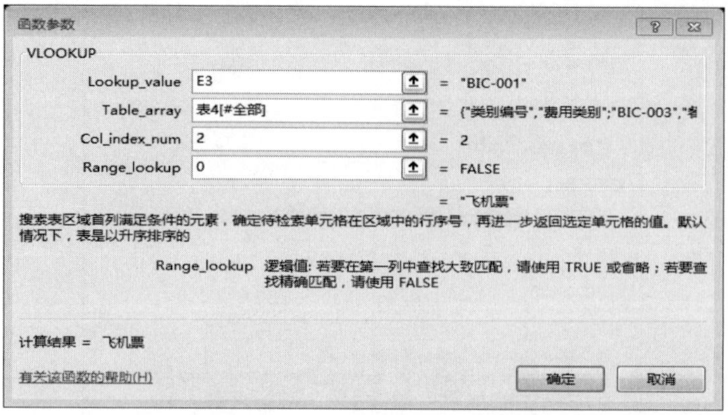

图 10-8 VLOOKUP 函数参数

费用类别编号	费用类别
BIC-001	飞机票
BIC-002	酒店住宿
BIC-003	餐饮费
BIC-004	出租车费
BIC-005	火车票
BIC-006	高速道桥费
BIC-007	燃油费
BIC-005	火车票
BIC-006	高速道桥费
BIC-007	燃油费
BIC-008	停车费

图 10-9 费用类别结果

拓展知识：

HLOOKUP 函数是横向查找函数，它与 LOOKUP 函数和 VLOOKUP 函数属于一类函数，因为 HLOOKUP 是按行查找的，所以使用频率较少，“费用类别”横向工作表如图 10-10 所示。“费用报销管理”工作表的费用类别列为横向显示时，如图 10-11 所示，就必须使用 HLOOKUP 函数。

类别编号	BIC-003	BIC-004	BIC-001	BIC-006	BIC-005	BIC-002	BIC-010	BIC-007	BIC-008	BIC-009
费用类别	餐饮费	出租车费	飞机票	高速道桥费	火车票	酒店住宿	其他	燃油费	停车费	通信补助

图 10-10 “费用类别”横向工作表

费用类别编号	BIC-001	BIC-002	BIC-003	BIC-004	BIC-005	BIC-006	BIC-007	BIC-005	BIC-006	BIC-007	BIC-008
费用类别	飞机票	酒店住宿	餐饮费	出租车费	火车票	高速道桥费	燃油费	火车票	高速道桥费	燃油费	停车费

图 10-11 横向“费用类别”列结果

公式：=HLOOKUP(lookup_value,table_array,row_index_num,range_lookup)

lookup_value：为需要在数据表第一行中进行查找的数值。lookup_value 可以为数值、引用或文本字符串。

table_array：为需要在其中查找数据的数据表。使用对区域或区域名称的引用。

row_index_num: 为 table_array 中待返回的匹配值的行号。row_index_num 为 1 时，返回 table_array 第一行的数值，row_index_num 为 2 时，返回 table_array 第二行的数值，以此类推。如果 row_index_num 小于 1，HLOOKUP 函数返回错误值 “#VALUE!”； 如果 row_index_num 大于 table_array 的行数，HLOOKUP 函数返回错误值 “#REF!”。

range_lookup: 为一逻辑值，指明 HLOOKUP 函数查找时是精确匹配，还是近似匹配。如果为 TURE 或者 1，则返回近似匹配值。也就是说，如果找不到精确匹配值则返回小于 lookup_value 的最大数值。如果 range_lookup 为 FALSE 或 0，函数 HLOOKUP 将查找精确匹配值，如果找不到，则返回错误值 “#N/A”。如果 range_lookup 省略，则默认为近似匹配。

HLOOKUP 函数的作用是在表格或数值数组（用于建立可生成多个结果或可对在行和列中排列的一组参数进行运算的单个公式，数组区域共用一个公式，数组常量是用作参数的一组常量）的首行查找指定的数值，并在表格或数组中指定行的同一列中返回一个数值。当比较值位于数据表的首行，并且要查找下面给定行中的数据时，使用 HLOOKUP 函数。当比较值位于要查找的数据左边的一列时，使用 VLOOKUP 函数。HLOOKUP 中的 H 代表 “行”。

10.2.5 多条件求和 SUMIFS 函数的使用

在“差旅成本分析报告”工作表“B3”单元格中，统计 2013 年第二季度发生在北京市的差旅费用总金额。

操作步骤如下：

（1）本例中要求计算的金额不是单纯的差旅费用求和，而是给求和加上了两个条件，一个条件是“2013 年第二季度”，另一个条件是“发生在北京市”，所以要使用多条件求和 SUMIFS 函数。

（2）选中“B3”单元格，单击【公式】→【插入函数】，或者单击单元格编辑栏旁的【插入函数】图标，在弹出的【插入函数】对话框【搜索函数】文本框中输入“SUMIFS”，单击【转到】按钮，选择好后单击【确定】按钮插入，如图 10-12 所示。

图 10-12　插入 SUMIFS 函数

（3）确定后进入【函数参数】对话框，如图 10-13 所示。SUMIFS 函数是根据多个指定条件对若干单元格求和。该函数是 Office 2007 新增的函数，使用该函数可快速对多条件单元格求和。

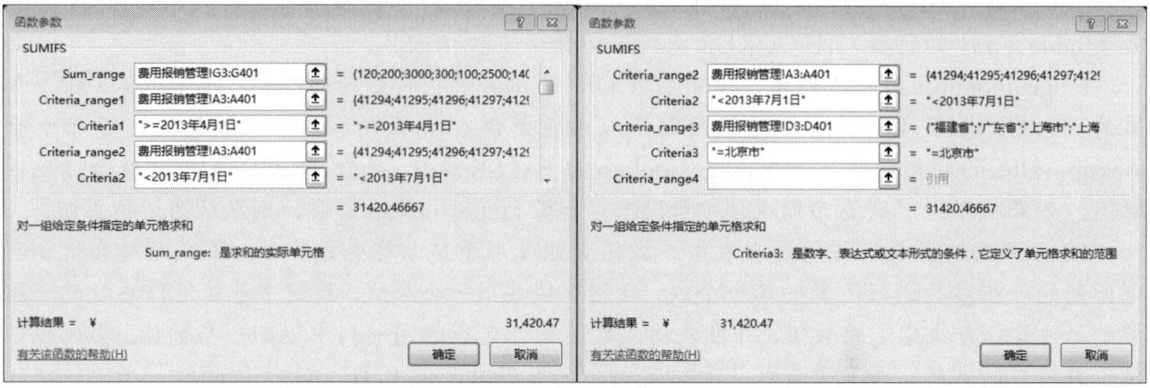

图 10-13　SUMIFS 函数参数

公式：= SUMIFS(sum_range,criteria_range1,criteria1,[criteria_range2,criteria2],⋯)

sum_range：是需要求和的实际单元格，包括数字或包含数字的名称、区域或单元格引用，忽略空白值和文本值。

criteria_range1：为计算关联条件的第一个区域。

criteria1：为条件 1，条件的形式为数字、表达式、单元格引用或者文本，可用来定义将对 criteria_range1 参数中的哪些单元格求和。例如，条件可以表示为 32、">32"、B4、"苹果"或"32"。

criteria_range2：为计算关联条件的第二个区域。

同样，criteria2 为条件 2，和 criteria_range2 成对出现。最多允许 127 个区域和条件对，即参数总数不超 255 个。

（4）第 1 个参数选择要计算的单元格区域，本例中是“费用报销管理”工作表的“差旅费金额”列，即“费用报销管理!G3:G401”；因为条件“2013 年第二季度”是一个时间区间，在 Excel 计算中需要用两个条件（大于等于 2013 年 4 月 1 日和小于 2013 年 7 月 1 日）来确定区间，所以第 2 个参数计算关联条件的区域为“费用报销管理”工作表的“日期”列，即“费用报销管理!A3:A401”；第 3 个参数条件 1 为“">=2013 年 4 月 1 日"”；第 4 个参数计算关联条件的区域为“费用报销管理”工作表的“日期”列，即“费用报销管理!A3:A401”；第 5 个参数条件 2 为“"<2013 年 7 月 1 日"”；第 6 个参数计算关联条件的区域为“费用报销管理”工作表的“地区”列，即“费用报销管理!D3:D401”；第 7 个参数条件 3 为“"=北京市"”，如图 10-13 所示，本例最终要设置的条件共有 3 个。

（5）单击【确定】按钮后，完整公式为“=SUMIFS(费用报销管理!G3:G401,费用报销管理!A3:A401,">=2013 年 4 月 1 日",费用报销管理!A3:A401,"<2013 年 7 月 1 日",费用报销管理!D3:D401,"=北京市")”，在“B3”单元格显示的结果为“¥31,420.47”。

在“差旅成本分析报告”工作表“B4”单元格中，统计 2013 年员工钱顺卓报销的火车票费用总额。

操作步骤如下：

（1）本例中出现了 3 个条件求和，第一个是“2013 年”，第二个是“员工钱顺卓”，第三个是“火车票”，但是由于“费用报销管理”工作表的日期全部都是 2013 年产生的数据，所以在条件的设置上可以减少 1 个。

（2）插入 SUMIFS 函数，参数输入如图 10-14 所示。

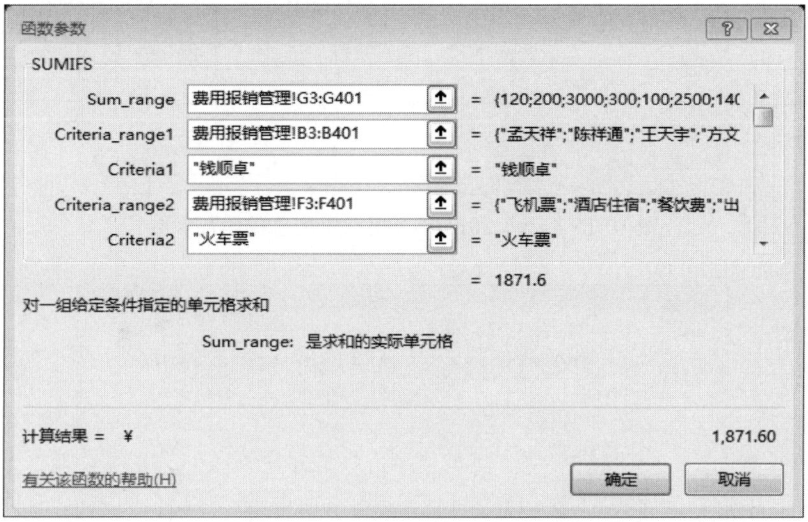

图 10-14　计算 2013 年员工钱顺卓报销火车票费用总额函数参数

（3）单击【确定】按钮后，完整公式为“=SUMIFS(费用报销管理!G3:G401,费用报销管理!B3:B401,"=钱顺卓",费用报销管理!F3:F401,"=火车票")”，在“B4”单元格显示的结果为“¥1,871.60”。

在“差旅成本分析报告”工作表“B5”单元格中，统计 2013 年差旅费用中飞机票费用占所有报销费用的比例，并保留 2 位小数。

操作步骤如下：

（1）本例中首先利用多条件计算飞机票的金额，然后再除以总报销金额计算比例。

（2）计算 2013 年飞机票报销费用有两个条件，一个条件是“2013 年”，另一个条件是“飞机票”，插入 SUMIFS 参数，参数输入如图 10-15 所示。

（3）单击【确定】按钮后，公式为“=SUMIFS(费用报销管理!G3:G401,费用报销管理!F3:F401,"=飞机票")”，得出飞机票的金额，由于单元格设置为百分比数值，则显示为“1325780.00%”。

（4）单击“B5”单元格，在公式的结尾处插入“/SUM(”，然后将光标置于“SUM”中，单击【插入函数】按钮，在【函数参数】中选择“费用报销管理!G3:G401”，计算报销总金额，如图 10-16 所示。

（5）单击【确定】按钮，完整公式为“=SUMIFS(费用报销管理!G3:G401,费用报销管理!F3:F401,"=飞机票")/SUM(费用报销管理!G3:G401)”，在“B5”单元格显示的结果为“4.60%”。

在“差旅成本分析报告”工作表“B6”单元格中，统计 2013 年发生在周末（星期六和星期日）的通信补助总金额。

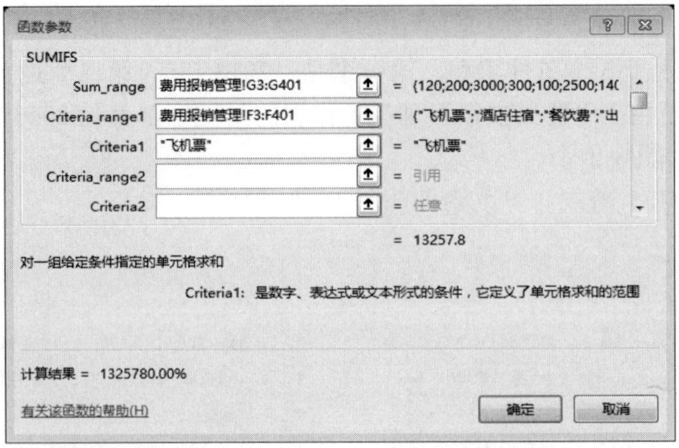

图 10-15　计算 2013 年飞机票费用总额函数参数

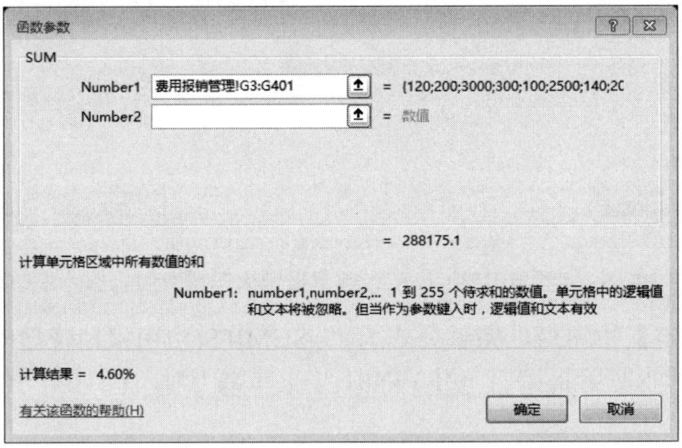

图 10-16　计算 2013 年报销总额函数参数

操作步骤如下：

（1）计算 2013 年发生在周末的通信补助总金额有两个条件，一个条件是“2013 年发生在周末”，另一个条件是“通信补助”，插入 SUMIFS 参数，参数输入如图 10-17 所示。

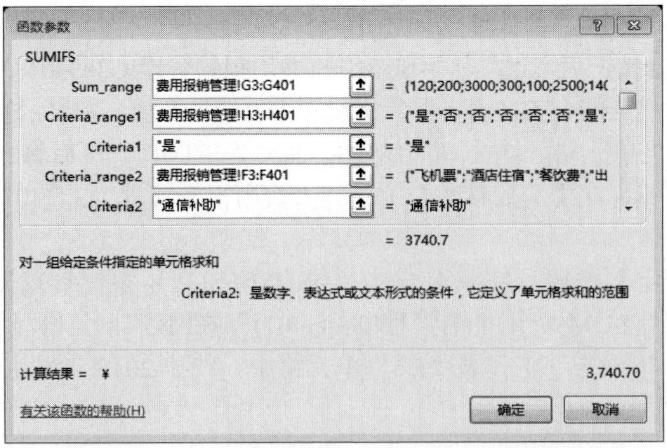

图 10-17　计算 2013 年周末通信补助函数参数

（2）单击【确定】按钮后，完整公式为“=SUMIFS(费用报销管理!G3:G401,费用报销管理!H3:H401,"=是",费用报销管理!F3:F401,"=通信补助")”，在“B6”单元格显示的结果为“¥3,740.70”。

拓展知识：

前文当中的多条件求和也可以使用 SUMPRODUCT 函数进行计算，SUM 是求和的意思，PRODUCT 是相乘的意思，SUMPRODUCT 函数就是将给定的几组数组（Array）间对应的元素相乘，并返回乘积之和，同时也可以进行计数。

公式：= SUMPRODUCT(array1,array2,array3,…)

【array1,array2,array3,…】为 2～30 个数组，其相应元素需要进行相乘并求和。

SUMPRODUCT 函数有以下特点：本身支持数组间运算；将非数值型的数组元素作为 0 处理；数组参数必须有相同的高度，否则返回错误值。

实例 1：一维数组相乘。

2	*	4	=	2*4+3*5
3		5		

实例 2：二维数组相乘。

1	2	*	5	6	=	1*5+2*6+3*7+4*8
3	4		7	8		

实例 3：多条件计数、多条件求总工资。

姓名	性别	职称	工资
张三	男	中级	2000
李四	女	高级	3500
王五	男	中级	2200
赵六	男	初级	1500
刘七	女	中级	2100

男，中级个数	男，总工资

SUMPRODUCT 函数用逗号分割的各个参数必须为数值型数据，多条件计算出现文本时，公式会将条件文本转换成数值，否则公式会出错。在进行转换时，判断的结果逻辑值符合条件的为真（1），不符合条件的为假（0），然后再乘以 1 转换为数值。如果不用逗号，直接用“*”连接，就相当于乘法运算，就不必乘以 1。

“男，中级个数”的计算思路为：

性别		职称		性别		职称		
男		中级		1		1		
女		高级		0		0		
男	*	中级	=	1	*	1	=	2
男		初级		1		0		
女		中级		0		1		

公式为：=SUMPRODUCT((性别单元格区域="男")*1,(职称单元格区域="中级")*1)。最终结果为“2”。

“男，总工资”的计算思路为：

性别
男
女
男
男
女

*

工资
2000
3500
2200
1500
2100

=

性别
1
0
1
1
0

*

工资
2000
3500
2200
1500
2100

= 5700

公式为：=SUMPRODUCT(1*(性别单元格区域="男"),工资单元格区域)。最终结果为“5700”。

在计算前文的“差旅成本分析报告”工作表中的各个项目时，因为涉及时间区间条件，所以首先要对“费用报销管理”工作表按“日期”进行排序，排序后的公式可以写为：

2013 年第二季度发生在北京市的差旅费用金额总计为“=SUMPRODUCT(1*(费用报销管理!D74:D340="北京市"),费用报销管理!G74:G340)”。

2013 年钱顺卓报销的火车票总计金额为“=SUMPRODUCT(1*(费用报销管理!B3:B401="钱顺卓"),1*(费用报销管理!F3:F401="火车票"),费用报销管理!G3:G401)”。

2013 年差旅费用金额中，飞机票占所有报销费用的比例（保留 2 位小数）为“=SUMPRODUCT(1*(费用报销管理!F3:F401="飞机票"),费用报销管理!G3:G401)/SUM(费用报销管理!G3:G401)”。

2013 年发生在周末（星期六和星期日）的通信补助总金额为“=SUMPRODUCT((费用报销管理!H3:H401="是")*(费用报销管理!F3:F401="通信补助"),费用报销管理!G3:G401)”。

在使用函数时，进行数据引用的单元格区域或数组应该大小一致，不能整列引用（如 A:A）。如果跨表使用 SUMPRODUCT 函数，与其他函数跨表引用数据一样，数据区域前面应该标明工作表名称。计数公式中最关键的是确定计数的判断条件，求和公式在原来的计数公式中，在相同的判断条件下增加了一个求和的数据区域。用 SUMPRODUCT 函数求和，函数需要的参数一个是进行判断的条件，另一个是用来求和的数据区域。

10.3 案例小结

本章主要学习了 WEEKDAY、VLOOKUP 和 SUMIFS 函数的运用，在实际应用中，大家还应该注意下述几点。

1. VLOOKUP 函数使用的注意事项

（1）lookup_value 可以是数值、字符串或参照地址。使用这个参数时，要特别注意以下几点：

1）参照地址的单元格数据类型与搜索区域的单元格数据类型要一致，否则即使是内容一样，也有可能搜索不到。特别是参照地址的值是数字时，若搜索的单元格数据类型为文本格式，虽然内容都是 123，但是却不能匹配。而且格式类别在输入数据前就要先确定好，如果数据已经输入，但格式不符，也不能查找匹配，必须重新输入。

2）用“&”连接若干个单元格的内容作为查找的参数。在查找的数据有类似的情况下可以达到事半功倍的效果。

（2）table_array 是搜索的区域，col_index_num 是区域内的列数。col_index_num 不能小于 1，其实等于 1 也没有什么实际的作用。如果出现错误值“#REF!”，则可能是 col_index_num

的值超过范围的总列数。在使用该函数时，lookup_value 的值必须在 table_array 中处于第一列，且选取table_array时一定要注意选择区域的首列必须与lookup_value所选取的列的格式和字段一致。比如 lookup_value 选取了“姓名”列中的某项，那么 table_array 选取的第一列必须为“姓名”列，且格式与 lookup_value 一致，否则便会出现错误值“#N/A”。

（3）最后一个参数 range_lookup 是一个逻辑值，常输入“0”或者 FALSE；其实也可以输入“1”或者 TRUE。两者的区别是前者表示的是完整寻找，找不到就返回错误值“#N/A”；后者先是找一模一样的，找不到再去找很接近的值，还找不到也只好返回错误值“#N/A”。

2. VLOOKUP 的错误值处理

如果找不到数据，函数总会返回一个这样的错误值“#N/A”。为了避免出现错误值，可以这样处理：如果搜索到相匹配的值，就返回相应的列的值，如果搜索不到，就设定它的值等于0，可以为 VLOOKUP 函数增加一个判断函数 IFERROR。

IFERROR 函数是用来捕获和处理公式中的错误。作用是如果公式的计算结果错误，则返回指定的值；否则将返回公式的结果。

公式：= IFERROR(value,value_if_error)

value：为必需值，检查是否存在错误的参数。

value_if_error：为必需值，公式的计算结果错误时要返回的值。计算得到的错误类型有：#N/A、#VALUE!、#REF!、#DIV/0!、#NUM!、#NAME? 或 #NULL!。

上述的 VLOOKUP 公式要避免出现错误值，公式可以写为：“=IFERROR(VLOOKUP(E3,表 4[#全部],2,FALSE),0)”，意思是如果 VLOOKUP 函数返回的值是个错误值（找不到数据）就等于 0，否则，就等于 VLOOKUP 函数返回的值（即找到的相应的值）。

3. SUMIFS 函数使用的注意事项

（1）如果在 SUMIFS 函数中设置了多个条件，那么只对参数 sum_range 中同时满足所有条件的单元格进行求和。

（2）可以在参数 criteria 中使用通配符——问号（?）和星号（*），问号用于匹配任意单个字符，星号用于匹配任意多个字符。例如，查找单元格结尾包含“商场”二字的所有内容，可以写为“"*商场"”。如果需要查找问号或星号本身，则需要在问号或星号之前输入一个波形符（~）。

（3）参数 sum_range 中的单元格如果包含 TRUE，则按 1 来计算，如果包含 FALSE，则按 0 来计算。

（4）SUMIFS 函数中的求和区域 sum_range 与条件区域 criteria_range 的大小和形状必须一致，否则公式会出错。

10.4 思考练习

小李今年毕业后，在一家计算机图书销售公司担任市场部助理，主要的工作职责是为部门经理提供销售信息的分析和汇总。请参照案例，打开【D:\OFFICE\素材\第 10 章】文件夹中的“图书销售统计表.xlsx”完成如下操作。

1．请对“订单明细表”工作表进行格式调整，通过套用表格格式的方法将所有的销售记录调整为一致的外观格式，并将“单价”列和“小计”列所包含的单元格调整为“会计专用”

（人民币）数字格式。

2．根据图书编号，请在“订单明细表”工作表的“图书名称”列中使用 VLOOKUP 函数完成图书名称的自动填充。“图书名称”和“图书编号”的对应关系在“编号对照”工作表中。

3．根据图书编号，请在“订单明细表”工作表的“单价”列中使用 VLOOKUP 函数完成图书单价的自动填充。“单价”和“图书编号”的对应关系在“编号对照”工作表中。

4．在“订单明细表”工作表的“小计”列中计算每笔订单的销售额。

5．根据“订单明细表”工作表中的销售数据统计所有订单的总销售金额，并将其填写在“统计报告”工作表的“B3”单元格中。

6．根据“订单明细表”工作表中的销售数据统计《MS Office 高级应用》图书在 2012 年的总销售额，并将其填写在“统计报告”工作表的“B4”单元格中。

7．根据“订单明细表”工作表中的销售数据统计隆华书店在 2011 年第三季度的总销售额，并将其填写在“统计报告”工作表的“B5”单元格中。

8．根据“订单明细表”工作表中的销售数据统计隆华书店在 2011 年的每月平均销售额（保留 2 位小数），并将其填写在“统计报告”工作表的“B6”单元格中。

案例 11　成绩统计分析

扫码看视频

学习目标

- 掌握条件统计函数的使用。
- 掌握数组公式运算的使用。
- 掌握 AVERAGEIFS 函数的使用。
- 掌握转置表格和条件格式的使用。

11.1　案例简介

××市高一政治统考结束后，教科所需要对考试情况进行统计，了解考试分数分布情况，综合分析考试难易及得分情况。

11.2　案例制作

本章以××市高一政治统考成绩为案例，统计和分析本次考试情况。打开【D:\OFFICE\素材\第 11 章】文件夹中的“高一政治统考情况分析.xlsx”完成如下操作。

11.2.1　多条件统计 COUNTIFS 函数的使用

利用“成绩单”工作表中的数据，使用公式统计参加考试学生数，分别填入“按班级汇总”工作表和“按学校汇总”工作表中“考试学生数”列所对应的单元格中。

1. 按班级统计考试学生数

按学校、班级统计参加考试学生数，需要使用的函数是多条件统计 COUNTIFS 函数。

COUNTIFS 函数是用来统计多个区域中满足给定条件的单元格的个数。

公式：=COUNTIFS(criteria_range1,criteria1,criteria_range2,criteria2,…)

参数的具体用法，请参照案例 8 中 8.2.4 小节的第 4 点。

操作步骤如下：

（1）在“按班级汇总”工作表中，选中“C2”单元格，单击【插入函数】，在弹出的【插入函数】对话框【搜索函数】文本框中输入 COUNTIFS，单击【转到】按钮，选择好后单击【确定】按钮插入，如图 11-1 所示。

（2）确定后进入【函数参数】对话框，输入第一个条件——【Criteria_range1】参数，选择“成绩单”工作表中的“学校”列“A3:A953”，按 F4 键加上绝对引用符号，因为之后进行公式填充时，统计的区域是固定的，不随公式的填充而改变数据区域；【Criteria1】参数，单击或输入“按班级汇总”工作表的“A2”单元格。输入第 2 个条件——【Criteria_range2】参数，选择“成绩单”工作表中的“班级”列“B3:B953”，按 F4 键加上绝对引用符号；【Criteria2】参数，单击或输入“按班级汇总”工作表的“B2”单元格，如图 11-2 所示。

图 11-1 插入 COUNTIFS 函数

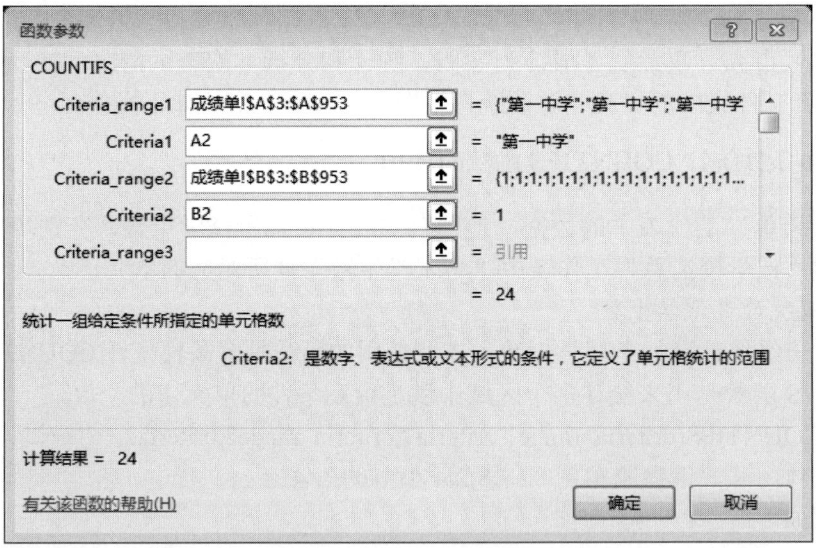

图 11-2 COUNTIFS 函数参数

（3）单击【确定】按钮，在“C2”单元格计算出第一中学 1 班的考试学生数为“24”，向下填充公式，各校各班的参加考试学生数则会对应统计出来。

2. 按学校统计考试学生数

按学校统计参加考试学生数，使用条件计数 COUNTIF 函数。

操作步骤如下：

（1）在“按学校汇总”工作表中，选中“B2”单元格，单击【插入函数】，在弹出的【插入函数】对话框【搜索函数】文本框中输入 COUNTIF，单击【转到】按钮，选择好后单击【确定】按钮插入，如图 11-3 所示。

图 11-3　插入 COUNTIF 函数

（2）确定后进入【函数参数】对话框，输入【Range】参数，选择“成绩单”工作表中的“学校”列“A3:A953”，按 F4 键加上绝对引用符号，因为之后进行公式填充时，统计的区域是固定的，不随公式的填充而改变数据区域；【Criteria】参数，单击或输入“按学校汇总”工作表的“A2”单元格，如图 11-4 所示。

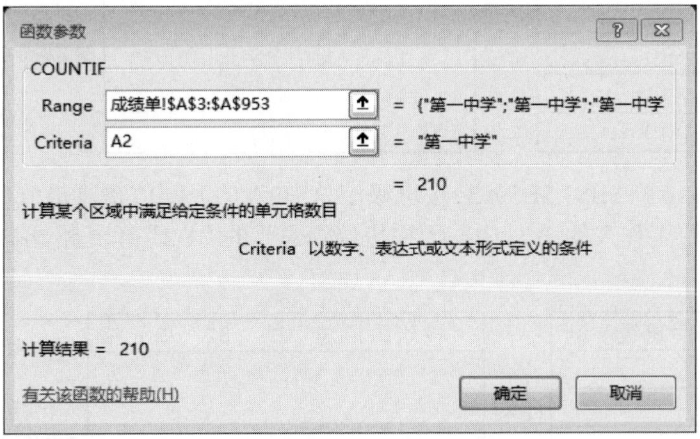

图 11-4　COUNTIF 函数参数

（3）单击【确定】按钮，在“B2”单元格计算出第一中学的考试学生数为“210”，向下填充公式，各校的参加考试学生数则会对应统计出来。

11.2.2　数组公式运算的应用

利用“成绩单”工作表中的数据，使用公式统计最高分和最低分，分别填入“按班级汇总”工作表和“按学校汇总”工作表中“最高分”“最低分”列所对应的单元格中。

1. 统计各班的最高分

解题思路：使用需要统计的学校和班级名称在“成绩单”工作表里逐项比对，只有学校名称一致而且班级名称一致的数据区域，才使用 MAX 函数从中统计最大值，得到最高分。

操作步骤如下：

（1）在“按班级汇总”工作表中，将光标定位在“D2”单元格，单击编辑栏左边的【插入函数】按钮，在【插入函数】对话框中选择【MAX】函数，单击【确定】按钮。

（2）确定后进入【函数参数】对话框，光标自动置于【MAX】函数的第一个参数【Number1】编辑框位置，输入表达式“(成绩单!$A$3:$A$953=按班级汇总!A2)*(成绩单!$B$3:$B$953=按班级汇总!B2)*成绩单!$D$3:$D$953”，如图 11-5 所示。

图 11-5　在参数【Number1】编辑框中输入公式

表达式中，“成绩单!$A$3:$A$953=按班级汇总!A2”的返回值是逻辑值（TRUE 或 FALSE），判断的是“成绩单”工作表的 A 列中与“按班级汇总”的“A2”单元格相同的值，即“第一中学”。例如：

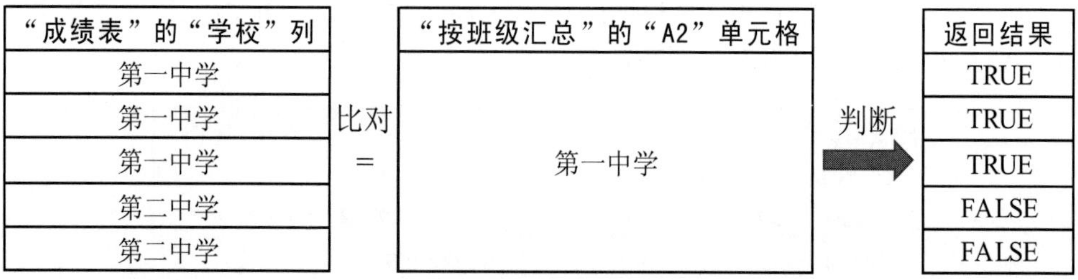

表达式中，“成绩单!$B$3:$B$953=按班级汇总!B2”的返回值是逻辑值（TRUE 或 FALSE），判断的是“成绩单”工作表的 B 列中与“按班级汇总”的“B2”单元格相同的值，即“1”班。例如：

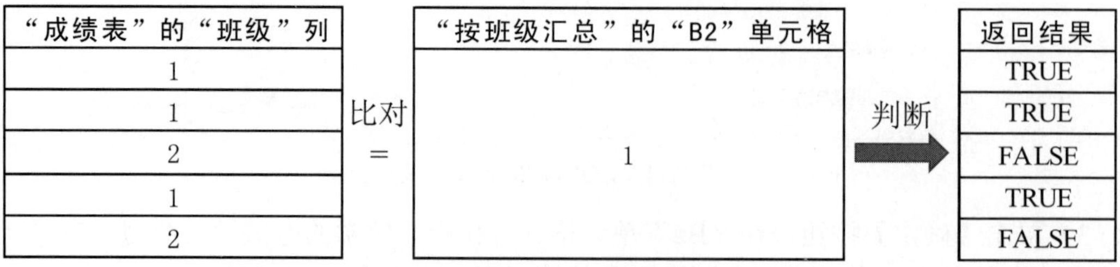

将“成绩单!$A$3:$A$953=按班级汇总!A2”与“成绩单!$B$3:$B$953=按班级汇总!B2”相乘，它们的逻辑值 TRUE 转换为 1，逻辑值 FALSE 转换为 0 参加运算。例如：

判断“学校”的逻辑值		判断“班级”的逻辑值		判断“学校”的逻辑值		判断“班级”的逻辑值		运算结果
TRUE		TRUE		1		1		1
TRUE		TRUE		1		1		1
TRUE	*	FALSE	=	1	*	0	=	0
FALSE		TRUE		0		1		0
FALSE		FALSE		0		0		0

同时满足两个条件（第一中学、1 班）时，MAX 中的求值区域才为非 0 数，最终形成的表达式只有是 MAX(1*1*成绩单!$D$3:$D$953)，才能统计这个区域的最大值。例如：

判断“学校”的逻辑值		判断“班级”的逻辑值		成绩		运算结果		成绩		
1		1		88		1		88		
1		1		65		1		65		
1	*	0	*	95	=	0	*	95	=	88
0		1		70		0		70		
0		0		80		0		80		

（3）然后，同时按下“Ctrl+Shift+Enter”组合键，在“D2”单元格计算出第一中学 1 班的最高分是 95 分。向下填充公式，各班的最高分则会对应统计出来。

注意：

（1）公式中的数据区域，要按 F4 键加上绝对引用符号，因为之后进行公式填充时，判断的区域是固定的，不随公式的填充而改变数据区域。

（2）在【Number1】编辑框输入表达式后，不能单击【函数参数】对话框下方的【确定】按钮，必须同时按下“Ctrl+Shift+Enter”组合键，完成输入。因为这里是使用数组公式计算。

数组公式，是 Excel 公式在以数组为参数时的一种应用。数组公式的参数是数组，即输入有多个值；输出结果可能是一个，也可能是多个，而这一个或多个值是公式对多重输入进行复合运算而得到的新数组中的元素。在本例题中，需要判断同时满足“学校”和“班级”条件的多个“成绩”，挑选组成新的“成绩”数据区域，作为 MAX 函数的参数，才能求出对应的最大值，所以必须使用数组公式实现。

数组公式的实现，是在编辑栏输入公式后，同时按“Ctrl+Shift+Enter”组合键锁定数组公式，Excel 则在公式两边自动加上花括号“{}”，这个花括号不能自己键入，否则，Excel 会认为输入的是一个正文标签。

如果需要重新编辑数组公式，则单击含有数组公式的单元格，按 F2 键或将光标移到编辑栏上单击进行编辑，编辑完成后，再同时按“Ctrl+Shift+Enter”组合键，使数组公式生效。

2. 统计各校的最高分

参照上述计算方法。

操作步骤如下：

（1）在“按学校汇总”工作表中，将光标定位在“C2”单元格，单击编辑栏左边的【插入函数】按钮，在【插入函数】对话框中选择【MAX】函数，单击【确定】按钮。

（2）确定后进入【函数参数】对话框，光标自动置于【MAX】第一个参数【Number1】编辑框位置，输入表达式“(成绩单!$A$3:$A$953=按学校汇总!A2)*成绩单!$D$3:$D$953”。操作熟练的话，也可以直接在编辑栏输入公式“=MAX((成绩单!$A$3:$A$953=按学校汇总!A2)*成绩单!$D$3:$D$953)”，如图 11-6 所示。

图 11-6　在编辑栏输入公式

（3）然后，同时按下“Ctrl+Shift+Enter”组合键，在“C2”单元格计算出第一中学的最高分是 96 分。向下填充公式，各校的最高分则会对应统计出来。

3. 统计各班的最低分

参照上述计算方法，最低分使用最小值 MIN 函数计算。而且，如果判断“学校”和“班级”的逻辑值是 FALSE 时，相乘运算结果为 0，即是最小值，则无法统计出真正的最低分。所以在统计最低分时，还要加上 IF 函数，在同时满足“学校”“班级”的条件下，只有 IF 函数中的条件表达式为 TRUE，才能返回“成绩”中对应的数据区域，再使用 MIN 函数统计最小值。

操作步骤如下：

（1）在“按班级汇总”工作表中，将光标定位在“E2”单元格，单击编辑栏左边的【插入函数】按钮，在【插入函数】对话框中选择【IF】函数，单击【确定】按钮。

（2）确定后进入【函数参数】对话框，光标自动置于【IF】第一个参数【Logical_test】编辑框位置，输入表达式“(成绩单!$A$3:$A$953=按班级汇总!A2)*(成绩单!$B$3:$B$953=按班级汇总!B2)；单击第 2 个参数【Value_if_true】编辑框，选择“成绩单”工作表中的“学校”列“D3:D953”，按 F4 键加上绝对引用符号，因为之后在进行公式填充时，统计的区域是固定的，不随公式的填充而改变数据区域，单击【确定】按钮，如图 11-7 所示。

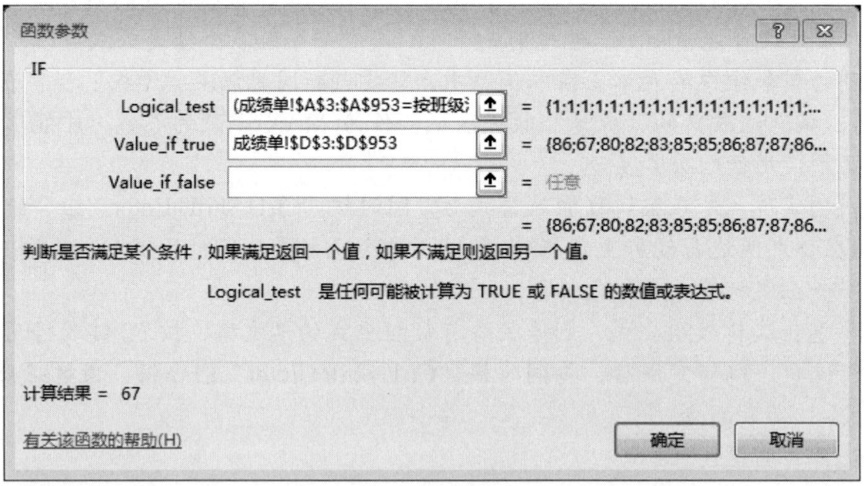

图 11-7　IF 函数参数

（3）确定后，“E2”单元格会暂时显示值错误“#VALUE!”，因为此时的公式并不完整。接着，将光标置于编辑栏公式的“=”与“IF”之间，输入“MIN(”，在输入的同时系统也会提示公式，如图 11-8 所示。

图 11-8　插入 MIN 函数

（4）在编辑栏公式的末尾，输入“)”，同时按下“Ctrl+Shift+Enter”组合键，在“E2”单元格计算出第一中学 1 班的最低分是 67 分。向下填充公式，各班的最低分则会对应统计出来。

4. 统计各校的最低分

参照上述计算方法。

操作步骤如下：

（1）在“按学校汇总”工作表中，将光标定位在“D2”单元格，单击编辑栏左边的【插入函数】按钮，在【插入函数】对话框中选择【IF】函数，单击【确定】按钮。

（2）确定后进入【函数参数】对话框，光标自动置于【IF】第一个参数【Logical_test】编辑框位置，输入表达式“成绩单!$A$3:$A$953=按班级汇总!A2；单击第 2 个参数【Value_if_true】编辑框，选择“成绩单”工作表中的“学校”列“D3:D953”，按 F4 键加上绝对引用符号，单击【确定】按钮，如图 11-9 所示。

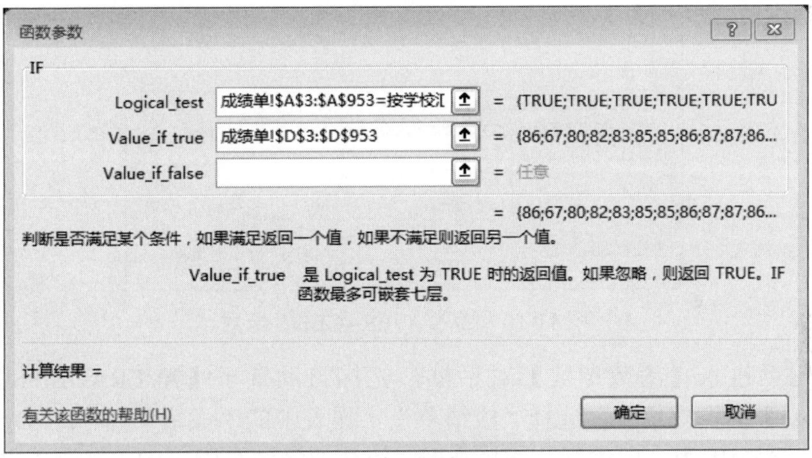

图 11-9　IF 函数参数

（3）确定后，“D2”单元格会暂时显示值错误“#VALUE!”，因为此时的公式并不完整。接着，将光标置于编辑栏公式的“=”与“IF”之间，输入“MIN(”，在公式的末尾输入“)”，同时按下“Ctrl+Shift+Enter”组合键，在“D2”单元格计算出第一中学的最低分是 29 分。向下填充公式，各校的最低分则会对应统计出来。

11.2.3　多条件平均值 AVERAGEIFS 函数的使用

利用“成绩单”工作表中的数据，使用公式统计平均分，分别填入“按班级汇总”工作表和“按学校汇总”工作表中“平均分”列所对应的单元格中。

1. 计算各班的最低分

按学校、班级统计平均分，需要使用的函数是多条件平均值 AVERAGEIFS 函数。

AVERAGEIFS 函数是对指定区域中满足多个条件的所有单元格中的数值求算数平均值。

公式：= AVERAGEIFS(average_range,criteria_range1,criteria1,[criteria_range2,criteria2],…)

average_range：要计算平均值的实际单元格区域。这是必填的参数。

criteria_range1,criteria_range2…：在其中计算关联条件的区域，即条件区域。每个 criteria_range 的大小和形状必须与 average_range 相同。

criteria1,criteria2…：求平均值的条件，其形式可以是数字、表达式、单元格引用或文本。

操作步骤如下：

（1）在“按班级汇总”工作表中，选中“F2”单元格，单击【插入函数】，在弹出的【插入函数】对话框【搜索函数】文本框中输入 AVERAGEIFS，单击【转到】按钮，选择好后单击【确定】按钮插入，如图 11-10 所示。

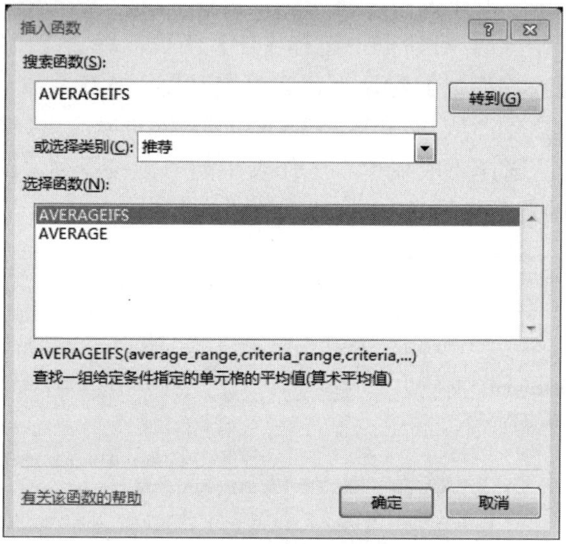

图 11-10 插入 AVERAGEIFS 函数

（2）确定后进入【函数参数】对话框，光标自动置于【AVERAGEIFS】第一个参数【Average_range】编辑框位置，选择“成绩单”工作表中的“成绩”列“D3:D953”，按 F4 键加上绝对引用符号，因为之后进行公式填充时，统计的区域是固定的，不随公式的填充而改变数据区域。第一个条件——【Criteria_range1】参数，选择“成绩单”工作表中的“学校”列“A3:A953”，按 F4 键加上绝对引用符号；【Criteria1】参数，单击或输入“按班级汇总”工作表的“A2”单元格。第 2 个条件——【Criteria_range2】参数，选择“成绩单”工作表中的“班级”列“B3:B953”，按 F4 键加上绝对引用符号；【Criteria2】参数，单击或输入“按班级汇总”工作表的“B2”单元格，如图 11-11 所示。

（3）单击【确定】按钮，在“F2”单元格计算出第一中学 1 班的平均分为“87.13”，向下填充公式，各校各班的平均分则会对应计算出来。

2. 计算各校的平均分

按学校统计计算平均分，只需要“学校”这一个条件，参照上述方法。

操作步骤如下：

（1）在“按学校汇总”工作表中，将光标定位在“E2”单元格，单击编辑栏左边的【插入函数】按钮，在【插入函数】对话框中选择【AVERAGEIFS】函数，单击【确定】按钮。

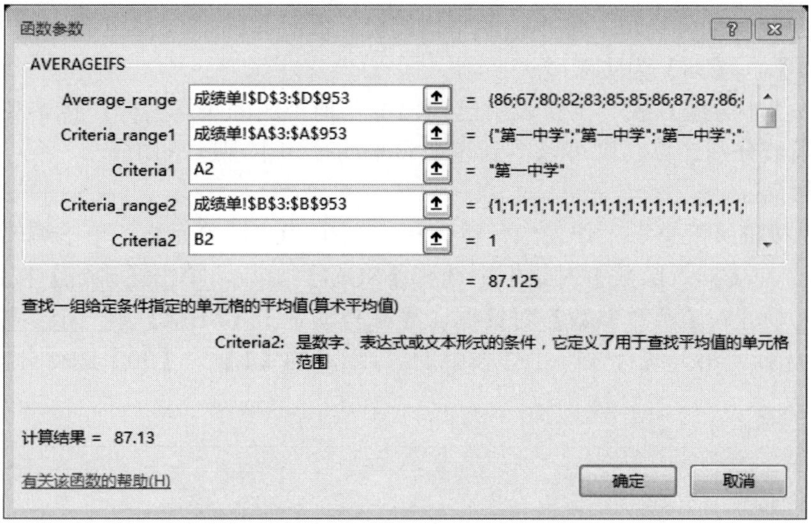

图 11-11　AVERAGEIFS 函数参数

（2）确定后进入【函数参数】对话框，光标自动置于【AVERAGEIFS】第一个参数【Average_range】编辑框位置，选择“成绩单”工作表中的“成绩”列“D3:D953”，按 F4 键加上绝对引用符号。第一个条件——【Criteria_range1】参数，选择“成绩单”工作表中的“学校”列“A3:A953”，按 F4 键加上绝对引用符号；【Criteria1】参数，单击或输入“按学校汇总”工作表的“A2”单元格，如图 11-12 所示。

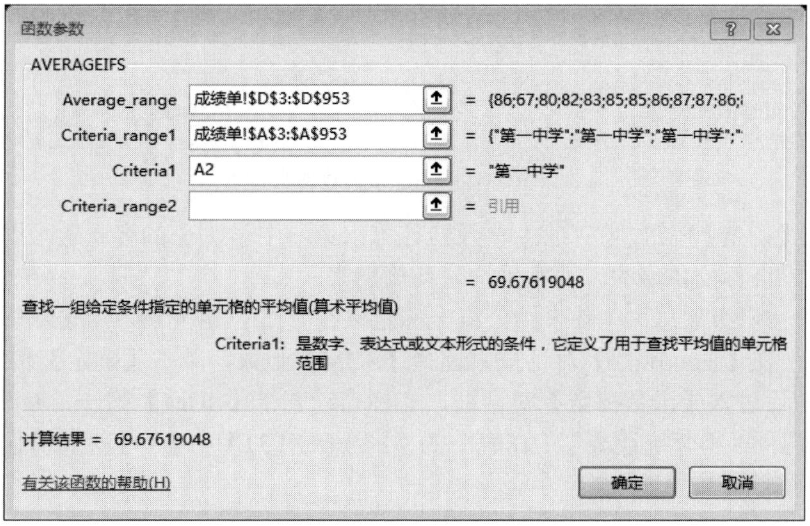

图 11-12　AVERAGEIFS 函数参数

（3）单击【确定】按钮，在“E2”单元格计算出第一中学的平均分为“69.676”，向下填充公式，各校平均分则会对应计算出来。

3. 计算各班的客观题平均分、主观题平均分

利用“小分统计表”工作表中的数据，使用公式分别计算客观题和主观题的平均分，填入“按班级汇总”工作表中“客观题平均分”“主观题平均分”列所对应的单元格中。“小分统

计表”工作表中包含了各班每一道小题的平均得分，本次考试一共 38 小题，其中【1】～【30】为客观题，【31】～【38】为主观题。

解题思路：“小分统计表”工作表中已列出每一道小题的平均得分，按客观题和主观题使用求和 SUM 函数分别计算，则可以得到客观题平均分和主观题平均分。

操作步骤如下：

（1）在“按班级汇总”工作表中，将光标定位在“G2”单元格，单击编辑栏左边的【插入函数】按钮，在【插入函数】对话框中选择【SUM】函数，单击【确定】按钮。

（2）确定后进入【函数参数】对话框，光标自动置于【SUM】第一个参数【Number1】编辑框位置，选择“小分统计表”工作表中的“1”班的【1】～【30】题得分区域 C2:AF2，如图 11-13 所示。

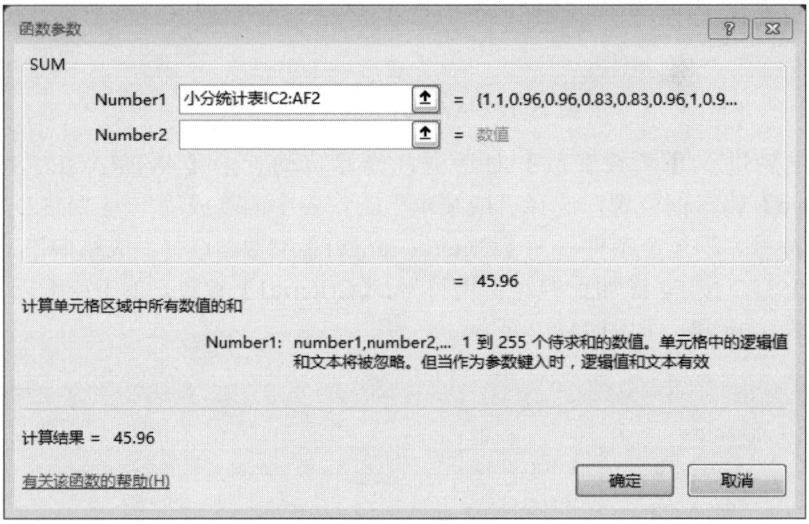

图 11-13 SUM 函数参数

（3）单击【确定】按钮，在“G2”单元格计算出第一中学 1 班的客观题平均分为“45.96”，向下填充公式，将各校各班的客观题平均分计算出来。

（4）在“按班级汇总”工作表中，将光标定位在“H2”单元格，单击编辑栏左边的【插入函数】按钮，在【插入函数】对话框中选择【SUM】函数，单击【确定】按钮。

（5）确定后进入【函数参数】对话框，光标自动置于【SUM】第一个参数【Number1】编辑框位置，选择“小分统计表”工作表中的“1”班的【31】～【38】题得分区域 AG2:AN2，如图 11-14 所示。

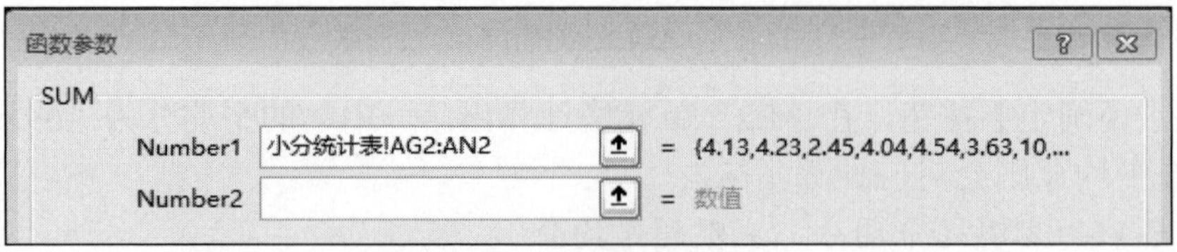

图 11-14 SUM 函数参数

（6）单击【确定】按钮，在“H2”单元格计算出第一中学 1 班的主观题平均分为“41.24”，向下填充公式，将各校各班的主观题平均分计算出来。由于“小分统计表”中的每小题平均分已进行了“四舍五入”操作，保留两位小数，所以通过上述方法计算出来的“客观题平均分”和“主观题平均分”之和，可能与根据“成绩单”工作表计算出的“平均分”有一定的误差。

4. 计算各校的客观题平均分、主观题平均分

利用“按班级汇总”工作表中的数据，使用公式计算各学校的客观题平均分和主观题平均分，填入“按学校汇总”工作表中“客观题平均分”“主观题平均分”列所对应的单元格中。

解题思路：“按班级汇总”工作表中已计算出各班的客观题平均分和主观题平均分。那么，每个学校的所有班级相应平均分乘以对应的班级人数，相加后得到的是该校相应的总分，再除以该校的总考生数，则可以得到该校相应的平均分。其中，按条件统计学校的学生，再取相应的平均分乘以人数，并相加得到总分，是多重数组计算，需要借助数组公式实现。例如：

（1）判断“学校”名称一致。

“按班级汇总”的“学校”列
第一中学
第一中学
第一中学
第二中学
第二中学

比对 =

“按学校汇总”的“A2”单元格
第一中学

判断 →

返回结果
TRUE
TRUE
TRUE
FALSE
FALSE

（2）学校对应的班级人数乘以对应的平均分，再相加，得到该校的总分。

返回结果的逻辑值转换
1
1
1
0
0

*

班级人数
20
21
22
23
24

*

客观题平均分
30
31
32
33
34

= 1*20*30+1*21*31+1*22*32+0*23*33+0*24*34

操作步骤如下：

（1）在“按学校汇总”工作表中，将光标定位在“F2”单元格，单击编辑栏左边的【插入函数】按钮，在【插入函数】对话框中选择【SUM】函数，单击【确定】按钮。

（2）确定后进入【函数参数】对话框，光标自动置于【SUM】第一个参数【Number1】编辑框位置，输入表达式“(按班级汇总!$A$2:$A$33=按学校汇总!A2)*按班级汇总!$C$2:$C$33*按班级汇总!$G$2:$G$33”，如图 11-15 所示。

（6）单击【确定】按钮，因为计算公式并未完成，还没有使用数组公式。将光标置于编辑栏中公式的末尾，输入除号“/”后单击“B2”单元格，如图 11-16 所示。

（7）同时按下“Ctrl+Shift+Enter”组合键，在“F2”单元格计算出第一中学的客观题平均分是 40.99961905 分。向下填充公式，计算各校的客观题平均分。

（8）计算各校主观题平均分的方法可参照上述方法，选择“按班级汇总”工作表中的“主观题平均分”做相应计算即可。在“按学校汇总”工作表中，将光标定位在“G2”单元格，操作熟练后，可直接在编辑栏中输入公式“=SUM((按班级汇总!$A$2:$A$33=按学校汇总!A2)*按班级汇总!$C$2:$C$33*按班级汇总!$H$2:$H$33)/按学校汇总!B2”，如图 11-17 所示。

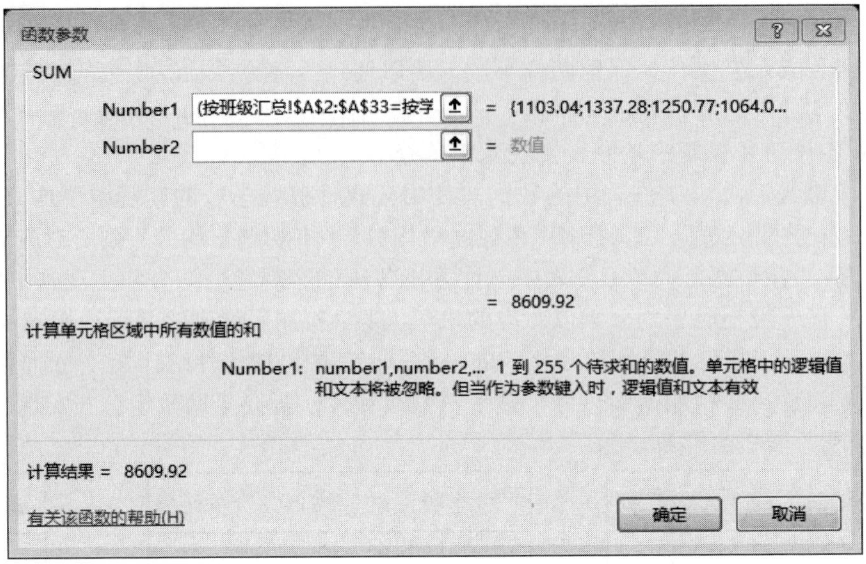

图 11-15　SUM 函数参数

图 11-16　完善计算公式

图 11-17　输入公式

（9）然后，按下“Ctrl+Shift+Enter”组合键，完成数组公式的输入，在“G2”单元格计算出第一中学的主观题平均分是 28.81142857 分。向下填充公式，计算各校的主观题平均分。

注意：在这个计算公式中，选取的数据区域，均要按 F4 键加上绝对引用符号，因为向下填充时，数据区域是固定的。

5. 计算各校的每题的得分率

利用“小分统计表”和“分值表”的数据，计算“按学校汇总”工作表中的各校的每题得分率。

解题思路：每题得分率，即每个学校所有学生在该题上的得分之和除以该校总考生数，再除以该题的分值。其中，按条件统计学校的学生，再取相应的得分乘以相应的班级人数，多重数组计算，需要借助数组公式实现。

（1）在“按学校汇总”工作表中，将光标定位在“H2”单元格，在编辑栏中输入公式“=SUM((小分统计表!$A$2:$A$33=按学校汇总!$A2)*小分统计表!C$2:C$33*按班级汇总!$C$2:$C$33)/按学校汇总!$B2/分值表!B$3”，如图 11-18 所示。

图 11-18　输入公式

（2）然后，按下“Ctrl+Shift+Enter”组合键，完成数组公式输入，在“H2”单元格计算出第一中学的第1小题得分率是0.99752381。向下填充至“H5”单元格，再向右填充至“AS5”单元格，计算各校各小题的得分率。

输入公式时，需注意3点：

（1）选取“小分统计表”工作表中的“学校”数据区域（A2:A33）以及“按班级汇总”工作表中的“考试学生数”数据区域（C3:C33）时，需要按F4键输入绝对引用符号，因为向下、向右填充时，数据区域是固定的。

（2）选取作为判断条件的“按学校汇总”工作表中的“A2”单元格、体现学校参加考试学生数的“按学校汇总”工作表中的“B2”单元格时，需要按3次F4键使用混合引用，固定列标，因为向下填充时，所取数据必须跟随“行”的变化而相应变化，但向右填充时，所取数据是固定的。

（3）选取“小分统计表”工作表中的各校第1小题分数数据区域（C3:C33）、体现每题分值的“分值表”工作表中的第1小题分值“B3”单元格时，需要按2次F4键使用混合引用，固定行号，因为向下填充时，所取数据是固定的，但向右填充时，所取数据必须跟随“列”的变化而相应变化。

11.2.4 转置表格与条件格式应用

1. 相关数据的格式设置

在“按学校汇总”工作表中，各类平均分显示为数值格式，并保留2位小数；各题得分率显示为百分比数据格式，并保留2位小数。

操作步骤如下：

（1）按住鼠标左键拖选“E2:G5”单元格区域，右击并在快捷菜单中选择【设置单元格格式】命令，在【设置单元格格式】对话框中选择【数字】选项卡，在【分类】中选择【数值】，并将【小数位数】修改为“2”，单击【确定】按钮。设置各类平均分显示为数值格式，并保留2位小数。

（2）按住鼠标左键拖选“H2:AS5”单元格区域，右击并在快捷菜单中选择【设置单元格格式】命令，在【设置单元格格式】对话框中选择【数字】选项卡，在【分类】中选择【百分比】，并将【小数位数】修改为“2”，单击【确定】按钮。设置各题得分率显示为百分比格式，并保留2位小数。

2. 转置表格

新建“按学校汇总2”工作表，将“按学校汇总”工作表中所有单元格数值转置复制到新工作表中。

操作步骤如下：

（1）在工作表标签的右侧单击“插入工作表”按钮“”，新建一个工作表，如图11-19所示。

图11-19　新建工作表

（2）在新建的工作表标签上右击，在快捷菜单中选择【重命名】命令，命名为“按学校汇总 2”。

（3）在“按学校汇总”工作表中，按住鼠标左键拖选“A1:AS5”单元格区域，右击，在快捷菜单中选择【复制】命令，在“按学校汇总 2”工作表中，定位在“A1”单元格，右击，在快捷菜单中选择【选择性粘贴】命令，在弹出的【选择性粘贴】对话框中，选择【粘贴】组中的“值和数字格式”选项，并勾选【转置】复选框，单击【确定】按钮。

3. 套用表格样式

将“按学校汇总 2”工作表中的内容套用表格样式为“紫色，表样式中等深浅 12”。

操作步骤如下：

（1）选择“按学校汇总 2”工作表，将光标定位在表格数据的任意位置，单击【开始】→【样式】→【套用表格格式】，在下拉列表中选择【中等色】区域中的【紫色，表样式中等深浅 12】，如图 11-20 所示。

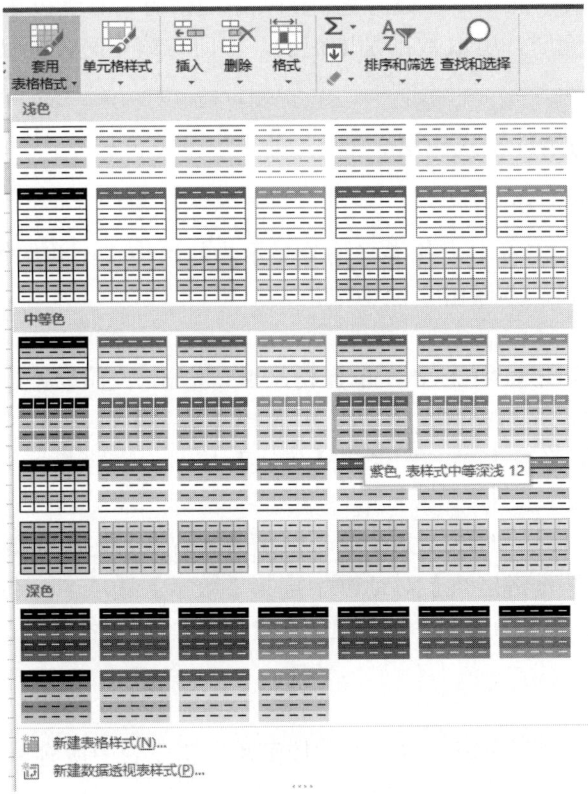

图 11-20 套用表格样式

（2）选择后弹出【套用表格式】对话框，在【表数据的来源】编辑栏中会自动选择表格数据，如果不正确就重新选择，如果表格包含标题（这里的标题指表头），就勾选【表包含标题】复选框，如图 11-21 所示。单击【确定】按钮，套用指定的表格样式。

4. 应用条件格式

在“按学校汇总 2”工作表中，将得分率低于 80%的单元格标记为“浅红填充色深红色文本”格式，将介于 80%～90%之间的单元格标记为“黄填充色深黄色文本”格式。

操作步骤如下：

（1）选择 B8:E45 单元格区域，单击【开始】→【样式】→【条件格式】，在下拉列表中选择【突出显示单元格规则】→【小于】，在【小于】对话框的编辑框中输入“80%”，在【设置为】的下拉列表中选择“浅红填充色深红色文本”，设置好后单击【确定】按钮。

（2）选择 B8:E45 单元格区域，单击【开始】→【样式】→【条件格式】，在下拉列表中选择【突出显示单元格规则】→【介于】，在【介于】对话框的编辑框中左侧输入“80%”，右侧输入 90%，在【设置为】的下拉列表中选择“黄填充色深黄色文本”，如图 11-22 所示。设置好后单击【确定】按钮。

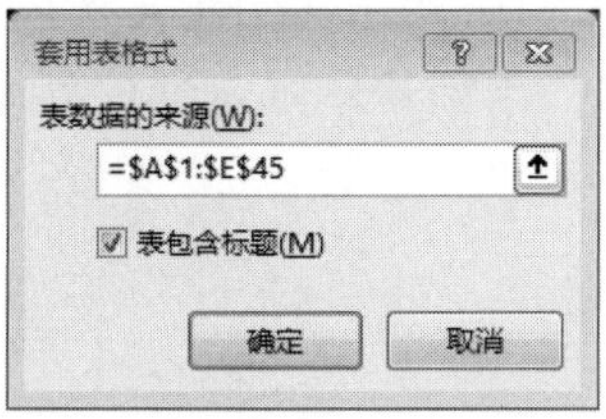

图 11-21　【套用表格式】对话框

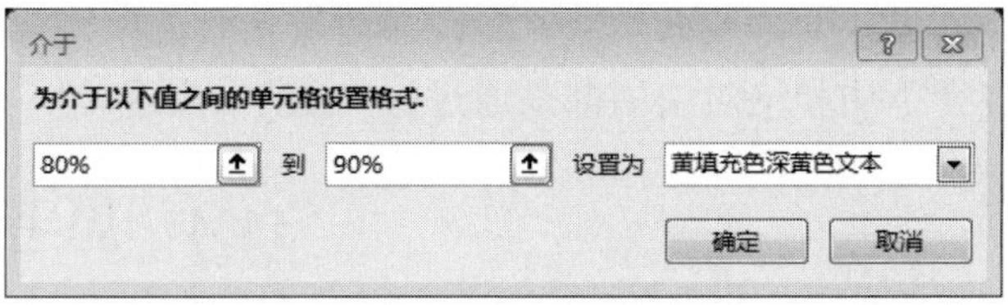

图 11-22　【介于】对话框

（3）适当调整“按学校汇总 2”工作表中的行高和列宽，可使单元格文本居中对齐，使表格内容显示完整，表格更美观，最后保存，最终效果如图 11-23 所示。

学校	第一中学	第二中学	师大附中	实验中学
考试学生数	210	244	229	268
最高分	96	92	95	95
最低分	29	14	36	15
平均分	69.68	65.34	72.32	60.56
客观题平均分	41.00	40.45	43.12	38.88
主观题平均分	28.81	24.94	29.26	21.87
【1】得分率	99.75%	98.09%	98.99%	99.33%
【2】得分率	100.00%	99.28%	99.48%	99.26%
【3】得分率	95.31%	97.49%	96.07%	93.59%
【4】得分率	90.45%	82.43%	82.80%	81.72%
【5】得分率	71.04%	63.55%	53.99%	63.16%
【6】得分率	61.02%	59.87%	64.38%	42.39%
【7】得分率	92.99%	92.24%	96.38%	91.85%
【8】得分率	96.16%	80.41%	86.66%	75.86%
【9】得分率	85.27%	77.80%	81.16%	65.49%
【10】得分率	82.93%	71.39%	67.18%	65.30%

图 11-23　最终效果图

11.3　案例小结

本章主要学习了条件统计函数、AVERAGEIFS 函数、数组公式和转置表格的运用，在实际应用中，大家还应该注意：

（1）条件统计函数有 COUNTIF 和 COUNTIFS，一般情况下，根据一个指定条件来统计单元格个数的，使用 COUNTIF 函数；需要统计计算多个区域中满足多个指定条件的单元格个数的，使用 COUNTIFS 函数。COUNTIFS 函数为 COUNTIF 函数的扩展，在 Excel 2007 中新增，前期版本不支持。

（2）数组公式是以数组为参数的公式，它可建立产生多值或对一组值而不是单个值进行操作。一个数组公式可以占用一个或多个单元。数组的元素可多达 6500 个。数组公式的参数是数组，即输入有多个值；输出结果可能是一个，也可能是多个——这一个或多个值是公式对多重输入进行复合运算而得到的新数组中的元素。数组公式的实现，是在编辑栏输入公式后，同时按“Ctrl+Shift+Enter”组合键，Excel 则在公式两边自动加上花括号“{}”，这个花括号不能自己键入，否则，Excel 会认为输入的是一个正文标签。

（3）AVERAGEIFS 函数是多条件求平均值函数，主要是用于返回满足多重条件的所有单元格的平均值。参数选择与 COUNTIFS 类似。

（4）本章在计算得分率的时候，对数据区域条件使用了混合引用和绝对引用，是因为计算结果在向下或向右填充时，需要根据实际情况固定相应的区域，否则会导致数据计算出错。混合引用和绝对引用都是通过按 F4 键来实现。

11.4 思考练习

明川市 2018 年高三模拟考试结束后，教育局需要对语文考试情况进行统计，综合分析本次考试难易及得分情况，了解各校学生的语文水平。请你参照案例，打开【D:\OFFICE\素材\第 11 章】文件夹中的“明川市 2018 年高三语文模拟考试情况分析.xlsx”完成如下操作。

1. 利用“成绩表”“小分统计表”和“分值表”工作表中的数据，利用公式完成“班级汇总”和“学校汇总”工作表中相应空白列的数值计算。具体要求如下：

（1）根据“成绩表”工作表中的数据信息，统计各班、各校的学生人数、最高分、最低分以及平均分。（提示：统计最高分、最低分时，需使用数组公式进行计算。）

（2）根据“小分统计表”工作表统计各班的客观题平均分、主观题平均分。（提示：本次考试一共有 48 道小题，其中【1】～【35】为客观题，【36】～【48】为主观题。）

（3）根据“班级汇总”工作表中的相关数据，统计“学校汇总”工作表中各校的客观题平均分、主观题平均分。（提示：该项平均分=每个学校的所有班级相应平均分乘以对应班级人数，相加后再除以该校的总考生数，需要使用数组公式进行计算。）

（4）计算“学校汇总”工作表中的每题得分率，即：每个学校所有学生在该题上的得分之和除以该校总考生数，再除以该题的分值。（提示：需对部分数据区域使用混合引用，并使用数组公式进行计算。）

（5）工作表中，各类平均分显示均为数值格式，保留 2 位小数；每题得分率显示为百分比数据格式，保留 2 位小数。

2. 新建“学校汇总 2”工作表，将“学校汇总”工作表中所有单元格数值转置复制到新工作表中。

3. 将“学校汇总 2”工作表中的内容套用表格样式为“冰蓝，表样式浅色 16”；将得分率介于 50%～70%之间的单元格标记为“浅红色填充”格式，将得分率高于 90%的单元格标记为“绿填充色深绿色文本”格式。

案例 12　演示文稿高级制作

扫码看视频

学习目标

- 掌握幻灯片版式和模板的使用。
- 掌握插入视频的方法。
- 掌握超链接的创建方法。
- 掌握幻灯片切换效果的设置。

12.1　案例简介

××计算机科技有限公司产品部主管李经理需要向来公司参观的小朋友们介绍计算机的发展史，现在需要小王根据李经理所给的素材和要求制作一个关于《计算机发展简史》的演示文稿。

12.2　案例制作

打开【D:\OFFICE\素材\第 12 章】文件夹中的“计算机发展简史.pptx”，根据文件夹下的文件“PPT-素材.docx”，按照下列要求完善此文稿并保存。

12.2.1　新增幻灯片

新建演示文稿时，文稿中默认只有一张幻灯片，往往需要自行添加幻灯片，在本案例中，需要在演示文稿中新增 7 张幻灯片，新增的方法有 3 种：

（1）在普通视图的左窗格中，选中某张幻灯片后按下 Enter 键或“Ctrl+M”组合键，可在该张幻灯片后新建一张幻灯片。

（2）在普通视图的【幻灯片/大纲】窗格中右击，在弹出的快捷菜单中选择【新建幻灯片】命令，可在当前幻灯片后面新建一张幻灯片。

（3）选择一张幻灯片，在【开始】菜单下单击【新建幻灯片】可在当前幻灯片的后面新建一张幻灯片，如图 12-1 所示。

图 12-1　【新建幻灯片】选项卡

12.2.2　幻灯片版式和模板的使用

设计第 1 张为“标题幻灯片”版式，第 2 张为“仅标题”版式，第 3～6 张为“两栏内容”

版式，第 7～8 张为“空白”版式。

幻灯片版式是 PowerPoint 软件中幻灯片内容在幻灯片上的排列方式。版式由占位符（一种带有虚线或阴影线边缘的框）组成，占位符中可放置文字（例如标题和项目符号列表）和幻灯片内容（例如表格、图表、图片、形状和剪贴画）。

通过幻灯片版式的应用可以使文字、图片等的布局更加合理简洁，通常软件已经内置几个版式类型供用户使用，利用这些版式可以轻松地完成幻灯片的制作和运用。一般情况下，演示文稿的第一张幻灯片用来显示标题，所以默认为“标题幻灯片”版式，设置幻灯片版式的方法有两种，可选择其中任意一种完成。

操作步骤如下：

（1）设置幻灯片版式。第一种方法是选中第二张幻灯片，单击【开始】选项卡，在【幻灯片】组中选择【版式】，在下拉菜单中选择【仅标题】版式，如图 12-2 所示。第二种方法是在选中的幻灯片上右击，在弹出的快捷菜单中选择【版式】选项，再选择【仅标题】版式。

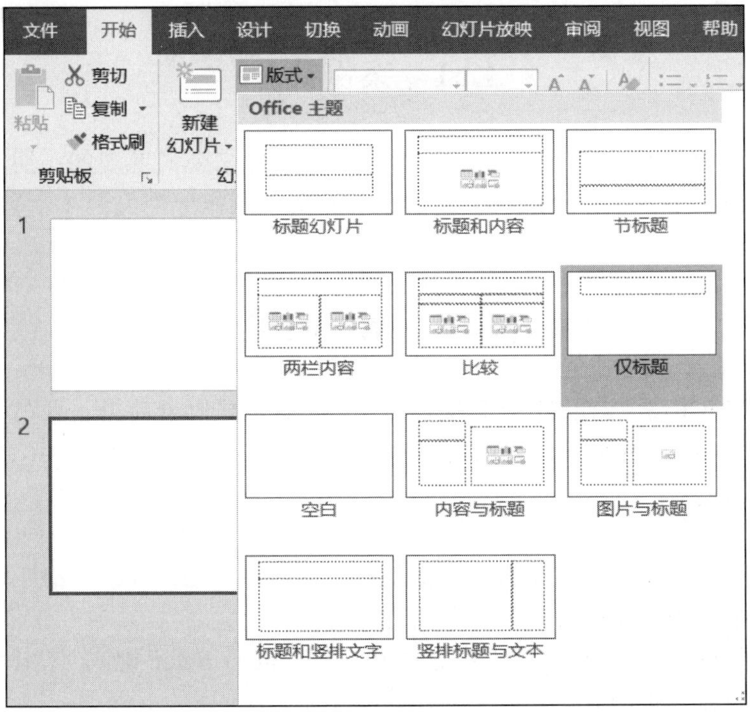

图 12-2 【版式】菜单

（2）根据要求选中其余的幻灯片并设置版式。

12.2.3 设置幻灯片的页面格式

1．设置幻灯片的页面格式

为适应现在人们观看影片的视觉效果，幻灯片大小设置为“全屏显示(16:9)”，方向为“横向”。

操作步骤如下：

（1）选择【设计】选项卡，单击【幻灯片大小】，弹出【幻灯片大小】对话框，如图 12-3 所示。

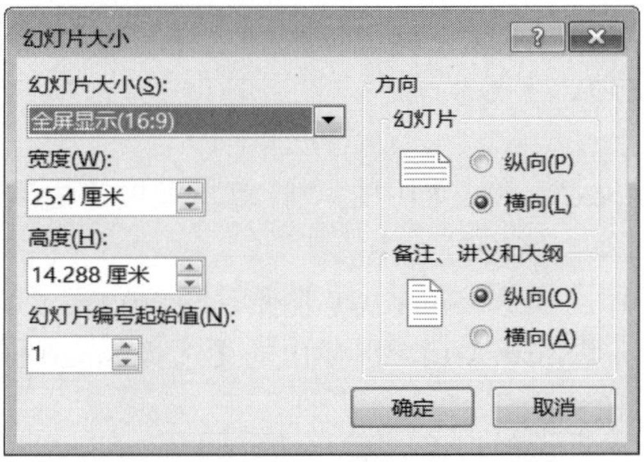

图 12-3 【幻灯片大小】对话框

（2）在【幻灯片大小】的下拉列表中选择“全屏显示(16:9)”，【幻灯片】选择“横向”单选按钮。单击【确定】按钮完成设置。

2. 幻灯片背景设置

幻灯片的背景设置是改变幻灯片外观的方法之一，所有的幻灯片统一设置背景样式，要求有预设颜色。

操作步骤如下：

（1）单击【设计】→【设置背景格式】，弹出【设置背景格式】对话框，如图 12-4 所示。在这里可以对幻灯片的背景进行纯色填充、渐变填充、图片或纹理填充、图案填充 4 种方式的设置。

（2）设置预设颜色要选择【渐变填充】单选按钮，在出现的【预设渐变】下拉框中单击向下的箭头，在展开的面板中选择【顶部聚光-个性色 4】，如图 12-5 所示。这样样式应用于选定的幻灯片，单击【应用到全部】按钮，则样式应用于所有幻灯片。

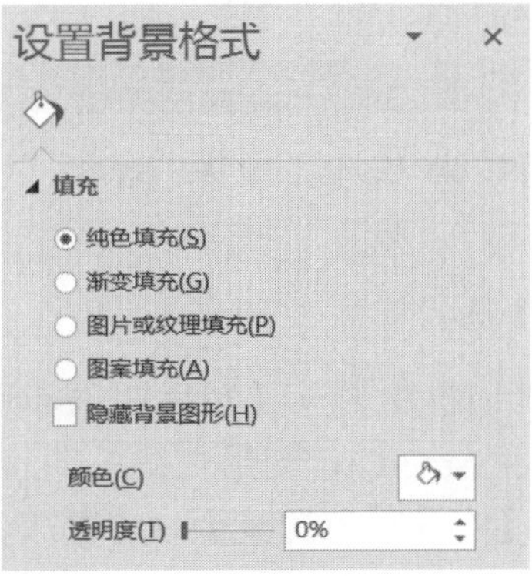

图 12-4 【设置背景格式】对话框

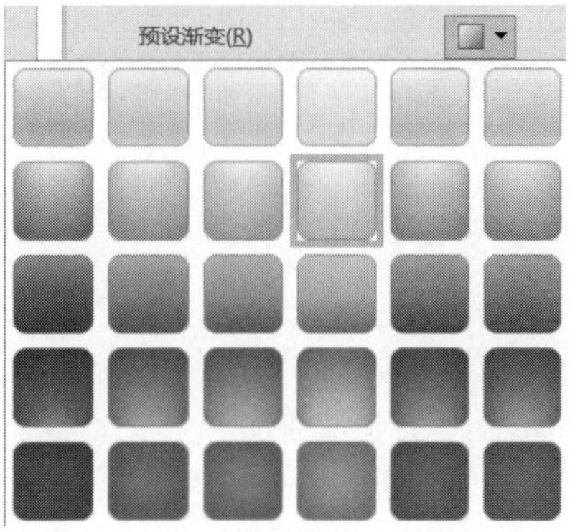

图 12-5 设置预设颜色

12.2.4 编辑幻灯片的内容

接下来需要对幻灯片的内容进行编辑，包括在幻灯片中添加文本、编辑文本、设置项目符号和编号等操作。

第一张幻灯片标题为“计算机发展简史”，副标题为“计算机发展的四个阶段”。第二张幻灯片标题为“计算机发展的四个阶段”，在标题下面的空白处插入 SmartArt 的“基本流程”

图形，要求含有 4 个文本框，在每个文本框中依次输入“第一代计算机”……“第四代计算机”，更改图形颜色，适当调整字体、字号。

操作步骤如下：

（1）打开“ppt-素材.docx”，将文档中的“计算机发展简史”“计算机发展的四个阶段”按要求复制并粘贴到第一、第二张幻灯片中。

（2）选择第二张幻灯片，插入 SmartArt 图形，SmartArt 图形在 PPT 中的用法基本与 Word 相同，单击【插入】→【SmartArt】，在弹出的【选择 SmartArt 图形】对话框中选择【流程】→【基本流程】，如图 12-6 所示。

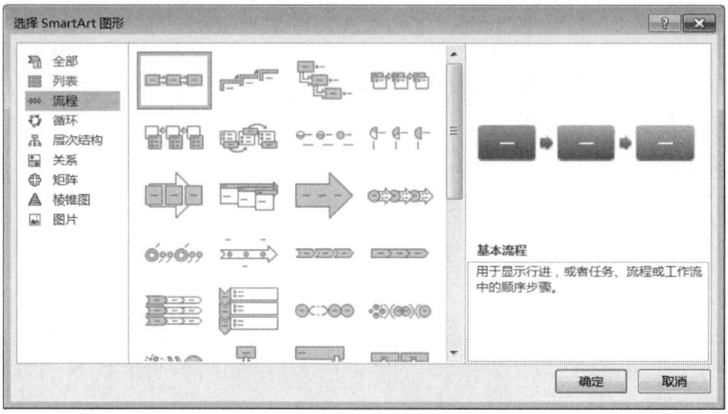

图 12-6　插入 SmartArt 图形

（3）在默认情况下，SmartArt 图形所给出的层数不多，颜色也比较单一，如实际应用中不够，可进行层数的添加和颜色的设置。选中 SmartArt 图形，单击【SmartArt 工具/设计】选项卡，可以进行创建图形、布局、SmartArt 样式等设置，如图 12-7 所示。

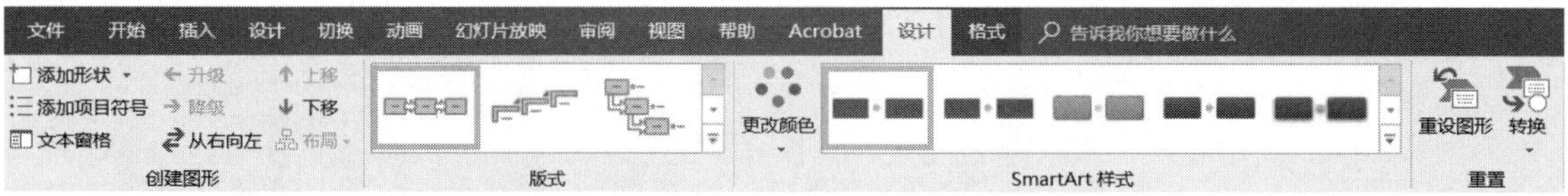

图 12-7　【SmartArt 工具/设计】选项卡

（4）选择基本流程图的最后一个文本框，单击【添加形状】→【在后面添加形状】，如图 12-8 所示，在末尾增加一个文本框。在文本框中或者在 SmartArt 图形左侧的输入框中依次输入“第一代计算机”……“第四代计算机”，然后单击【SmartArt 样式】→【更改颜色】，选择【彩色】分组中的“彩色-个性色”样式，如图 12-9 所示。

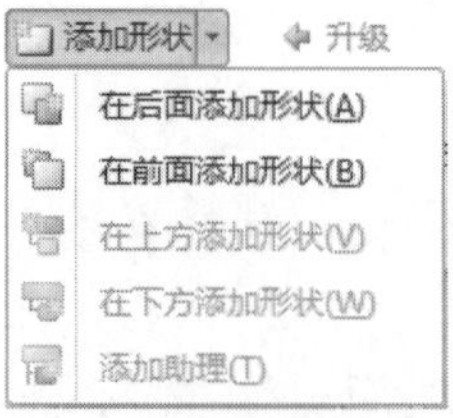

图 12-8　SmartArt 图形【设计】选项卡

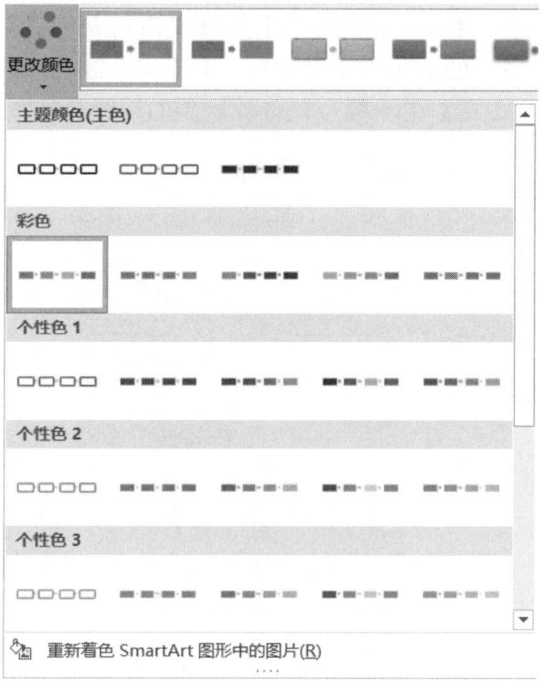

图 12-9　更改颜色

（5）适当调整字体大小，最终效果如图 12-10 所示。

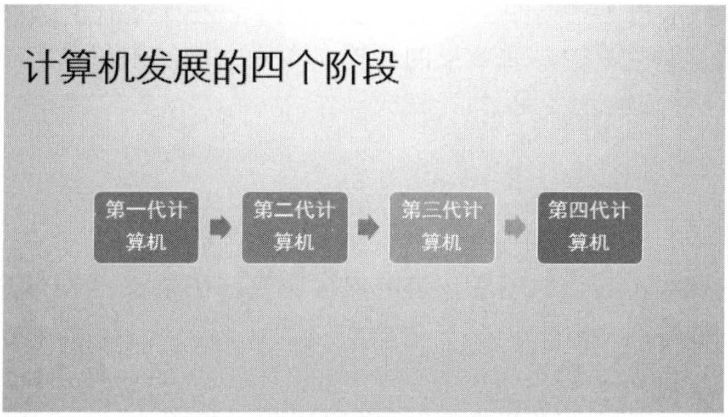

图 12-10　基本流程图形效果

第 3 张～第 6 张幻灯片，标题内容分别为素材中各段的标题。左侧内容为各段的文字介绍，加项目符号，右侧为考生文件夹下存放的相应的图片。第 6 张幻灯片需插入两张图片（“第四代计算机-1.JPG”在上，“第四代计算机-2.JPG”在下）。在第 8 张幻灯片中插入艺术字，内容为“谢谢!”。

操作步骤如下：

（1）将“ppt-素材.docx”的文档内容复制并粘贴到第 3 张～第 6 张幻灯片的标题和左侧文本框中。

（2）依次选择不同幻灯片的内容文字，单击【开始】→【段落】→【项目符号】，在列表框中选择【■】。

注意：文本的级别可通过【降低列表级别】或【提高列表级别】来完成。

（3）在第 3 张幻灯片右侧的文本占位符中单击【插入来自文件的图片】，如图 12-11 所示，选择【D:\OFFICE\素材\第 12 章】中“第一代计算机.JPG”图片插入。

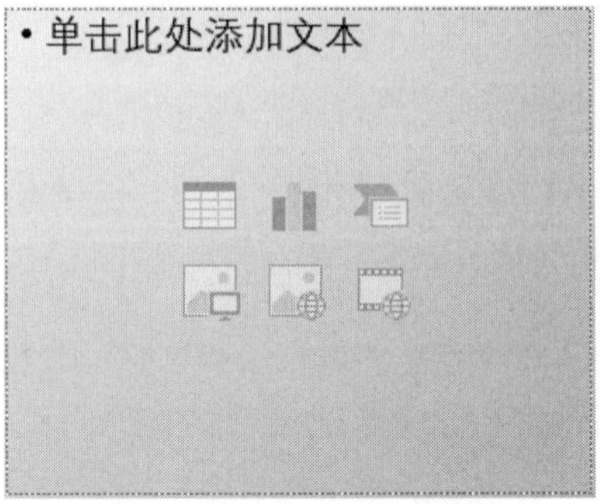

图 12-11 插入图片

（4）重复上述操作，依次将“第二代计算机.JPG”“第三代计算机.JPG”插入到第 4、第 5 张幻灯片中。第 6 张幻灯片首先重复上述操作插入“第四代计算机-1.JPG”图片，然后再单击【插入】→【图片】，选择【D:\OFFICE\素材\第 12 章】中“第四代计算机-2.JPG”图片插入，并调整两张图片的位置使其上下排列。

（5）插入艺术字的操作也与 Word 中的操作类似，切换到第 8 张幻灯片，单击【插入】→【艺术字】，选择艺术字样式后会在幻灯片中出现“请在此放置您的文字”提示框，单击提示框输入文字，输入完后单击【绘图工具/格式】选项卡，在【格式】选项卡的【艺术字样式】菜单中可对艺术字进行颜色、轮廓和效果的设置。本例中在插入艺术字时选择“填充-无，轮廓-强调文字颜色 2”，然后输入“谢谢！”完成操作。

12.2.5 创建超链接

1．插入超链接

为了让演示文稿在演示的过程中能按讲解内容切换，在第 2 张幻灯片的 4 个文本框中添加超链接到相应的幻灯片。

超链接是指从当前演示文稿页指向另一个目标的链接关系，这个目标可以是另一页演示文稿，也可以是相同演示文稿上的不同页面，还可以是一张图片，一个电子邮件地址，一个文件，甚至是一个应用程序。

演示文稿中用来设置超链接的对象，可以是一段文本或一张图片。当浏览者单击已经链接的文字或图片，系统会根据目标的类型来打开或运行。

操作步骤如下：

（1）选定第 2 张幻灯片的第一个文本框“第一代计算机”，单击【插入】→【链接】，如图 12-12 所示。

（2）打开【插入超链接】对话框，因为本例中超链接是要链接到演示文稿的其他页，故在【链接到】列表框中选择【本文档中的位置】，选定后在【请选择文档中的位置】列表框中选择“3．第一代计算机：电子管数字计算机（1946—1958）”，单击【确定】按钮建立超链接，如图 12-13 所示。

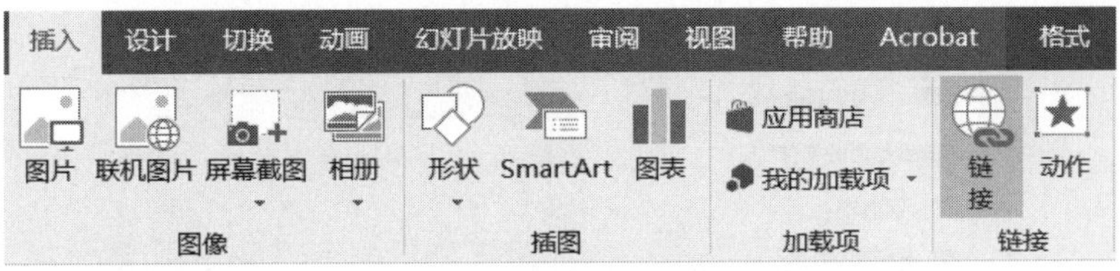

图 12-12　插入超链接

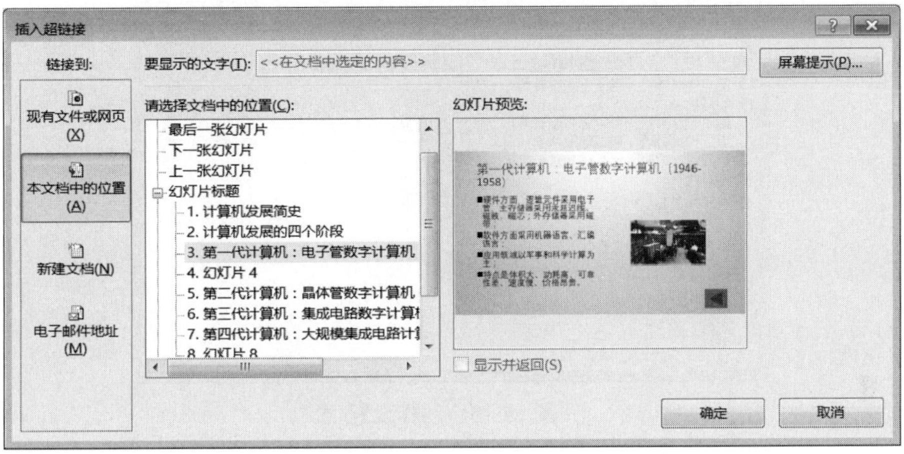

图 12-13　编辑超链接

如要链接文件或网页可在【链接到】中选择第一项，然后在【地址】栏中输入文件的路径或者是网页的网址，如是链接到【新建文档】或【电子邮件地址】选择相应的项目即可。

（3）重复上述操作，设置另外 3 个文本框的超链接。

2. 插入动作按钮

在第 3 张～第 6 张幻灯片的右下角插入后退动作按钮。

在幻灯片放映中，插入动作按钮是设置超链接的快捷方式，也可以使用它来建立超链接，用以切换到任意一张幻灯片或网页。

操作步骤如下：

（1）切换到第 3 张幻灯片，单击【插入】→【形状】，在下拉列表的最下方是【动作按钮】组，系统为这些动作按钮设定了默认的超链接，有后退、前进、开始、结束、第一张等，如图 12-14 所示。

图 12-14　动作按钮

（2）单击【后退】按钮，在幻灯片的右下角单击鼠标左键拖动绘制一个矩形框，出现相应形状的动作按钮，同时会打开一个【操作设置】对话框，在【单击鼠标时的动作】分组中选择【超链接到】单选按钮，在【超链接到】下拉列表中选择【幻灯片】，在弹出的【超链接到幻灯片】对话框中选择“2. 计算机发展的四个阶段”，如图 12-15 所示。设置完成后，单击【确定】按钮，即可在幻灯片中插入一个动作按钮，放映时单击该按钮，则切换到设定的幻灯片。

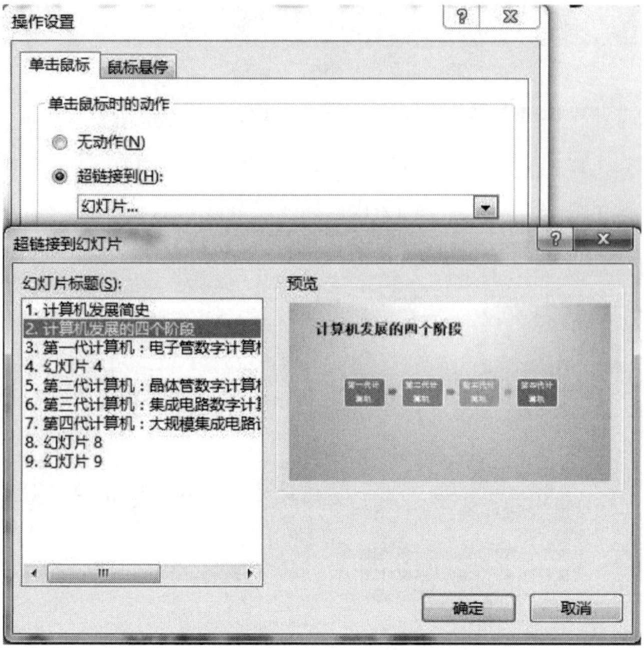

图 12-15　动作设置

动作按钮除了可以设置【单击鼠标时的动作】还能设置鼠标移过的动作，单击【鼠标悬停】选项卡，然后设置移动的动作。

（3）按照上述方法，设置第 4 张～第 6 张幻灯片的动作按钮。

12.2.6　插入并设置背景音乐

为增强演示文稿的观赏性，有些时候需要给演示文稿添加优美的背景音乐来增加听觉效果，请使用【D:\OFFICE\素材\第 12 章】文件夹中的"背景音乐.MP3"为"计算机发展简史.pptx"添加背景音乐，设置循环播放，直到幻灯片放映停止。

操作步骤如下：

（1）选中第一张幻灯片，选择【插入】选项卡，单击【媒体】组中的【音频】，选择【PC 上的音频】，打开【插入音频】对话框，浏览找到"背景音乐.MP3"，单击【插入】按钮将音频插入到第一张幻灯片中，插入后在幻灯片中出现一个小喇叭标记，然后将标记移动到幻灯片边缘位置。

（2）选中小喇叭标记，在菜单栏会出现设置音频的【格式】和【播放】选项卡。【格式】选项卡设置小喇叭的外观；【播放】选项卡设置音频的播放控制，如剪裁音频的长短，控制音频的开始时间等，如图 12-16 所示，勾选【循环播放，直到停止】复选框。

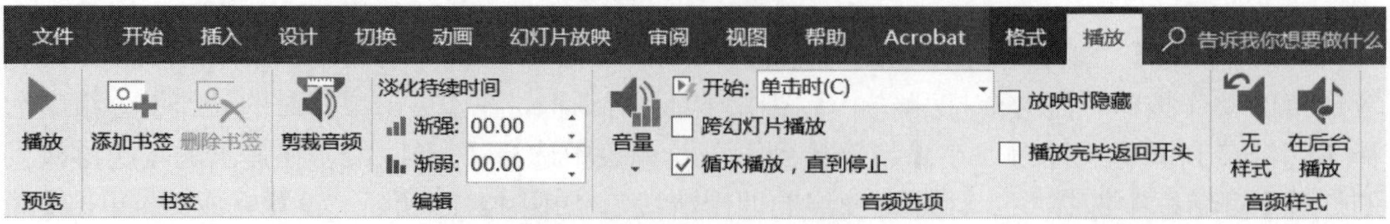

图 12-16　【播放】选项卡

提示：如需更复杂的音频播放控制，则需要打开【动画窗格】，在【效果选项】中进行设置。

12.2.7 插入影片

在第 7 张幻灯片中插入影片，为了让视频播放效果更美观，插入“显示器.PNG”作为视频背景。

操作步骤如下：

（1）选中第 7 张幻灯片，单击【插入】→【图片】，选择【D:\OFFICE\素材\第 12 章】插入“显示器.PNG”。

（2）单击【插入】→【媒体】→【视频】，在下拉列表中选择【PC 上的视频】，如图 12-17 所示，选择【D:\OFFICE\素材\第 12 章】中的“计算机发展简介.WMV”进行插入。

图 12-17　插入文件中的视频

（3）选中视频后单击【视频工具/格式】，选择【大小工具组】中的【裁剪】，视频出现如图 12-18 所示的控制柄，拖动控制柄修改视频的尺寸，高度为“10.32 厘米”，宽度为“16.75 厘米”，并放置在显示器屏幕位置。

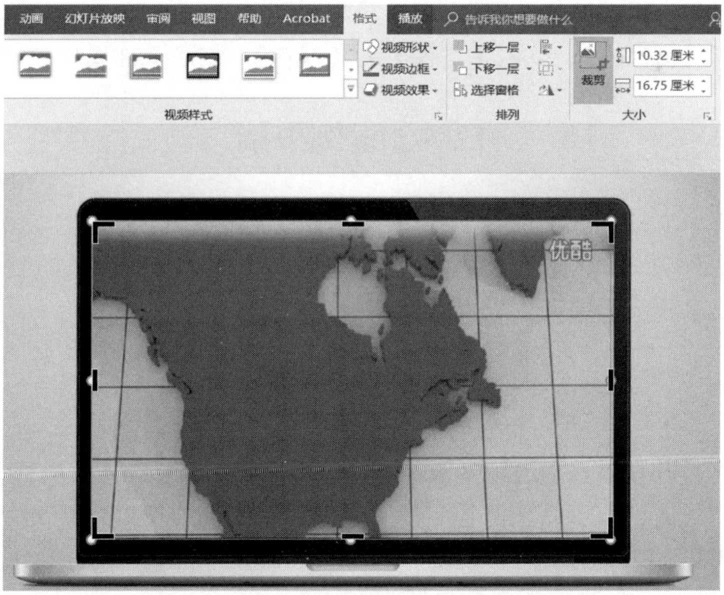

图 12-18　修改插入文件中的视频尺寸

（4）选中视频后单击【视频工具/播放】，在【编辑】中的【裁剪视频】可以剪辑视频的长度，如图 12-19 所示。

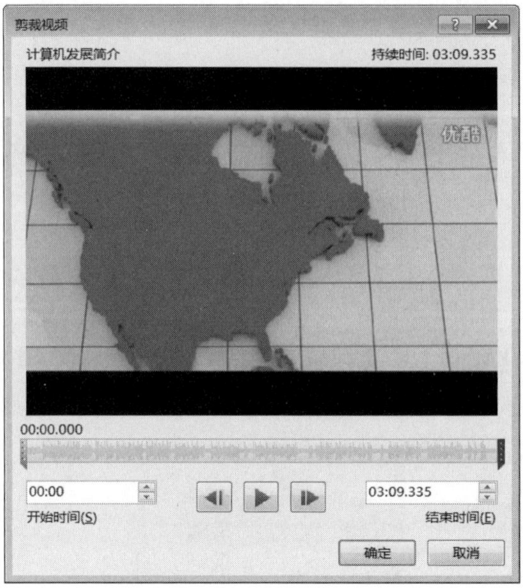

图 12-19 视频裁剪参数设置

（5）在【视频选项】中可以对播放的方式进行设置，如图 12-20 所示。

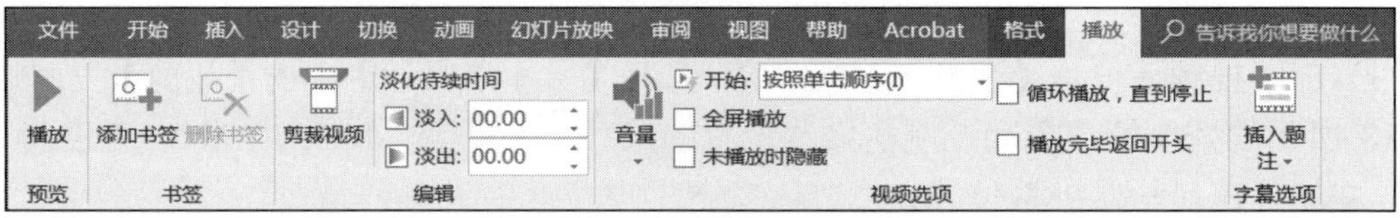

图 12-20 播放参数设置

（6）演示文稿设置好后，单击【文件】→【保存】，完成全部操作。

12.3 案例小结

本章主要学习了 PowerPoint 2016 中新增幻灯片、文本编辑、幻灯片版式、超链接的创建、切换效果等的操作方法，以及合理使用超链接的动作按钮增加演示文稿的交互性。在制作演示文稿的过程中要注意版式、切换效果等的操作。

12.4 思考练习

文君是新世界数码技术有限公司的人事专员，“十一”过后，公司招聘了一批新员工，需要对他们进行入职培训。人事助理已经制作了一份演示文稿的素材“新员工入职培训.pptx”，请打开【D:\OFFICE\素材\第 12 章】中的“新员工入职培训.pptx”进行美化，要求如下：

1．将演示文稿设置为 16:9 的页面格式。

2．将第 2 张幻灯片版式设置为“标题和竖排文字”，将第 4 张幻灯片的版式设置为“比较”；为整个演示文稿预设“薄雾浓云”的背景颜色。

3．在第 2 张幻灯片左侧插入图片“员工培训.PNG”，根据第 5 张幻灯片右侧的文字内容利用 SmartArt 图形创建一个组织结构图，其中总经理助理为助理级别，结果请参考素材文件中的“组织结构图样例.docx”Word 样例文件。

4. 为第 6 张幻灯片左侧的文字“员工守则”加入超链接，链接到 Word 素材文件“员工守则.docx”。

5. 在最后新增 1 张幻灯片，插入图片“电视机.PNG”，然后在图片中插入“新员工培训.WMV”影片。

6. 为演示文稿设置不少于 3 种的幻灯片切换方式。

案例 13　演示文稿整合制作

扫码看视频

学习目标

- 掌握幻灯片主题的使用。
- 掌握动画效果的设置。
- 掌握幻灯片页眉、页脚和编号的设置。
- 掌握自定义放映的设置。

13.1　案例简介

某学校物理老师要求学生两人一组制作一份物理课件。小曾与小张自愿组合，他们制作完成的第 1 章后 3 节内容见文档“第 3-5 节.pptx”，前两节内容存放在“第 1-2 节.pptx”中。小张需要按下列要求完成课件的整合制作。

13.2　案例制作

新建一个演示文稿并命名为“物理课件.pptx”，并保存在【D:\OFFICE\素材\第 13 章】文件夹中，并根据素材和下列要求完善此文稿并保存。

13.2.1　幻灯片应用主题

为演示文稿“第 1-2 节.pptx”指定一个合适的设计主题；为演示文稿“第 3-5 节.pptx”指定另一个设计主题，两个主题应不同。

主题是由 PPT 用户预先设定好的格式和配色方案，它能够很轻易地更改 PPT 的背景、配色和字体，应用主题是控制演示文稿统一外观最快捷的方法，可以在任何时候应用到演示文稿中。PPT 中提供了多种幻灯片主题样式，用户可以选择其中的样式进行应用，也可以在网上下载目前流行的主题样式进行应用，甚至还可以自行设计主题并保存，在下次使用的时候直接调用即可，下面分别讲解使用系统提供的主题和网上下载的主题的方法。

操作步骤如下：

（1）打开【D:\OFFICE\素材\第 13 章】文件夹中的“第 1-2 节.pptx”，选中任意一张幻灯片，单击【设计】选项卡，在【主题】菜单中进行主题的设置，如图 13-1 所示。

（2）单击【主题】右侧的下拉菜单按钮，可展开所有的系统内置主题样式，如图 13-2 所示，本例中选择“波形”主题，所有的幻灯片全部应用该主题，然后保存并关闭。

注意：如果希望同一个演示文稿内的幻灯片应用不同主题，则在想选取的主题上右击，在弹出的快捷菜单中选择【应用于选定幻灯片】命令，如图 13-3 所示。

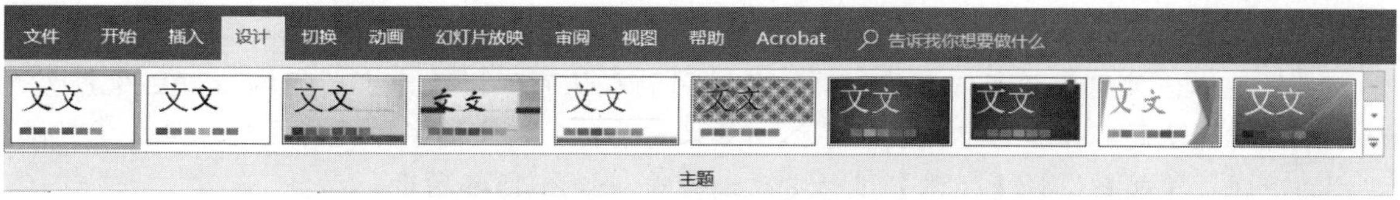

图 13-1 【主题】菜单

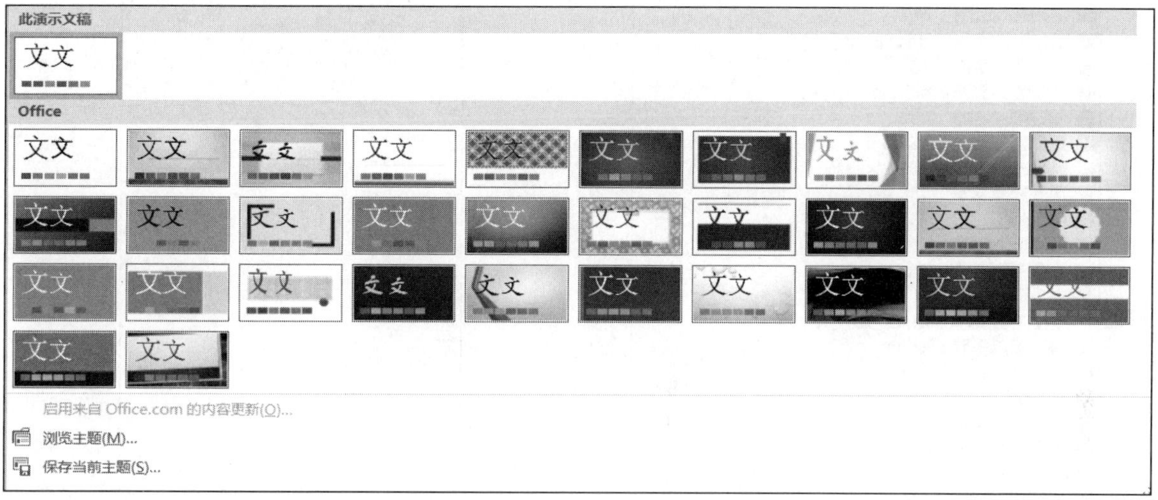

图 13-2 内置主题样式

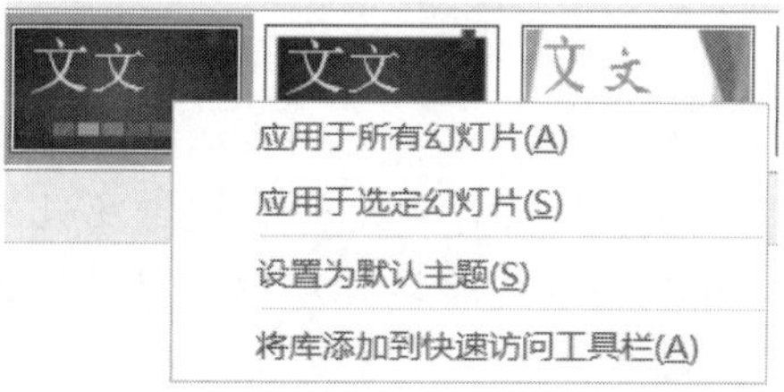

图 13-3 应用于选定幻灯片设置

（3）在网上搜索 PPT 主题并下载到计算机，下载的 PPT 主题格式可以是以“pptx、potx、ppsm”等多种后缀名格式的文件。

本例为了简化下载操作，已经事先下载好一个主题 PPT，打开“第 3-5 节.pptx”，选中任意一张幻灯片，单击【设计】选项卡【主题】组右侧的下拉菜单按钮，在展开的主题样式列表下方单击【浏览主题】，在【选择主题或主题文档】对话框中打开【D:\OFFICE\素材\第 13 章】文件夹中的“简单线条科技.pptx”。

（4）打开后，PPT 主题样式自动根据目标幻灯片的版式套用主题样式，然后保存关闭。

拓展知识：

设置主题的方法已经介绍完毕，但跟主题相关的还有主题的颜色、字体和效果。

主题颜色：由背景颜色、线条和文本颜色以及其他多种颜色搭配组成，每个主题都包含一套颜色设置，主题颜色分为内置主题颜色和自定义主题颜色。内置主题颜色是系统依据主题的样式提供的，自定义主题颜色是用户根据需要调整的。如果需要对当前主题颜色进行修改，单击【变体】右侧的下拉菜单按钮选择【颜色】进行更改或新建，如图 13-4 所示。

主题字体：使用主题字体会将幻灯片所使用的默认字体修改为主题字体，与主题颜色类似，分为内置主题字体和自定义主题字体，如果需要对当前主题字体进行修改，单击【变体】右侧的下拉菜单按钮选择【字体】进行更改或新建，如图 13-5 所示。

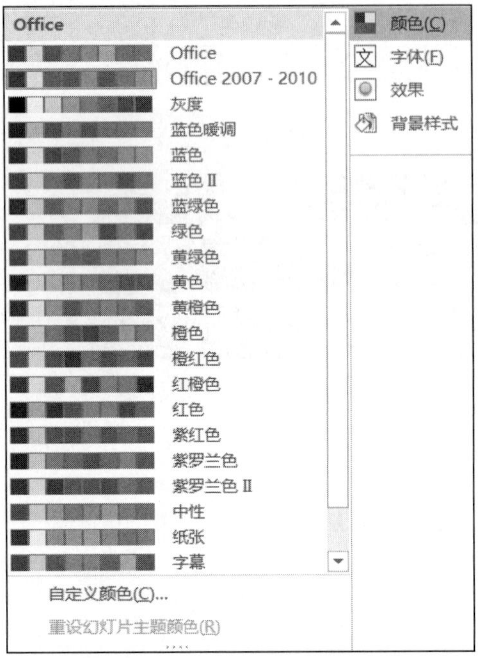

图 13-4　主题颜色设置

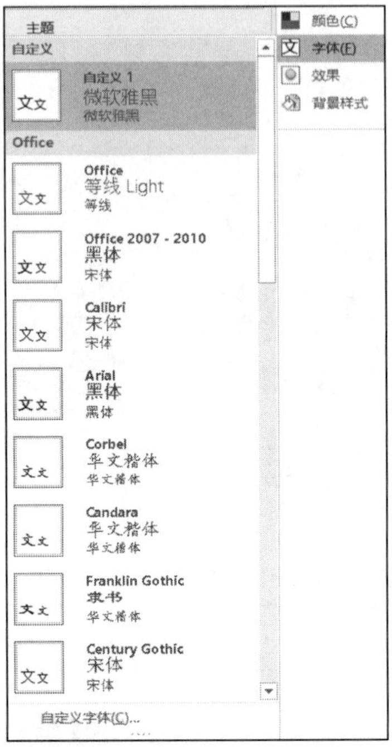

图 13-5　主题字体设置

主题效果：主题效果是指应用于幻灯片中元素的视觉属性的集合，是一组线条和一组填充效果。通过使用主题效果库，可以快速更改幻灯片中不同对象的外观，使其看起来更加专业、美观。单击【变体】右侧的下拉菜单按钮选择【效果】进行更改，如图 13-6 所示。

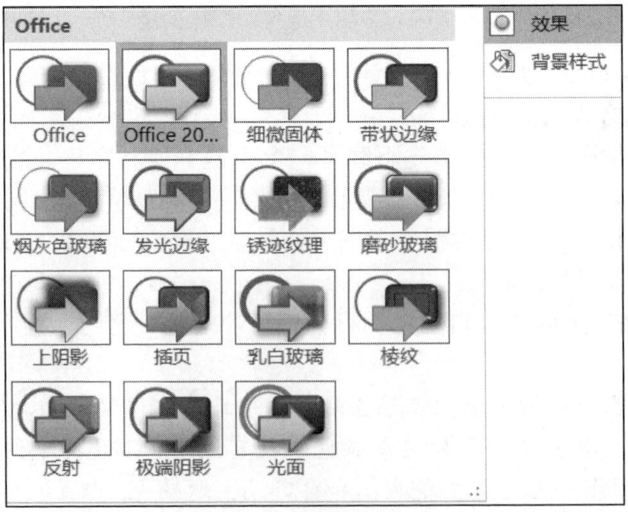

图 13-6　主题效果设置

13.2.2 合并编辑演示文稿

将演示文稿“第 3-5 节.pptx”和“第 1-2 节.pptx”中的所有幻灯片合并到“物理课件.pptx”中，要求所有幻灯片保留原来的格式。

操作步骤如下：

（1）打开“物理课件.pptx”，选择【开始】→【幻灯片】→【新建幻灯片】，从弹出的下拉列表中选择【重用幻灯片】，在右侧打开【重用幻灯片】任务窗格。单击【浏览】按钮，选择【浏览文件】，在【浏览】对话框中打开【D:\OFFICE\素材\第 13 章】文件夹中的“第 1-2 节.pptx”，然后勾选任务窗格下方的【保留源格式】复选框，如图 13-7 所示。分别单击这 4 张幻灯片，将幻灯片依次添加到当前的演示文稿中。

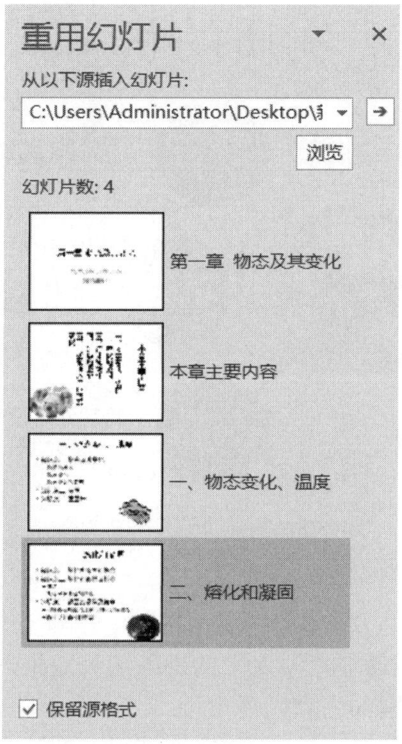

图 13-7　重用幻灯片

（2）按上述方法再添加“第 3-5 节.pptx”，添加完毕后关闭【重用幻灯片】任务窗格。

在第 5 张幻灯片后插入一张版式为“标题和内容”的幻灯片，在该张幻灯片中插入与素材“蒸发和沸腾的异同点.docx”文档中相同的表格。

操作步骤如下：

（1）选中第 5 张幻灯片，选择【开始】→【幻灯片】→【新建幻灯片】，从弹出的下拉列表中选择“标题和内容”。然后在新建的幻灯片中输入标题“蒸发和沸腾的异同点”。

（2）打开【D:\OFFICE\素材\第 13 章】文件夹中的“蒸发和沸腾的异同点.docx”，复制表格，并在第 6 张幻灯片中右击，在快捷菜单中选择【粘贴选项】→【保留源格式】，然后调整表格的大小占满幻灯片的空白位置，适当放大字体。

在“物理课件.pptx”的第 3 张幻灯片之后插入一张版式为“仅标题”的幻灯片，输入标题文字“物质的状态”，在标题下方制作一张射线列表式关系图，样例参考素材文件中的“关系图素材及样例.docx”。

操作步骤如下：

（1）选中第 3 张幻灯片，选择【开始】→【幻灯片】→【新建幻灯片】，从弹出的下拉列表中选择“仅标题”，输入标题文字“物质的状态”。

（2）选择【插入】→【插图】→【SmartArt】，弹出【选择 SmartArt 图形】对话框，选择【关系】中的【射线列表】，单击【确定】按钮。

（3）参考素材文件中的“关系图素材及样例.docx”，在对应的位置插入图片“物态图片.png”和输入文本，多余的文本框删除掉，最终效果如图 13-8 所示。

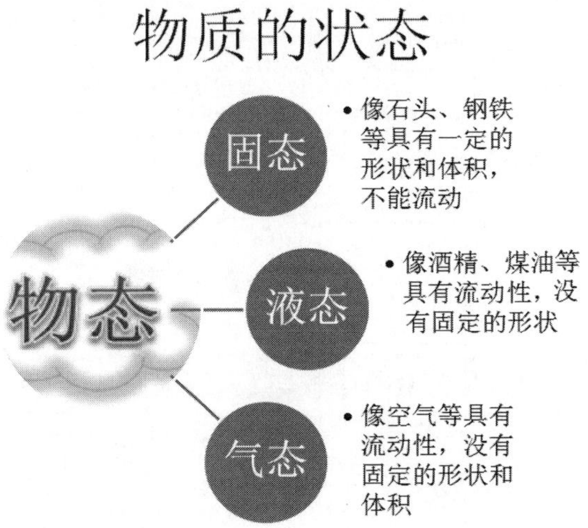

图 13-8　第 4 页幻灯片最终效果

13.2.3　设置动画效果

为第 4 张幻灯片的关系图添加“浮入”的进入动画效果，进入时要求动画为上浮，同一级别的内容同时出现，不同级别的内容先后出现。

幻灯片动画是对 PPT 中的对象（包括文字、图形、图片和影像）进行动画设置，制作出简洁又富于表现力的动画效果，PPT 动画效果包括进入、强调、退出、动作路径四大类效果，合理地运用动画效果的组合，可以让幻灯片中的对象像动画片一样动起来。

- 进入动画：在幻灯片播放时才进入到幻灯片中，主要有出现、淡出、飞入、浮入及劈裂等效果。
- 强调动画：在幻灯片播放时就已经显示在幻灯片中，动画启动时会突出显示，主要有脉冲、彩色脉冲、跷跷板等效果。
- 退出动画：与进入动画相反，在幻灯片播放时将幻灯片中的对象移出幻灯片，主要有消失、淡出、飞出、浮出、劈裂等效果。
- 动作路径：在幻灯片播放时将已经存在于幻灯片中的对象按设定的路径移动，主要有直线、弧形、转弯、形状、循环以及自定义路径等效果。

操作步骤如下：

（1）选定要添加动画的对象，本例中是第 4 张幻灯片中的关系图，单击【动画】选项卡，如图 13-9 所示。

图 13-9 【动画】选项卡

（2）在【动画】组中，单击【动画】下拉按钮，在展开的菜单中选择“浮入”，如图 13-10 所示。

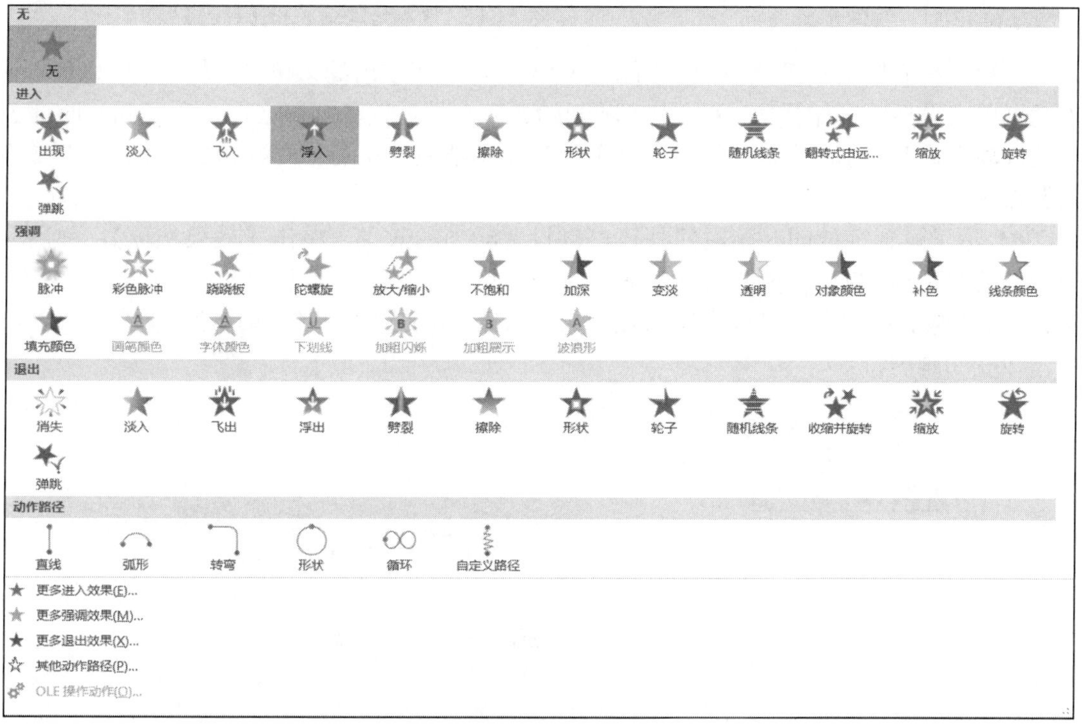

图 13-10 【动画】菜单

（3）选定动画之后，动画就应用到关系图对象上，但是动画的播放是按默认形式添加的，为了要让动画按用户的想法进行播放还需要对动画的其他效果进行设置，单击动画列表右侧的【效果选项】，选择【方向】为“上浮”，【序列】为“逐个级别”，如图 13-11 所示。

（4）设定好动画的效果选项后还可以对动画的播放时间、时长和效果进行设置，设置方法有动画窗格和菜单设置两种，本例只介绍动画窗格设置的方法，单击【高级动画】分组中的【动画窗格】，如图 13-12 所示。

（5）在【动画窗格】中显示了当前幻灯片的所有动画及其播放的顺序和时长，其中绿色为进入动画、红色为退出动画、黄色为强调动画、路径符号为路径动画，按顺序排列，排在第一的最先播放，每个动画项中矩形块代表播放的时长，最下方为动画的时间轴。

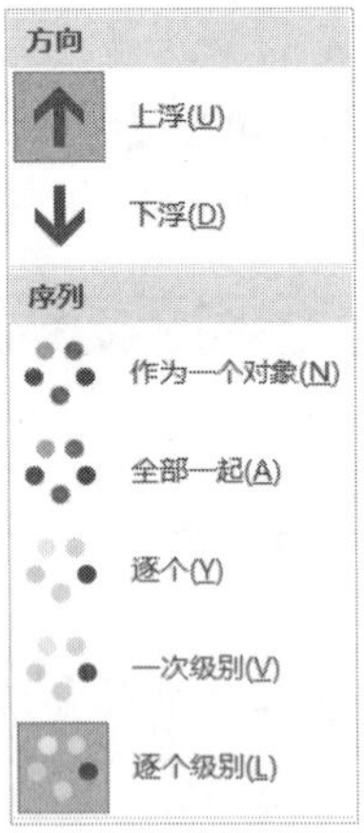

图 13-11 效果选项

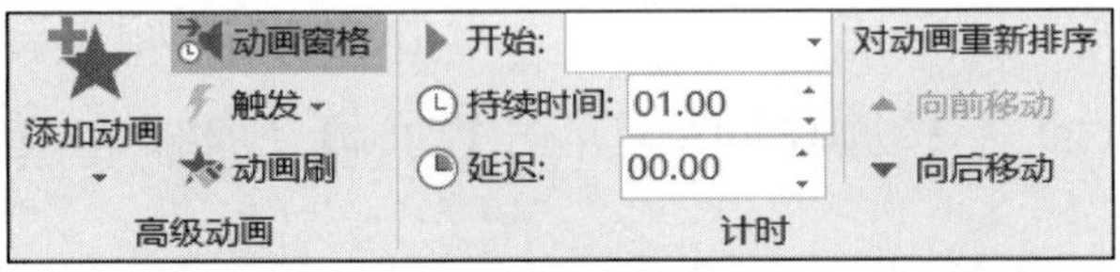

图 13-12 【高级动画】和【计时】菜单

单击矩形框右侧的下箭头按钮，如图 13-13 所示。在弹出的菜单中，【单击开始】命令是设置动画单击鼠标时开始播放，【从上一项开始】命令是设置动画与之前一项动画同时播放，【从上一项之后开始】命令是设置动画在前一项动画播放结束后才开始播放，本例选择【单击开始】命令。

（6）除了设置播放的开始时间外还可以设置动画的效果，单击【效果选项】，弹出动画相应效果的对话框，例如本例设置的动画效果为“上浮”，出现的是【上浮】对话框，如图 13-14 所示。在【效果】选项卡中可以设置增强特效，如播放动画时的声音和播放后颜色的变化，本例中不改变动画的特效。

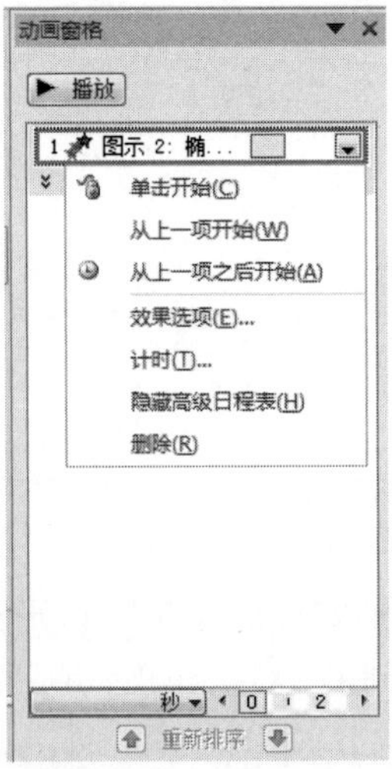

图 13-13 动画窗格

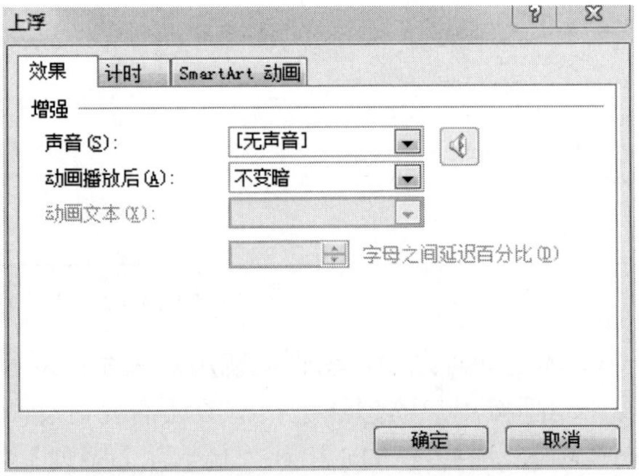

图 13-14 “上浮”动画【效果】选项卡

（7）单击【计时】选项卡，该选项卡的功能与菜单栏的计时类似，主要设置动画开始播放的时间（单击开始、从上一项开始、从上一项之后开始），开始后延迟播放的时间（以秒为单位），播放的时长（非常快、快速、中速、慢速、非常慢），重复（重复播放次数），如图 13-15 所示。本例中不改变计时的效果，因之前已经设置过动画开始播放的时间，其他均按默认效果设置。

（8）单击【SmartArt 动画】选项卡，该选项卡是设置 SmartArt 图形动画特有的选项卡，主要是设置 SmartArt 图形级别的播放顺序，有作为一个对象发送、整批发送、逐个、一次从中心、逐个从中心几种设置，以及是否倒序播放，如图 13-16 所示。由于之前在效果选项中已经设置，这里就不用重复设置了，单击【确定】按钮后，完成进入动画的设置。

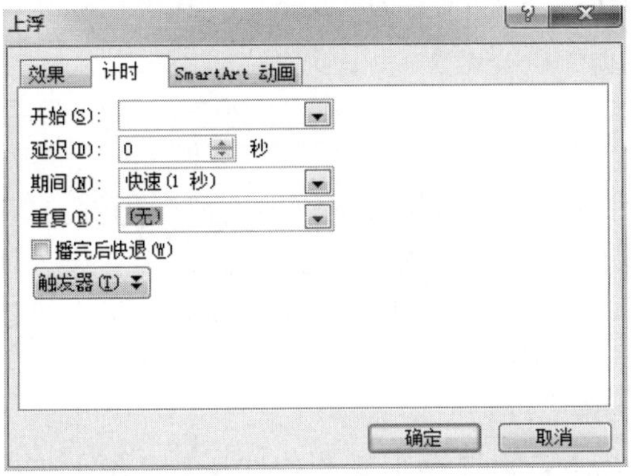

图 13-15　“上浮”动画【计时】选项卡

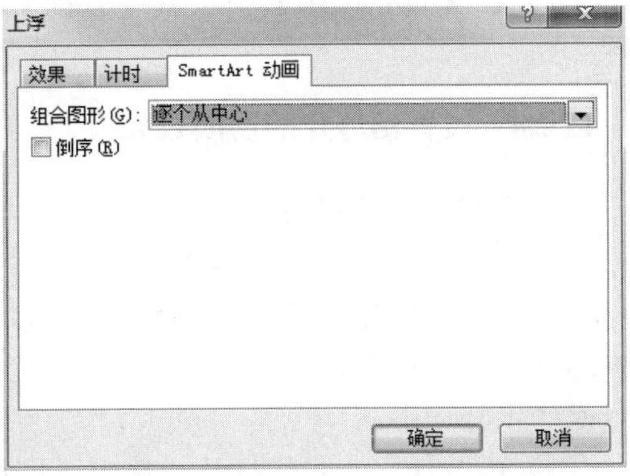

图 13-16　“上浮”动画【SmartArt 动画】选项卡

为第 4 张幻灯片的关系图添加“淡出”的退出动画效果，退出时要求在上一动画结束后延迟 1 秒，所有级别一起退出。

注意：在为同一个对象设置多个动画效果时，经常会出现直接单击【动画窗格】中的【动画】进行添加，这种方法是错误的，不但没有添加动画，而且还把之前所设置的动画进行了修改，正确的方法应该是单击【动画窗格】旁的【添加动画】按钮进行添加。

操作步骤如下：

（1）选中 SmartArt 图形，单击【添加动画】按钮，在弹出的动画菜单中选择【退出】→【淡出】。

（2）在【效果选项】中设置【序列】为“作为一个对象”。

（3）在【动画窗格】中找到“退出”动画设置动画的计时效果，在【淡出】对话框【计时】选项卡中设置【开始】为“上一动画之后”，【延迟】为 1 秒，其他设置默认不变，如图 13-17 所示。

（4）单击【确定】按钮后，完成并退出动画设置，【动画窗格】显示如图 13-18 所示。

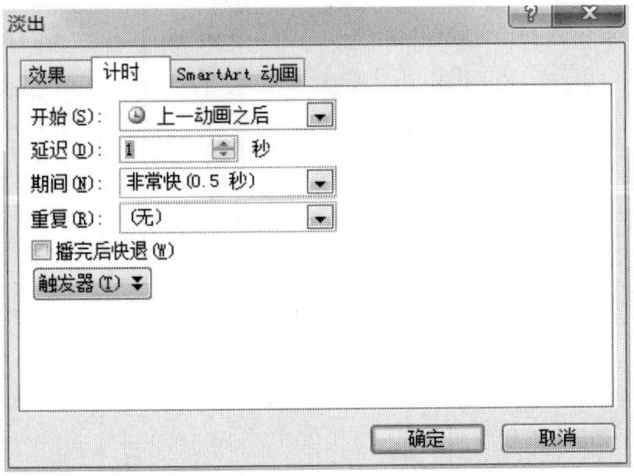

图 13-17　“淡出”动画计时设置

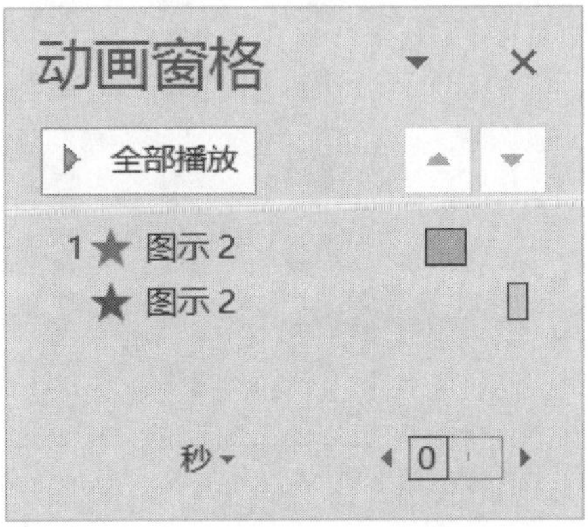

图 13-18　设置后的【动画窗格】

为第 6 张幻灯片的表格添加“形状”动画效果，效果选项为“放大”。

操作步骤如下：

（1）按上述设置进入动画的方法，选中第 6 张幻灯片。选中整个表格，单击【动画】选项卡，在【动画】分组中单击【动画】下拉按钮，在展开的列表中选择“形状”。

（2）在【效果选项】中设置【方向】为“放大”，【形状】为“方框”，其余按默认动画设置。

13.2.4 设置幻灯片的切换效果

为所有幻灯片设置切换效果，以“推进”为切换类型，效果选择“自右侧”为例。

幻灯片放映过程中由一张幻灯片进入另一张幻灯片，就是幻灯片之间的切换。为了使幻灯片放映更具趣味性，在幻灯片切换时可以使用不同的技巧和效果。PowerPoint 为用户提供了多种幻灯片的切换效果。

操作步骤如下：

（1）选中任意一张幻灯片，单击【切换】选项卡，在【切换到此幻灯片】分组中可以进行幻灯片的切换设置，如图 13-19 所示。

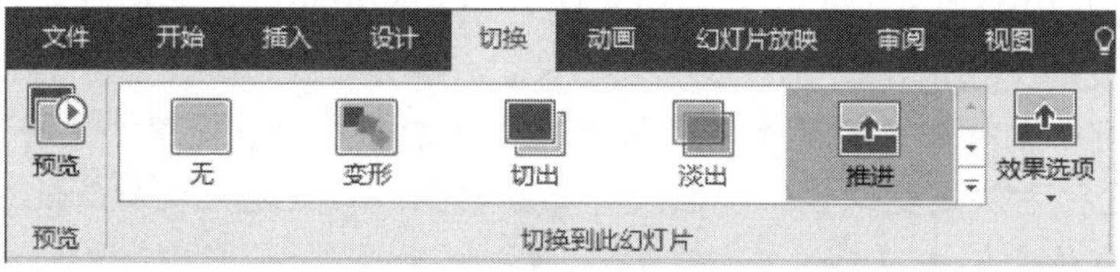

图 13-19 【切换】选项卡

（2）幻灯片的切换类型很多，单击【切换到此幻灯片】的下拉列表按钮，如图 13-20 所示，切换类型主要分为细微型、华丽型和动态内容 3 种，本例选择【细微型】分组中的“推进”。

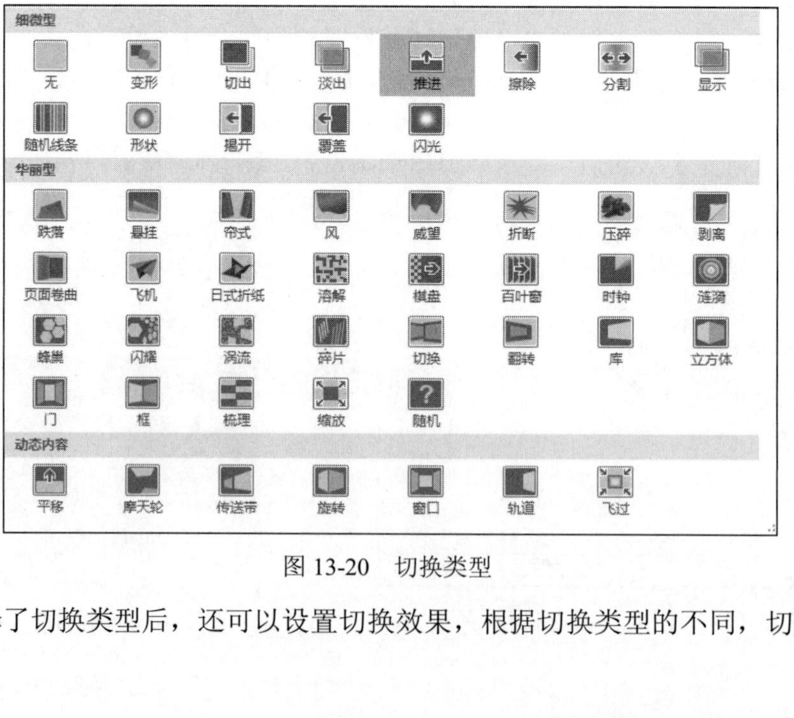

图 13-20 切换类型

（3）选择了切换类型后，还可以设置切换效果，根据切换类型的不同，切换效果也不一样，“推进”的切换效果分为“自底部”“自左侧”“自右侧”“自顶部”4 种，本例选择“自右侧”，也就是上一张幻灯片向右推进后展示当前幻灯片。

（4）设置了切换类型和切换效果后，在【切换】选项卡【计时】分组中还可以设置幻灯片切换方式的计时和声音效果，如图 13-21 所示。

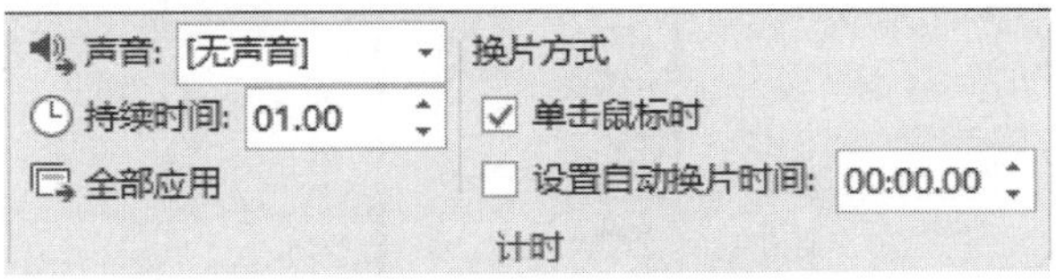

图 13-21　切换的计时效果

（5）在【计时】分组中设置切换的持续时间为“01.00”（时间以秒为单位，01.00 代表 1 秒，02.00 代表 2 秒，以此类推）。换片方式有两种，一种是单击鼠标时，另一种是设置自动换片时间（以秒为单位，格式为 00:00.00，00:01.00 代表 1 秒），本例勾选【单击鼠标时】复选框。

（6）设置好后，如果所有的幻灯片都使用同一种切换效果和格式，可以单击【计时】中的【全部应用】，这样就将所有的幻灯片统一切换效果，如果要全部不同或部分不同，则另选其他幻灯片进行设置。

将第 2、第 3 张幻灯片之间的切换改为“变形”，实现第 2 张幻灯片的图片从右上角旋转飞出，第 3 张幻灯片的图片从左上角旋转飞入，第 2 张幻灯片文字自由变化成第 3 张幻灯片文字。

变形切换效果是 PowerPoint 2016 附带的全新切换效果，可帮助你在幻灯片上执行平滑的动画、切换和对象移动。若要有效地使用变形切换效果，通常需要至少包含一个对象的两张幻灯片，最简单的方法是复制幻灯片，然后将第 2 张幻灯片上的对象移动到其他位置，或者复制并粘贴一张幻灯片中的对象并将其添加到下一张幻灯片。然后，选中第 2 张幻灯片，转【切换】→“变形”，这里的变换并非形状种类的变换，而是同形状不同状态的变换。变体功能有 3 种效果选项：对象变体、字数变体和字符变体（后两种主要适用于文本的变换）。

变形切换的制作方法必须是将同一个对象，置于连续的两张幻灯片页面中；改变其中一张幻灯片上对象的属性，如大小、位置、形状、颜色、角度、数量、组合等；在第 2 张幻灯片上选择切换效果一变体，这时计算机就会自动添加一些连续帧，实现这个对象从一个状态到另一个状态的变换过程。

注意：“变形”切换功能在低版本中支持页面跳转，但不支持切换的过渡动画。如果要使用该功能需满足两个条件：①是 Office 365 的订阅用户；②参加了 Office Insider Preview 计划。详情请查询官网。

操作步骤如下：

（1）复制第 2 张幻灯片中的图片到第 3 张幻灯片，进行一定比例缩小，接着选择【图片工具】→【格式】→【排列】→【旋转】→【垂直翻转】，然后拖动到幻灯片页右上角的区域外，以同样的方法复制第 3 张幻灯片的图片到第 2 张幻灯片，进行同样的操作。

（2）选择第 3 张幻灯片，将切换类型修改为“变形”，然后单击【效果选项】的下拉按钮，并选择【字符】，如图 13-22 所示，再回到第 2 张幻灯片播放，当切换到第 3 张幻灯片时就可以看到“变形”的切换效果。

图 13-22　变形切换效果选项

13.2.5　插入幻灯片页眉、页脚和编号

除标题页外，为幻灯片添加编号及页脚，页脚内容为“第一章　物态及其变化”。

操作步骤如下：

（1）选择【插入】选项卡，在【文本】组中单击【页眉和页脚】或者【幻灯片编号】，如图 13-23 所示。

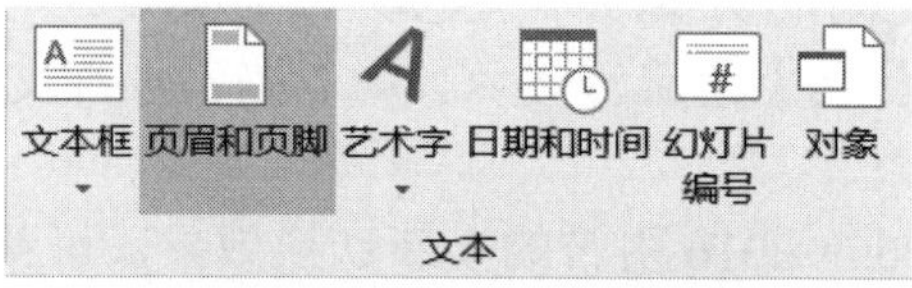

图 13-23　【页眉和页脚】与【幻灯片编号】菜单

（2）选择【页眉和页脚】或者【幻灯片编号】都会弹出【页眉和页脚】对话框，勾选【页脚】复选框，在文本框内输入“第一章　物态及其变化”，勾选【幻灯片编号】和【标题幻灯片中不显示】复选框，如图 13-24 所示。

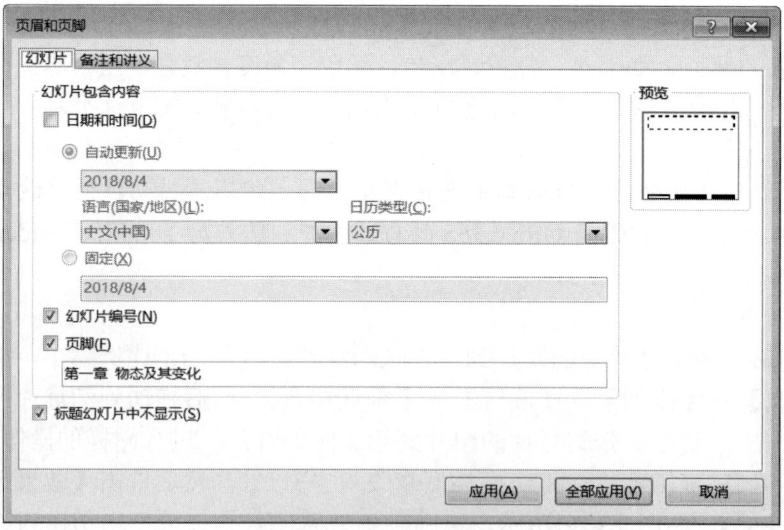

图 13-24　【页眉和页脚】对话框

（3）设置好后，单击【全部应用】按钮，则除标题幻灯片外的所有幻灯片都设置了页脚和幻灯片编号，因各页的幻灯片主题不一样，所以页脚和编号显示的位置会有所区别。

13.2.6 自定义幻灯片放映

新建一个幻灯片放映，命名为“第一章　介绍”，放映的顺序为 1→3→4→5→6→7→8→9。

同样的一份演示文稿，由于演讲的场合、现场的听众不同，需要讲解的内容也往往不尽相同。这时便可以利用“自定义放映”功能对所要演讲的内容进行个性化定制。

操作步骤如下：

（1）选择【幻灯片放映】选项卡，在【开始放映幻灯片】组中单击【自定义幻灯片放映】→【自定义放映】，弹出【自定义放映】对话框，如图 13-25 所示。

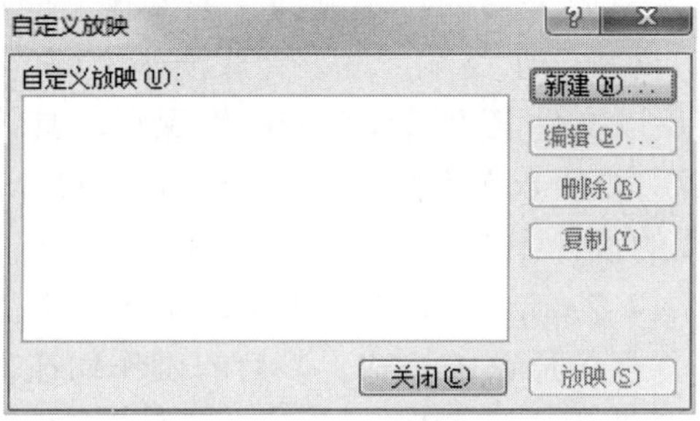

图 13-25　【自定义放映】对话框

（2）单击【新建】按钮，弹出【定义自定义放映】对话框，在【幻灯片放映名称】文本框中输入“第一章　介绍”。

（3）在【在演示文稿中的幻灯片】列表框中选择要包含在自定义放映中的幻灯片，然后单击【添加】按钮，选定的幻灯片将显示在【在自定义放映中的幻灯片】的列表框中，如图 13-26 所示。

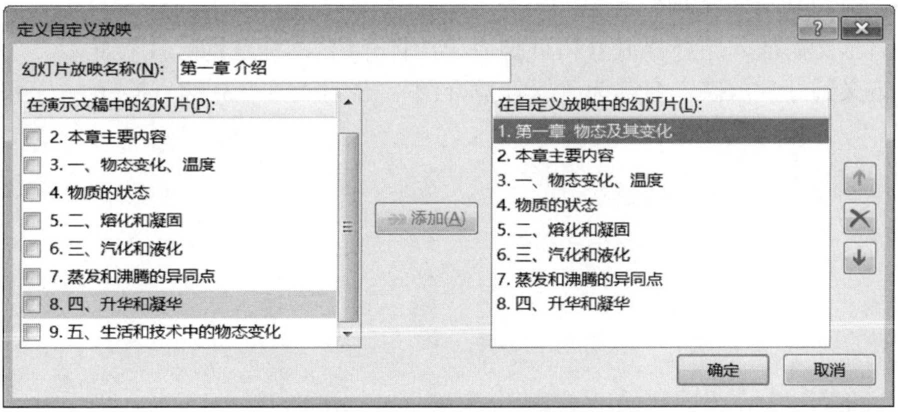

图 13-26　设置自定义放映幻灯片

（4）添加完成后，用户还可以通过列表框右边的上、下箭头来调整幻灯片的放映顺序。单击【确定】按钮返回【自定义放映】对话框，在【自定义放映】的列表框中将会显示出刚刚定义的幻灯片放映的名称。

13.3 案例小结

本章主要学习了 PowerPoint 2016 中幻灯片主题的应用，动画效果的设置，幻灯片页眉、页脚和编号的设置，创建自定义放映等操作方法，其中动画设置是演示文稿的精华，可以赋予幻灯片中的对象进入、退出、强调和路径等视觉效果。动画效果可以单独使用，也可以和多种效果组合在一起使用，合理运用幻灯片切换和动画的组合可以让演示文稿变成一部影片。

13.4 思考练习

何晓宁是新世界数码技术有限公司的技术顾问，他安排了两位同事分别制作了“云计算1-2.pptx”和“云计算3.pptx”两个演示文稿，现要完成演示文稿的合并，并对演示文稿中的文字、图片添加动画效果，最后以文件名“云计算.pptx”保存，具体要求如下：

1．为演示文稿“云计算 1-2.pptx”指定一个系统内置的设计主题；为演示文稿“云计算3.pptx”指定一个互联网下载的设计主题，两个主题应不同。

2．将演示文稿“云计算 1-2.pptx”和“云计算 3.pptx”中的所有幻灯片合并到“云计算.pptx”中，要求所有幻灯片保留原来的格式。以后的操作均在文档“云计算.pptx”中进行。

3．请按“ppt 素材.docx”的组织结构图，在第 5 张幻灯片中插入 SmartArt 图形中的“组织结构图”，最上级内容为“云计算的五个主要特征”，其下级依次为具体的 5 个特征，并添加“浮入”动画效果，方向为“下浮”，进入时按级别逐个进入，添加“擦除”动画效果，方向为“自右侧”，退出时作为一个对象退出。

4．为每张幻灯片中的文本和图片添加不同的动画效果，要求文字先显示、图片后显示，动画效果统一设置为“从上一项之后开始”，并设置 3 种以上的幻灯片切换效果。

提示：为每张幻灯片对象添加的动画效果如果相同可以使用“动画刷”完成，“动画刷”的用法与 Word 中的“格式刷”类似。

5．为演示文稿插入幻灯片编号和页脚“云计算介绍”，标题幻灯片不显示。

6．自定义幻灯片放映，名称为“云计算介绍”，顺序为 1→3→4→5→6→7→8→9。

案例 14　相册演示文稿制作

扫码看视频

学习目标

- 掌握幻灯片母版的使用。
- 掌握相册演示文稿的创建方法。
- 掌握背景音乐的设置方法。
- 掌握演示文稿分节的设置。
- 掌握相册演示文稿转换为视频文件的方法。

14.1　案例简介

“天河二号超级计算机”是我国独立自主研制的超级计算机系统，2014 年 6 月再登“全球超算 500 强”榜首，为祖国再次争得荣誉。某高校计算机应用技术专业的李晓玲老师决定制作一个关于“天河二号”的演示文稿，用于学生课堂知识拓展。根据文件夹下的素材“天河二号素材.docx”及相关图片文件，帮助李老师完成制作任务。

14.2　案例制作

演示文稿共包含 10 张幻灯片，标题幻灯片 1 张，概况 2 张，特点、技术参数、自主创新和应用领域各 1 张，图片欣赏 3 张（其中一张为图片欣赏标题页）。演示文稿保存为“天河二号超级计算机.pptx”。

14.2.1　幻灯片内容编辑

第 1 张幻灯片为标题幻灯片，标题为“天河二号超级计算机”，副标题为“——2014 年再登世界超算榜首”。

第 2 张幻灯片采用“两栏内容”版式，左边一栏为文字，右边一栏为图片，图片为文件夹下的“Image1.jpg”，第 3 张～第 7 张幻灯片的版式均为“标题和内容”。素材中的黄底文字即为相应幻灯片的标题文字。

操作步骤如下：

（1）新建演示文稿，保存为“天河二号超级计算机.pptx”。新增 7 张幻灯片，第 1 张幻灯片默认为标题幻灯片，标题输入“天河二号超级计算机”，副标题输入“——2014 年再登世界超算榜首”。

（2）选中第 2 张幻灯片，单击【开始】→【幻灯片】→【版式】→【两栏内容】，选中第 3 张～第 7 张幻灯片，单击【开始】→【幻灯片】→【版式】→【标题和内容】。

（3）打开【D:\OFFICE\素材\第 14 章】文件夹中的“天河二号素材.docx”，将素材中黄底文字复制到各张幻灯片的标题占位符中，将黑色段落文字复制到各张幻灯片的文本占位符中。

14.2.2 插入图片并裁剪、删除背景

将第 2 张幻灯片插入图片，并保留图片的主体部分，将背景删除。

操作步骤如下：

（1）选中第 2 张幻灯片，单击【插入】→【图像】→【图片】，在第 2 张幻灯片中插入“Image1.jpg”。

（2）单击图片，在【图片工具】→【格式】→【大小】中选中【裁剪】，拖动控制柄裁剪出图片的主体内容，双击完成裁剪，裁剪后的效果如图 14-1 所示。

图 14-1 图片裁剪后的效果

（3）单击图片，选择【图片工具】→【调整】→【删除背景】，调整当前视图中 8 个控点的位置，使其恰好框住图片的主体，然后，单击【关闭】选项组中的【保留更改】按钮，删除图片背景界面后的效果如图 14-2 所示。

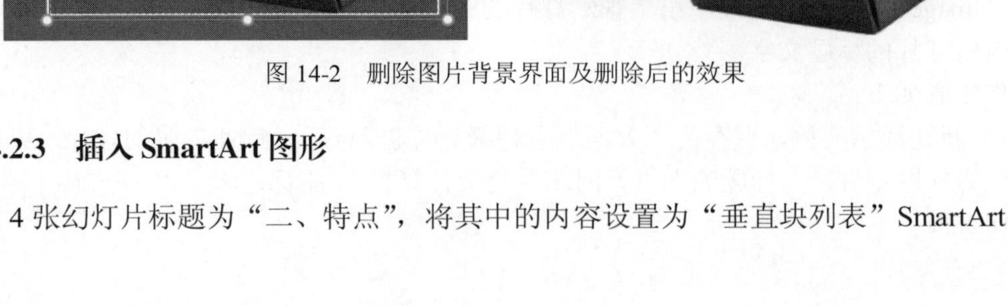

图 14-2 删除图片背景界面及删除后的效果

14.2.3 插入 SmartArt 图形

第 4 张幻灯片标题为“二、特点”，将其中的内容设置为“垂直块列表”SmartArt 图形，

素材中红色文字为一级内容，蓝色文字为二级内容。并为该 SmartArt 图形设置动画，要求组合图形“逐个”播放，并将动画的【开始】设置为“上一动画之后”。

操作步骤如下：

（1）选中第 4 张幻灯片，单击【插入】→【SmartArt】，在【列表】中选择“垂直块列表”，插入后补全图形的形状，按要求输入文字内容。

（2）选中图形，单击【动画】→【飞入】，设置【效果选项】中的【方向】为“自底部”，【序列】为“逐个”，设置【计时】中的【开始】为“上一动画之后”。

14.2.4　幻灯片母版的应用

为幻灯片选择一种设计主题，要求字体和色彩合理、美观大方。所有幻灯片中除了标题和副标题，其他文字的字体均设置为“微软雅黑”。

一般主题中已经定义好了字体的格式，如果要专门找到字体是“微软雅黑”的主题比较麻烦，如果应用了主题后再为每张幻灯片调整字体也很烦锁，本例使用幻灯片母版进行设置就非常便捷。

幻灯片母版是存储关于模板信息的设计模板（包含演示文稿样式的文件，包括项目符号、字体的类型和大小、占位符的大小和位置、背景设计和填充、配色方案以及幻灯片母版和可选的标题母版）的一个元素，这些模板信息包括字形、占位符的大小和位置，背景设计和配色方案（作为一套的 8 种谐调色可应用于幻灯片、备注页或听众讲义，配色方案包含背景色、线条和文本颜色以及其他 6 种使幻灯片更加鲜明易读的颜色）。

使用幻灯片母版去修改幻灯片的对象能达到统一修改幻灯片的目的，与设计主题类似，其实设计主题也是通过幻灯片母版设计而来的。

操作步骤如下：

（1）选择【视图】选项卡，单击【母版视图】组中的【幻灯片母版】，如图 14-3 所示。

图 14-3　【幻灯片母版】菜单

（2）进入到母版视图后，在菜单栏出现【幻灯片母版】选项卡，可以对幻灯片的版式、主题、背景、页面等对象进行设置，如图 14-4 所示。

图 14-4　【幻灯片母版】选项卡

（3）主界面中显示的是各个版式的母版幻灯片，将鼠标移动到左侧预览框中的某个版式，会出现该版式由哪几张幻灯片使用的悬停提示，其中第 1 张幻灯片版式是所有幻灯片都使用的，进而修改幻灯片使用的母版能达到统一修改的效果，如图 14-5 所示。

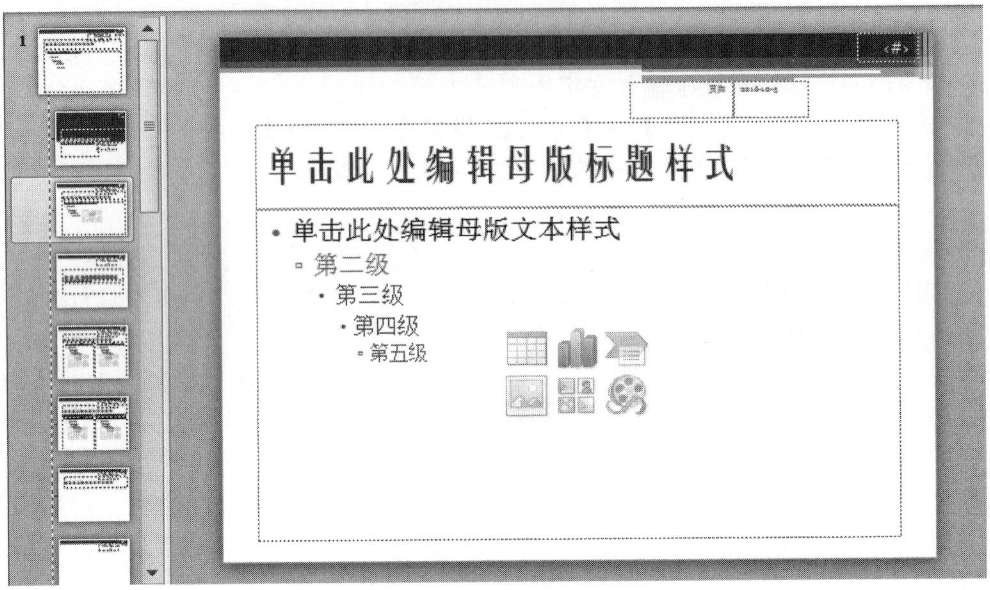

图 14-5 幻灯片母版版式

（4）为了简化字体设置，选择第 1 张幻灯片母版版式，将版式中标题和文本占位符的字体均设置为“微软雅黑”。

（5）设置好后，单击【关闭母版视图】，所有幻灯片的文字均修改为“微软雅黑”，然后选中标题幻灯片，修改标题字体为“方正姚体”，副标题字体为“宋体”。

14.2.5 相册演示文稿的创建

利用相册功能为素材文件夹下的“Image2.jpg”～“Image9.jpg”8 张图片“新建相册”，要求每页幻灯片包含 4 张图片，相框的形状为“居中矩形阴影”；将标题“相册”更改为“六、图片欣赏”。将相册中的所有幻灯片复制到“天河二号超级计算机.pptx”中。

随着数码相机的不断普及和计算机的广泛应用，人们可以更方便地拍摄照片却又不需要把拍摄的照片都冲印的时候，更多地选择了利用计算机来浏览和存储照片，电子相册在这一过程中发挥了非常重要的作用。电子相册具有无法比拟的优越性：具有图、文、声并茂的表现手法，可以随意修改编辑，还可以做成光盘永久保存。本小节讲解如何利用 PowerPoint 制作电子相册。

操作步骤如下：

（1）选择【插入】选项卡，单击【图像】分组中的【相册】，选择【新建相册】命令，如图 14-6 所示。

（2）打开【相册】对话框，单击【文件/磁盘】，浏览选择【D:\OFFICE\素材\第 14 章】文件夹中的“Image2.jpg”～“Image9.jpg”8 张图片。

单击【插入】按钮后在【相册中的图片】列表框中会显示插入的图片，可以通过列表框下面的上、下箭头调整顺序，对不需要的图片则单击【删除】按钮进行删除。

图 14-6 【相册】菜单

在【相册中的图片】列表框的右侧是图片的预览窗口，单击【相册中的图片】列表框中的任意图片，图片的内容就会在【预览】窗口显示，在【预览】窗口下方还可以对图片的旋转、对比度和亮度进行调整。

【相册版式】分组主要设置的是相册的样式，【图片版式】是设置一张幻灯片中排列几张图片，有“1 张图片、2 张图片、4 张图片、1 张图片（带标题）、2 张图片（带标题）、4 张图片（带标题）”几种，【相框形状】是设置相册中图片的边框，有“圆角矩形、居中矩形阴影、柔化边缘矩形”等几种。

本例中【图片版式】采用“4 张图片”，也就是一张幻灯片排 4 张图片，如【相框形状】是图片的边框，则采用“居中矩形阴影”，【主题】是相册的设计主题，本例中不设置主题。具体设置如图 14-7 所示。

图 14-7 【相册】对话框

（3）单击【创建】按钮后，图片插入到了一个新创建的演示文稿中，并自动在第一张幻灯片中插入了相册的标题和副标题，修改标题内容为“六、图片欣赏”，并将副标题的作者删除，如图 14-8 所示。

（4）复制相册的幻灯片，然后到“天河二号超级计算机.pptx”幻灯片的末尾粘贴，组成了 10 张幻灯片。

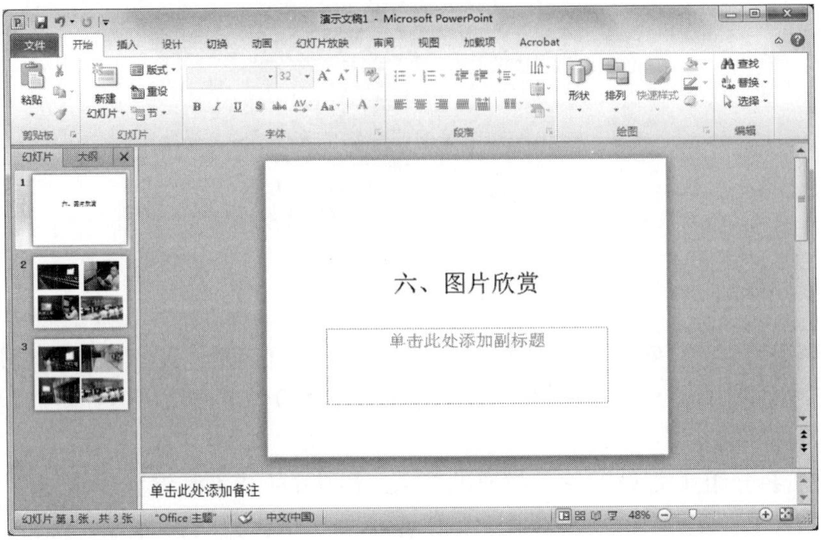

图 14-8　创建的相册

14.2.6　幻灯片分节

将该演示文稿分为 4 节，第一节节名为“标题”，包含 1 张标题幻灯片；第二节节名为“概况”，包含 2 张幻灯片；第三节节名为“特点、参数”，包含 4 张幻灯片；第四节节名为“图片欣赏”，包含 3 张幻灯片。每一节的幻灯片均为同一种切换方式，节与节的幻灯片切换方式不同。

幻灯片分节的功能与 Word 类似，主要是帮助用户对演示文稿中的幻灯片进行分组管理，设置不同的节具备不同的主题、切换效果、页眉和页脚等。同时，用户可以根据不同的场景自定义幻灯片放映，省去了重新制作幻灯片的麻烦。

操作步骤如下：

（1）单击第 1 张和第 2 张幻灯片之间的空白位置，将光标置于两节之间，选择【开始】选项卡，单击【幻灯片】分组中的【节】，在下拉菜单中选择【新增节】命令，如图 14-9 所示。按同样方法在第 3 张和第 4 张幻灯片之间，第 7 张和第 8 张幻灯片之间新增节。

（2）设置好新增节后，在每一节的标题位置右击，在快捷菜单中选择【重命名节】命令，将新增的节标题修改为“标题”“概况”“特点、参数”和“图片欣赏”，如图 14-10 所示。

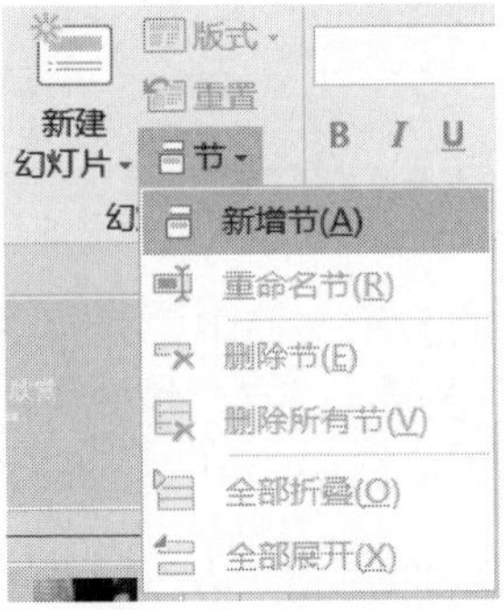

图 14-9　【新增节】选项

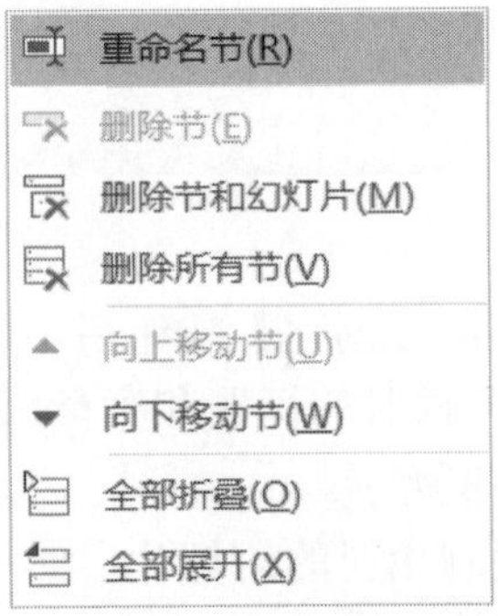

图 14-10　重命名节

（3）重命名后，单击节标题选中一节幻灯片，选择【切换】→【切换到此幻灯片】，在下拉列表中选择切换效果，注意不同的节选择不同的切换效果。

14.2.7　设置放映方式

幻灯片的输出方式主要是放映，根据幻灯片放映场合的不同，可设置不同的放映方式。设置幻灯片为循环放映方式，如果不单击，幻灯片 10 秒后自动切换至下一张。

操作步骤如下：

（1）选择【幻灯片放映】选项卡，单击【设置】分组中的【设置幻灯片放映】，弹出【设置放映方式】对话框，如图 14-11 所示。

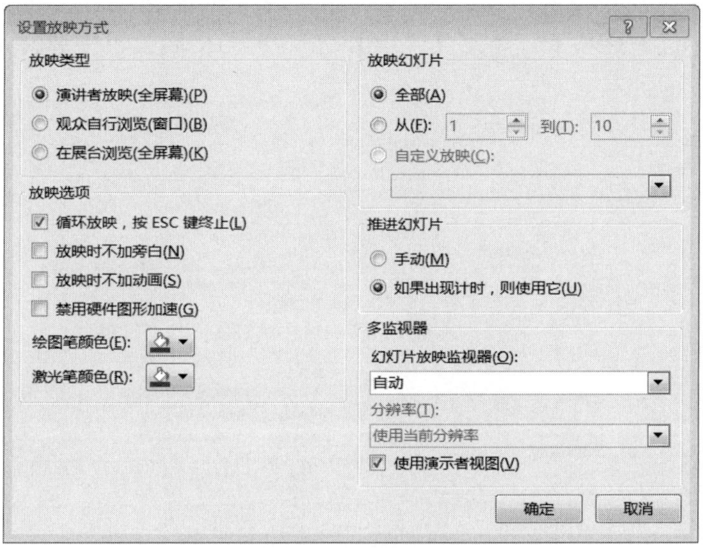

图 14-11　设置自定义放映幻灯片

放映类型有 3 种，分别为：

1）演讲者放映。它是一种便于演讲者讲演的放映方式，也是传统的全屏幻灯片放映方式。

2）观众自行浏览。它是让观众自行观看的放映方式，在标准窗口中放映。

3）在展台浏览。全屏模式放映幻灯片，如 5 分钟没有收到任何命令会重新开始放映。

本例因需要讲演，所以选择【演讲者放映】的方式。

（2）在【放映选项】分组中设置放映的控制，勾选【循环放映，按 ESC 键终止】复选框，其他保持默认选项。

（3）幻灯片 10 秒后自动切换下一张需在【切换】选项卡的【计时】分组中设置，采用双重方法切换，如图 14-12 所示。

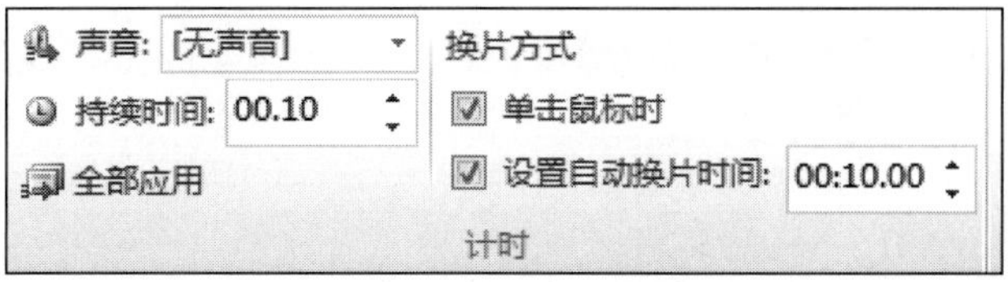

图 14-12　设置幻灯片换片方式

14.2.8 将演示文稿转换为视频文件

随着 PPT 制作越来越精美化、动感化和多媒体化，人们希望能把它转换成视频文件在网页或 DVD 中播放。以前往往要借助第三方软件才能完成，而且在转换的过程当中还容易出现延迟、卡壳和模糊等问题，而在 PowerPoint 2010 中新增了转换的功能，可以非常轻松地完成转换工作，但需要注意的是所保存的 PPT 文件必须是以“.pptx”为后缀名结尾的文件，否则需要另存后才能进行转储。

完成上述所有操作并保存后，请将演示文稿转换成视频文件，命名为“天河二号超级计算机”，每隔 5 秒自动换片。

操作步骤如下：

（1）选择【文件】选项卡，单击【导出】，在右侧的扩展菜单中选择【创建视频】，如图 14-13 所示。

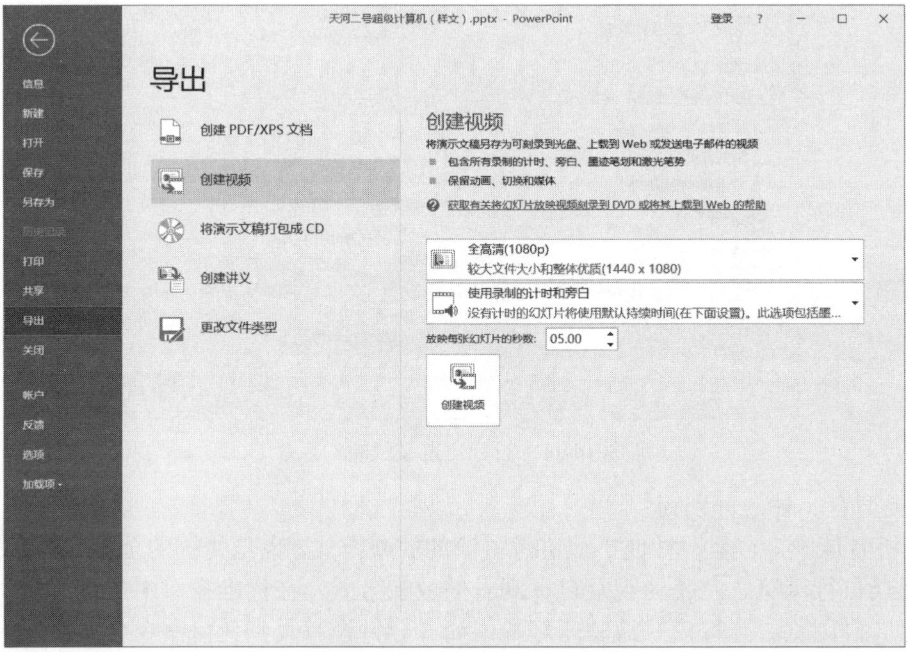

图 14-13 【创建视频】窗口

（2）在窗口的右侧选择创建视频的尺寸，主要尺寸按大小排序分为“全高清(1080p)”“高清(720p)”“标准(480p)”3 种，用户可根据自己的需要选择，本例选择“全高清(1080p)”，如图 14-14 所示。

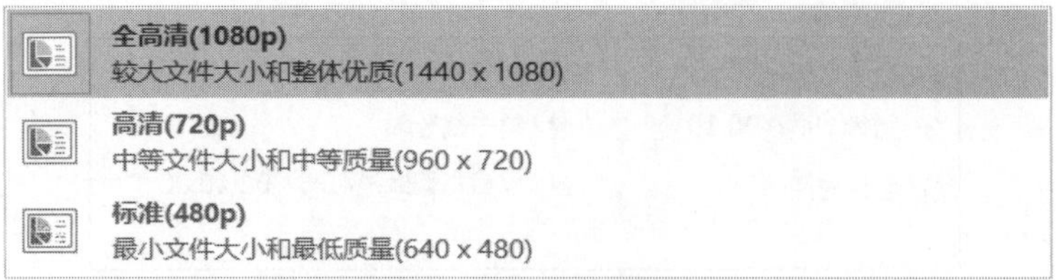

图 14-14 设置视频的尺寸

（3）设定视频尺寸后，在下方设置【放映每张幻灯片的秒数】，可以通过手动输入数值，也可以按上、下箭头调整时间，时间设置为“05.00”，如图 14-15 所示。

图 14-15　设置放映每张幻灯片的秒数

（4）设置完毕后单击【创建视频】，弹出【另存为】对话框，选取保存的路径，修改文件名（默认文件名与演示文稿相同，可以不用修改），保存类型为 WMV。

注意：演示文稿所创建的视频保存类型只能是 WMV，如需存为其他格式请用第三方软件转换。

（5）单击【保存】按钮，返回到演示文稿的主窗口，在窗口的下方会显示创建视频的进度条，如图 14-16 所示，进度条走完才代表视频创建完毕，如果中途关闭 PowerPoint，则视频不能创建。

图 14-16　创建视频的进度条

14.3　案例小结

本章主要学习了 PowerPoint 2016 中演示文稿的幻灯片母版、相册创建、幻灯片分节、放映方式和创建视频的操作方法，其中幻灯片母版的应用尤为重要，因为每一张幻灯片都会自动带上幻灯片母版，所以使用幻灯片母版的最大好处就是可以把每一张幻灯片上都有的东西抽取出来，集中放到母版上，这样方便编辑和管理。幻灯片的修改是一对一的修改，修改一张幻灯片，只对当前幻灯片有效。幻灯片母版的修改是一对多的修改，修改了母版，对所有应用了母版的幻灯片都有效。

所以，幻灯片母版一般用来：

（1）添加幻灯片的附加信息，如版权、张数、修改日期等。

（2）幻灯片的字体、背景和界面设计。

14.4　思考练习

校摄影社团在今年的摄影比赛结束后，希望可以借助 PowerPoint 将优秀作品在社团活动中进行展示。这些优秀的摄影作品保存在考试文件夹中，并以“Photo (1).jpg”～“Photo (12).jpg”命名。

现在，请你按照如下需求，在 PowerPoint 中完成制作工作：

1．利用 PowerPoint 应用程序创建一个相册，并包含 Photo (1).jpg～Photo (12).jpg 共 12 幅摄影作品。在每张幻灯片中包含 4 张图片，并将每幅图片设置为“居中矩形阴影”相框形状。

2．设置相册主题为考试文件夹中的“相册主题.pptx”样式。

3．为相册中每张幻灯片设置不同的切换效果。

4．在标题幻灯片后插入一张新的幻灯片，将该幻灯片设置为“标题和内容”版式。在该幻灯片的标题位置输入“摄影社团优秀作品赏析”；并在该幻灯片的内容文本框中输入 3 行文字，分别为“湖光春色”“冰消雪融”和“田园风光”。

5．将“湖光春色”“冰消雪融”和“田园风光”3 行文字转换为样式“蛇形图片重点列表”的 SmartArt 对象，并将 Photo (1).jpg、Photo (6).jpg 和 Photo (9).jpg 定义为该 SmartArt 对象的显示图片。

6．为 SmartArt 对象添加自左至右的“擦除”进入动画效果，并要求在幻灯片放映时该 SmartArt 对象元素可以逐个显示。

7．在 SmartArt 对象元素中添加幻灯片跳转链接，使得单击“湖光春色”标注形状可跳转至第 3 张幻灯片，单击“冰消雪融”标注形状可跳转至第 4 张幻灯片，单击“田园风光”标注形状可跳转至第 5 张幻灯片。

8．将考试文件夹中的“ELPHRG01.wav”声音文件作为该相册的背景音乐，并在幻灯片放映时开始播放。

9．将该相册保存为“摄影作品赏析.pptx”文件，并创建视频，视频尺寸为“便携式设备”，每张幻灯片播放 3 秒。

案例 15　综合案例

本章内容主要通过多个 Word、Excel、PowerPoint 的特殊案例加强对办公软件知识点的运用，让读者在实际应用中能把所学知识点熟练运用。本章对重复的知识点不再展开讲解，只对之前没有出现的知识点进行讲解。

15.1　专业论文排版

北京××大学信息工程学院讲师张东明撰写了一篇名为《基于频率域特性的闭合轮廓描述子对比分析》的学术论文，拟投稿于某大学学报，根据该学报的相关要求，论文必须遵照该学报的论文样式进行排版。

请根据素材文件夹下的“短论文.docx”和相关图片文件等素材完成排版任务，具体要求如下：

1．将文件“短论文.docx”另存为“论文正样.docx”，并在此文件中完成所有要求，最终排版不超过 5 页，样式可参考素材文件夹下的“论文正样 1.jpg”～“论文正样 5.jpg”。

2．论文页面设置为 A4 幅面，上、下、左、右边距分别为“3.5 厘米”“2.2 厘米”“2.5 厘米”和“2.5 厘米”。论文页面只指定行网格（每页 42 行），页脚距边距“1.4 厘米”，在页脚居中位置设置页码。

3．论文正文以前的内容，段落不设首行缩进，其中论文标题、作者、作者单位的中英文部分均“居中”显示，其余为“两端对齐”。文章编号为“黑体”“小五号”；论文标题（红色字体）大纲级别为“1 级”、样式为“标题 1”，中文为“黑体”，西文为 Times New Roman，字号为“三号”。作者姓名的字号为“小四”，中文为“仿宋”，西文为 Times New Roman。作者单位、摘要、关键字、中图分类号等中英文部分字号为“小五”，中文为“宋体”，西文为 Times New Roman，其中摘要、关键字、中图分类号等中英文内容的第一个词（冒号前面的部分）设置为“黑体”。

15.1.1　设置字体上下标

参考“论文正样 1.jpg”示例，为作者姓名后面的数字和作者单位前面的数字（含中文、英文两部分）设置正确的格式。字体上下标经常用于标注或者数学公式中。

操作步骤如下：

（1）选中作者姓名后面的数字（含中文、英文两部分），选择【开始】选项卡，单击【字体】组中的【上标】按钮，如图 15-1 所示。

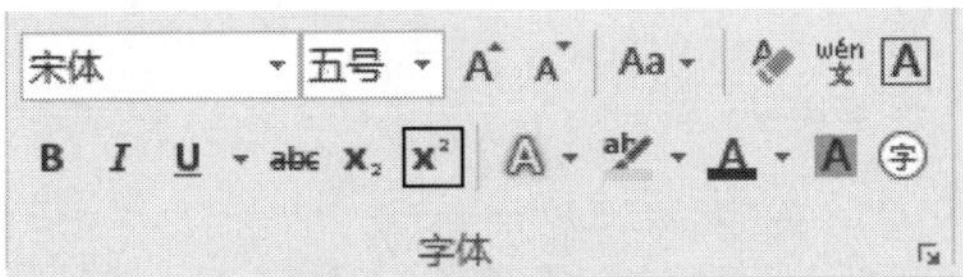

图 15-1　字体上下标设置

（2）选中作者单位前面的数字（含中文、英文两部分），按上述同样的操作方式设置下标。

15.1.2 插入公式

请在第 4 页“对于两个模式 $A=\{a_1,a_2,\cdots,a_n\}$ 和 $B=\{b_1,b_2,\cdots,b_n\}$，有”和“设Ω是一个非空集合，如果对于Ω中的任何一个元素 *A*、*B*，”两段之间插入下面公式，并居中对齐。

$$\eta(A,B)=\left(\frac{1}{n}\sum_{i=1}^{n}\left|\frac{a_i}{\max\{|a_j|\}}-\frac{b_i}{\max\{|b_j|\}}\right|^q\right)^{\frac{1}{q}}\quad j=1,2,\cdots,n$$

在编辑一些专业研究文档时，可能会涉及一些复杂公式的录入，Word 为解决这类公式的录入提供了插入公式的功能。

操作步骤如下：

（1）为了让公式使文档的分栏操作更方便，首先插入一个 1 行 2 列的表格。

（2）选择表格的第一个单元格，选择【插入】选项卡，单击【符号】组中的【公式】，系统提供了一部分的内置公式，如果没有用户需要的可以选择【插入新公式】命令来创建，如图 15-2 所示。

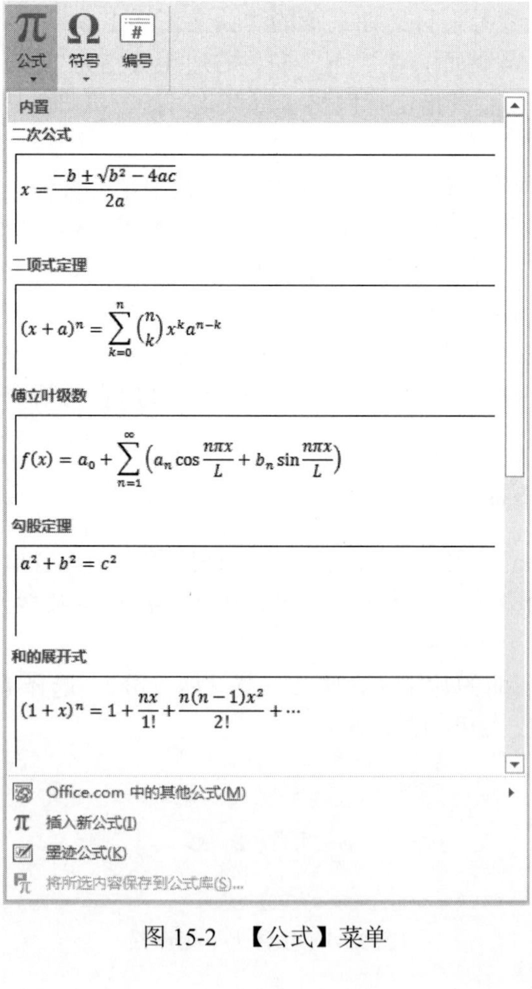

图 15-2 【公式】菜单

（3）单击【插入新公式】命令后，在插入点插入了 1 个文本框（提示文字为“在此处键入公式”），菜单切换到【公式工具/设计】选项卡，如图 15-3 所示，根据公式使用【设计】选项卡中的符号进行录入，录入的时候注意从左到右、从外到内的原则。

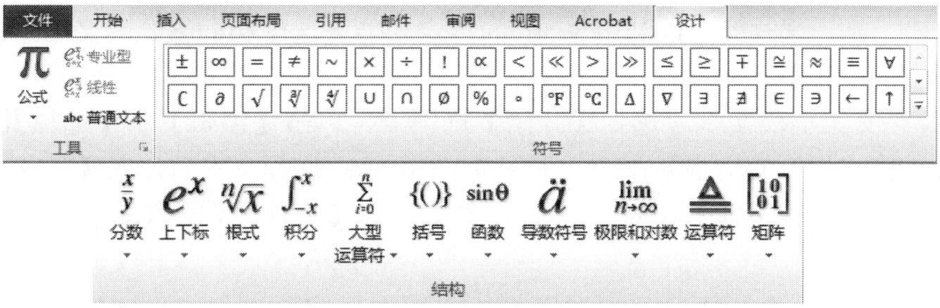

图 15-3 【公式工具/设计】选项卡

15.1.3 分栏与相似文本设置

自正文开始到参考文献列表为止，页面分为对称的两栏。正文（不含图、表、独立成行的公式）为“五号”字（中文为“宋体”，西文为 Times New Roman），“首行缩进 2 字符”，行距为“单倍行距”；表注和图注为“小五号”（表注中文为“黑体”，图注中文为“宋体”，西文均用 Times New Roman），“居中”显示，（注意，“表 1”“表 2”的“表”字与数字之间没有空格）；参考文献列表为“小五号”字，中文为“宋体”，西文均用 Times New Roman，采用项目编号，编号格式为“[序号]”。

将文档中的文本分成两栏或多栏，是文档排版编辑中的一个基本方法，主要用于报纸或者期刊杂志中。

操作步骤如下：

（1）选中正文文本及参考文献，选择【页面布局】选项卡，单击【页面设置】分组中的【分栏】，在其下拉列表中选择【两栏】选项。如有特殊设置，例如分三栏、加分隔线等操作，可以选择【更多分栏】，打开【分栏】对话框进行设置，如图 15-4 所示。

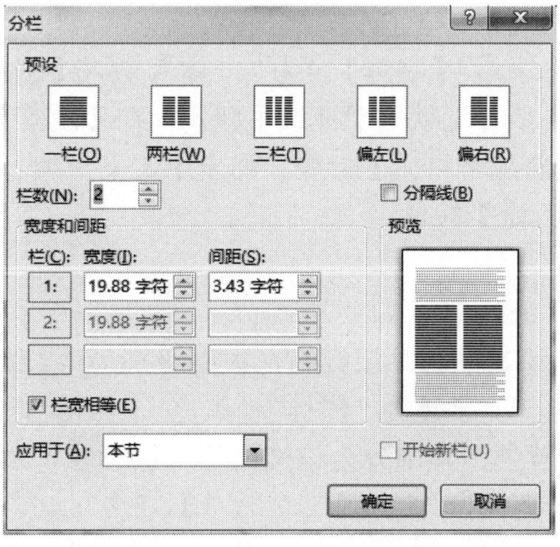

图 15-4 【分栏】对话框

注意：当需要分栏的文字较少，页面空白行比较多时，在分栏时不能选择段落的最后一个段落标记，否则系统会把空白的行一起进行分栏，造成文字分栏后全部在第一栏。

在对文档的格式进行修改的时候，我们需要知道文档的格式是什么样的，哪些文档的格式是不符合要求的。尤其在写论文的时候，各部分的字体、大小都有严格的规定，有时候难以分辨文字的细微差别，这时就可以利用 Word 的特定功能来选中相同格式的文本，这样就可以快速地找到文本的格式了。

（2）选择正文第一段文本，选择【开始】选项卡，单击【编辑】→【选择】，在下拉列表中选择【选择格式相似的文本】命令，如图 15-5 所示。选择文本后，在【字体】分组中将【字号】设为“五号”，【字体】设为“宋体”，然后再将【字体】设为 Times New Roman。

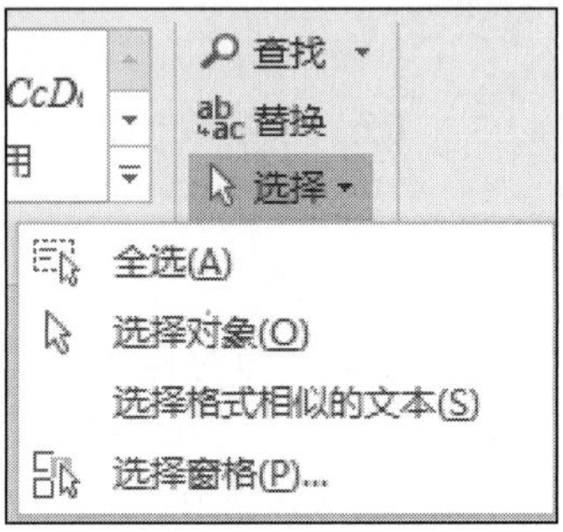

图 15-5 【选择格式相似的文本】选项

（3）确定上一步选择的文本处于被选择状态，在【段落】分组中单击扩展按钮，弹出【段落】对话框，选择【缩进和间距】选项卡，在【缩进】分组中将【特殊格式】设为“首行缩进”，【磅值】设为“2 字符”；在【间距】分组中，将【行距】设为“单倍行距”，单击【确定】按钮。

（4）选中所有的中文表注，将【字体】设为“黑体”，【字号】设为“小五”，在【段落】分组中单击【居中】按钮。

（5）选中所有的中文图注，将【字体】设为“宋体”，【字号】设为“小五”，在【段落】分组中单击【居中】按钮。

（6）选中所有的英文表注与图注，将【字体】设为 Times New Roman，【字号】设为“小五”，在【段落】分组中单击【居中】按钮。

（7）选中所有的参考文献，将【字体】设为“宋体”，再将【字体】设为 Times New Roman，【字号】设为“小五”。确认参考文献处于被选中状态，在【段落】分组中单击【编号】按钮，在其下拉列表中选择【定义新编号格式】命令，弹出【定义新编号格式】对话框，将【编号格式】设为“[1]”，并单击【确定】按钮。

15.1.4 多级列表设置

素材中黄色字体部分为论文的第一层标题，大纲级别为“2 级”，样式为“标题 2”，多级项目编号格式为“1、2、3、…”，字体为“黑体”“黑色”“四号”，段落行距为最小值“30 磅”，无段前、段后间距；素材中蓝色字体部分为论文的第二层标题，大纲级别“3 级”，样式为“标题 3”，对应的多级项目编号格式为“2.1、2.2、…、3.1、3.2、…”，字体为“黑体”“黑色”“五号”，段落行距为最小值“18 磅”，段前、段后间距为“3 磅”，其中参考文献无多级编号。

Word 多级列表编号与添加项目符号或编号列表相似，但是多级列表中每段的项目符号或编号会根据段落的样式不同而变化。Word 多级列表编号是在段落样式的基础上使用 Word 格式中项目符号和编号菜单的多级列表功能，自动地生成最多达 9 个层次的符号或编号。

操作步骤如下：

（1）选中第一个黄色字体，利用【选择格式相似的文本】功能选择所有的二级标题，选择【开始】选项卡，在【样式】分组中选中“标题 2”样式，右击，在弹出的快捷菜单中选择【修改】选项，弹出【修改样式】对话框，将【字体】设为“黑体”，【字体颜色】设为“黑色”，【字号】设为“四号”。

（2）单击【格式】按钮，在弹出的菜单中选择【段落】命令，弹出【段落】对话框。选择【缩进和间距】选项卡，在【常规】分组中将【大纲级别】设为“2 级”，在【间距】分组中将【行距】设为“最小值”，【设置值】设为“30 磅”，【段前】和【段后】都设为“0 磅”。

（3）按上述的方法，对蓝色字体文字（三级标题）按要求进行修改。

（4）将光标放置于第一个二级标题处，选择【开始】选项卡，在【段落】分组中单击【多级列表】选项，在弹出的下拉列表中选择【定义新的多级列表】命令，弹出【定义新多级列表】对话框，选中要修改的级别“1”，单击【更多】按钮，【将级别链接到样式】设为“标题 2”，【起始编号】为“1”，如图 15-6 所示。

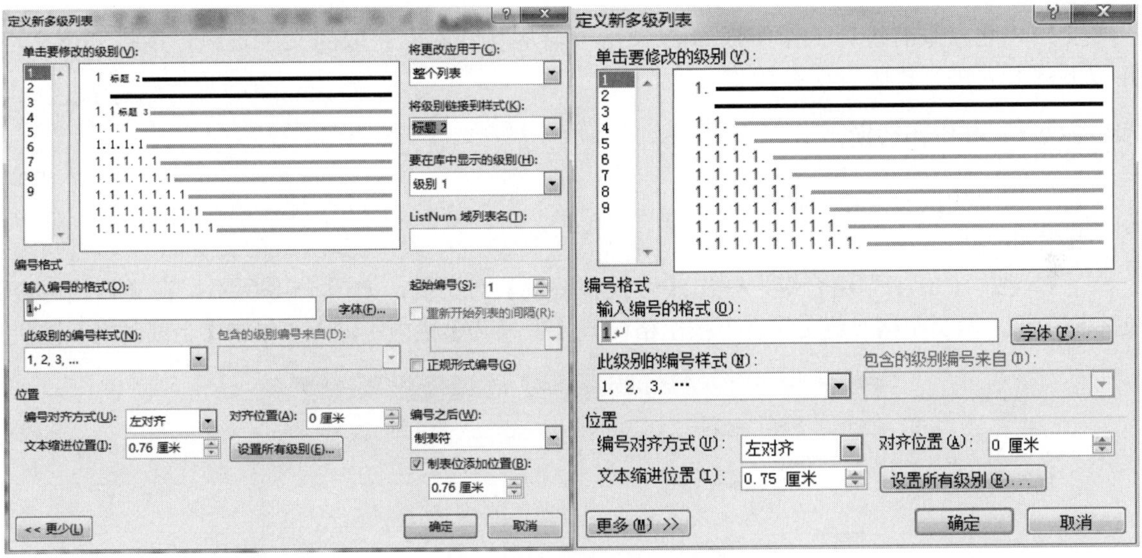

图 15-6　二级标题多级列表设置

（5）单击要修改的级别“2”，【将级别链接到样式】设为“标题 3”，起始编号为“1”，如果【输入编号的格式】的文本框中只出现一个数字“1”，则要设置【包含的级别编号来自】为“级别 1”，在【输入编号的格式】文本框中会多出现一个数字，这个数字来自于“标题 2”，在两个数字间输入“.”，则得到“X.X”的标题格式，单击【确定】按钮，完成多级列表编辑，如图 15-7 所示。

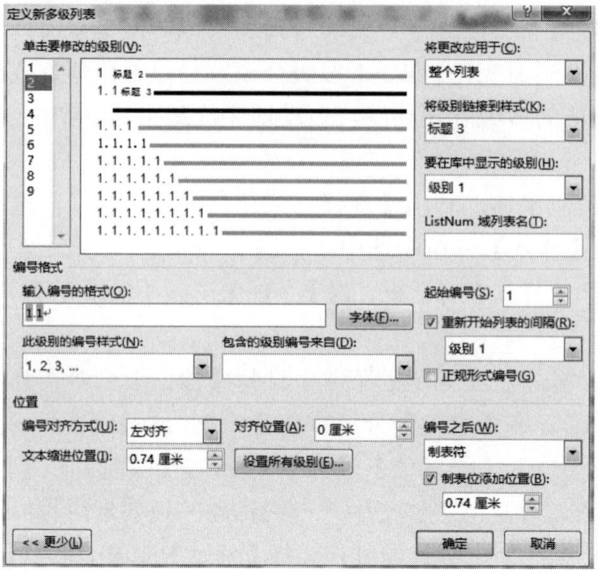

图 15-7　三级标题多级列表设置

15.2　长篇文档排版

文档“北京政府统计工作年报.docx”是一篇从互联网上获取的文字资料，请打开该文档并按下列要求进行排版及保存操作。

15.2.1　查找和替换

将文档中的西文空格全部删除。

操作步骤如下：

（1）按“Ctrl+H”组合键，弹出【查找和替换】对话框，如图 15-8 所示。在【查找内容】文本框中输入西文空格（英文状态下按空格键），【替换为】栏内不输入，单击【全部替换】按钮。

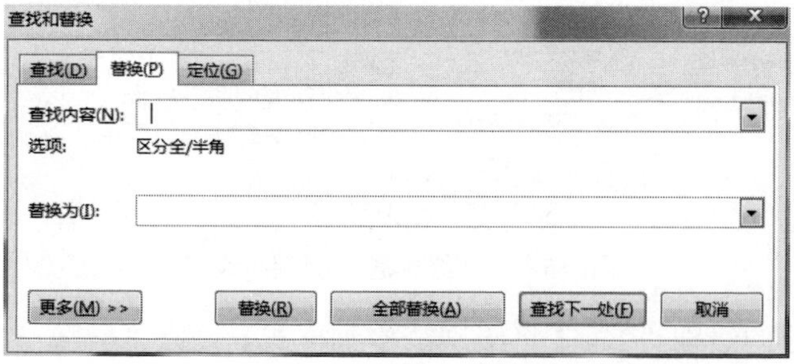

图 15-8　【查找和替换】对话框

（2）将纸张大小设为“16 开”，上边距设为“3.2 厘米”，下边距设为“3 厘米”，左、右页边距均设为“2.5 厘米”。

（3）利用素材前 3 行内容为文档制作一个封面页，令其独占一页（参考样例见文件“封面样例.png”）。

15.2.2 转换表格和插入图表

将标题“（三）咨询情况”下用蓝色标出的段落部分转换为表格，为表格套用一种表格样式使其更加美观。基于该表格数据，在表格下方插入一个饼图，用于反映各种咨询形式所占比例，要求在饼图中仅显示百分比。

操作步骤如下：

（1）选中标题“（三）咨询情况”下用蓝色标出的段落部分，在【插入】选项卡下的【表格】分组中单击【表格】下拉按钮，从弹出的下拉列表中选择【文本转换成表格】命令，弹出【将文字转换成表格】对话框，如图 15-9 所示，单击【确定】按钮。

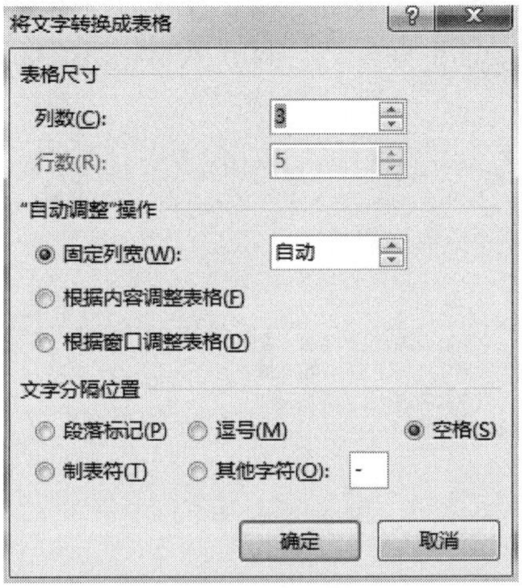

图 15-9　【将文字转换成表格】对话框

（2）选中表格，在【表格工具/设计】选项卡下的【表格样式】分组中选择一种样式，此处选择【浅色底纹】。

（3）将光标定位到表格下方，单击【插入】选项卡下【插图】分组中的【图表】按钮，弹出【插入图表】对话框，选择【饼图】中的【饼图】选项，单击【确定】按钮。将 Word 中的表格数据的第一列和第三列分别复制粘贴到 Excel 中“A”列和“B”列的相关内容中。

（4）选中图表，在【图表工具/布局】选项卡下的【标签】分组中单击【数据标签】下拉按钮，从弹出的下拉列表中选择【居中】，如图 15-10 所示，关闭 Excel 文件。

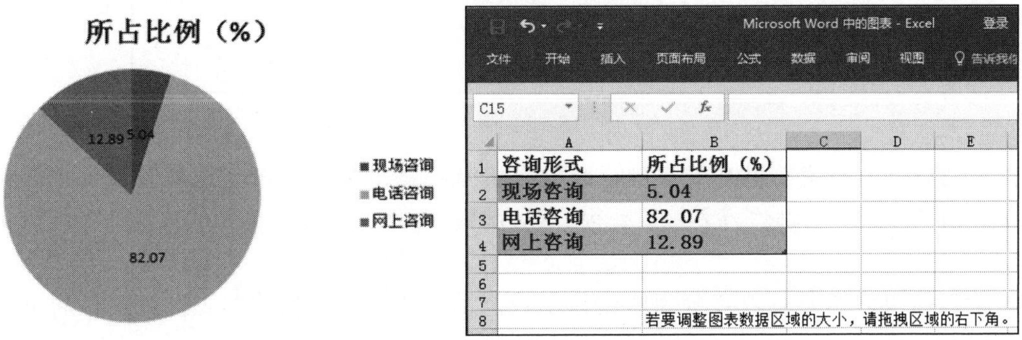

图 15-10　插入图表设置

将文档中以“一、”“二、”……开头的段落设为“标题 1”样式；以“(一)”“(二)”……开头的段落设为“标题 2”样式；以“1、”“2、”……开头的段落设为“标题 3”样式。

15.2.3 插入超链接和脚注

为正文第 3 段中用红色标出的文字“统计局队政府网站”添加超链接，链接地址为“http://www.bjstats.gov.cn/”。同时在“统计局队政府网站”后添加脚注，内容为“http://www.bjstats.gov.cn”。

操作步骤如下：

（1）选中正文第 3 段中用红色标出的文字“统计局队政府网站”，单击【插入】选项卡下【链接】分组中的【超链接】按钮（或者右击，在快捷菜单中选择【超链接】），弹出【编辑超链接】对话框，在【地址】文本框中输入“http://www.bjstats.gov.cn/”，如图 15-11 所示，单击【确定】按钮。

图 15-11 插入超链接

（2）选中“统计局队政府网站”，单击【引用】选项卡下【脚注】分组中的【插入脚注】按钮，在当前页的页脚位置会自动弹出上标 1，并且光标置于 1 后，在光标处输入“http://www.bjstats.gov.cn”，如图 15-12 所示。

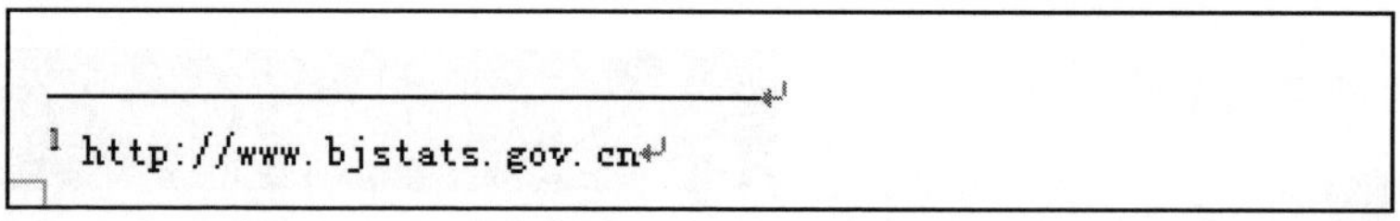

图 15-12 插入脚注

注：与脚注比较类似的还有尾注，尾注和脚注一样，是一种对文本的补充说明。脚注一般位于页面的底部，可以作为文档某处内容的注释；尾注一般位于文档的末尾，列出引文的出处等。

将除封面页外的所有内容分为两栏显示，但是前述表格及相关图表仍需跨栏居中显示，无需分栏。

在封面页与正文之间插入目录，目录要求包含标题第 1～3 级及对应页号。目录单独占用一页，且无须分栏。

15.2.4 插入分节符和编辑页眉页脚

除封面页和目录页外，在正文页上添加页眉，内容为文档标题“北京市政府信息公开工作年度报告”和页码，要求正文页码从第 1 页开始，其中奇数页眉居右显示，页码在标题右侧，偶数页眉居左显示，页码在标题左侧。

操作步骤如下：

（1）在封面页和目录页的末尾分别插入分节符，单击【页面布局】→【页面设置】→【分隔符】→【分节符】→【下一页】。

（2）切换到第 3 页，选择【插入】→【页眉和页脚】→【页眉】，在下拉菜单中选择【编辑页眉】，将光标置于第 3 页页眉处，在【设计】选项卡下的【导航】分组中单击【链接到前一条页眉】按钮，去掉与上一节的联系。

（3）单击【页眉和页脚】分组中的【页码】按钮，在弹出的下拉列表中选择【设置页码格式】，在打开的【页码格式】对话框中将【起始页码】设置为“1”，单击【确定】按钮。

（4）将光标移至第 3 页页眉处，在【设计】选项卡下的【选项】分组中勾选【奇偶页不同】复选框，取消勾选【首页不同】选项。

（5）将光标移至第 3 页页眉中，单击【插入】→【页眉和页脚】分组中的【页码】按钮，在弹出的下拉列表中选择【页面顶端】级联菜单中的【普通数字 3】。

（6）将光标移至第 4 页页眉中，在【导航】分组中单击【链接到前一条页眉】按钮，去掉与上一节的联系。在【页眉和页脚】分组中单击【页码】按钮，在弹出的下拉列表中选择【页面顶端】级联菜单中的【普通数字 1】

（7）将光标置于第 3 页页眉处，在页眉文本框中的页码左侧输入“北京市政府信息公开工作年度报告”，并将页眉居右显示。将光标置于第 4 页页眉处，在页眉文本框中的页码右侧输入“北京市政府信息公开工作年度报告”，并将页眉居左显示。设置完毕关闭【页眉和页脚】按钮。

15.2.5 另存为 PDF 格式文档

将完成排版的文档先以原 Word 格式即文件名“北京政府统计工作年报.docx”进行保存，再另行生成一份同名的 PDF 文档进行保存。

操作步骤如下：

（1）单击【保存】按钮，保存“北京政府统计工作年报.docx”。

PDF（Portable Document Format，便携式文档格式），是由 Adobe Systems 用于与应用程序、操作系统、硬件无关的方式进行文件交换所发展出的文件格式。

PDF 文件不管是在 Windows、UNIX 还是在苹果公司的 Mac OS 操作系统中都是通用的，这一特点使它成为在 Internet 上进行电子文档发行和数字化信息传播的理想文档格式。越来越多的电子图书、产品说明、公司文告、网络资料以及电子邮件都开始使用 PDF 格式文件。

（2）单击【文件】，选择【另存为】，弹出【另存为】对话框，【文件名】为“北京政府统计工作年报”，设置【保存类型】为 PDF，单击【保存】按钮。

15.3 表格邮件合并

某单位财务处请小李设计“经费联审结算单”模板，以提高日常保障和结算单审核效率。请根据“结算单模板.docx”和“报账信息.xlsx”文件完成制作任务。

15.3.1 页面格式化

将页面设置为A4幅面、横向，页边距均为1厘米。设置页面为两栏，栏间距为2字符，其中左栏内容为“经费联审结算单”表格，右栏内容为《××研究所科研经费报账须知》文字，要求左右两栏内容不跨栏、不跨页。

操作步骤如下：

切换至【布局】选项卡，单击【纸张大小】选择“A4”，【纸张方向】选择【横向】，【页边距】选择【自定义页边距】并设置上、下、左、右边距均为“1厘米”，单击【分栏】，选择【更多分栏】，在【分栏】对话框中按图15-13设置好后单击【确定】按钮，分栏后把表格与文字分成两栏。

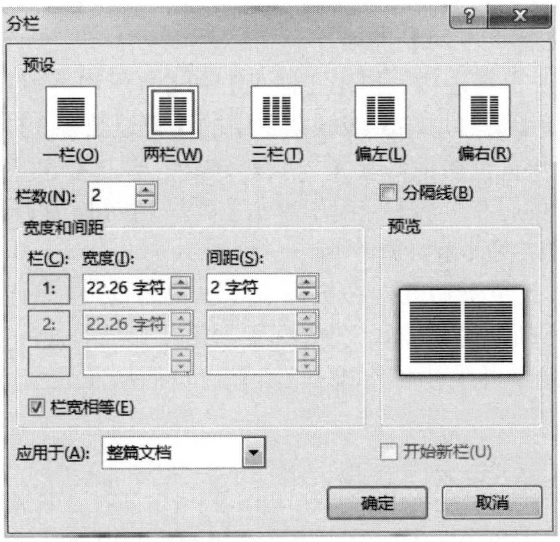

图15-13 【分栏】对话框

15.3.2 表格格式化

设置《经费联审结算单》表格整体居中，所有单元格内容垂直居中对齐。参考“结算单样例.jpg”，适当调整表格行高和列宽，其中两个“意见”的行高不低于2.5厘米，其余各行行高不低于0.9厘米。设置单元格的边框，细线宽度为0.5磅，粗线宽度为2.25磅。

设置《经费联审结算单》标题（表格第一行）水平居中，字体为“小二、华文中宋”，其他单元格中已有文字字体，均为“小四、仿宋、加粗”；除“单位：”为“左对齐”外，其余含有文字的单元格均为“居中对齐”。表格第二行的最后一个空白单元格将填写填报日期，字体为“四号、楷体、右对齐”；其他空白单元格格式均为“四号、楷体、左对齐”。

操作步骤如下：

（1）将光标置于表格中，单击表格左上角的选择按钮⊞全选表格，然后在【开始】选项卡【段落】分组中选择“居中对齐”。

（2）在表格全选状态下，切换【表格工具】→【布局】选项卡，在【单元格大小】分组中调整【表格行高】的数值，如图 15-14 所示。

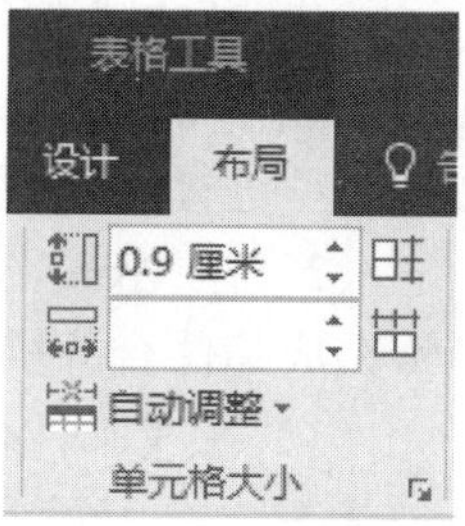

图 15-14　表格高度调整

在调整两个“意见”的单元格行高时要单独选择该行进行调整。

（3）选中表格的第一和第二行，单击【开始】→【段落】→【边框】，在下拉列表中选择【无框线】。选中表格的第 3 至最后一行，在【边框】中选择【边框和底纹】，将【宽度】设置为“2.25 磅”；在预览中分别单击上、下、左、右 4 个边线的按钮，再次将【宽度】设置为“0.5 磅”，然后单击预览中的水平中线与垂直中线按钮，然后单击【确定】按钮。设置好表格后再按要求设置字体、对齐方式即可。

15.3.3　文本框和图形设置

《××研究所科研经费报账须知》以文本框形式实现，其文字的显示方向与《经费联审结算单》相比，逆时针旋转 90°。

设置《××研究所科研经费报账须知》的第一行格式为“小三、黑体、加粗、居中”；第二行格式为“小四、黑体、居中”；其余内容为“小四、仿宋、两端对齐、首行缩进 2 字符”。

将“科研经费报账基本流程”中的 4 个步骤改用“垂直流程”SmartArt 图形显示，颜色为“强调文字颜色 1”，样式为“简单填充”。

操作步骤如下：

（1）选中分栏右侧的文字，单击【插入】→【文本】→【文本框】下拉按钮，在下拉列表中选择【绘制文本框】。选中绘制后的文本框，在【绘图工具】→【格式】→【排列】分组中单击【旋转对象】按钮，在打开的下拉列表中选择【向左旋转 90°】。

（2）按要求设置字体和段落格式，接着在“4. 科研经费报账基本流程”下面另起一行，单击【插入】→【插图】→【SmartArt】，在打开的对话框中选择【流程】→【垂直流程】选项，单击【确定】按钮。

（3）选中 SmartArt 图形中最后一个形状，然后右击，在弹出的列表中选择【添加形状】→【在后面添加形状】，然后分别将“4.科研经费报账基本流程”下的 4 条内容填入 4 个形状中。适当调整 SmartArt 图形大小。在【SmartArt 样式】组中单击【更改颜色】，在打开的下拉列表中选择【彩色轮廓-强调文字颜色 1】选项，样式设置为【简单填充】。

15.3.4　表格邮件合并

“报账信息.xlsx”文件中包含了报账单据信息，需使用“结算单模板.docx”自动批量生成所有结算单。其中，对于结算金额为 5000（含）以下的单据，“经办单位意见”栏填写“同意，送财务审核。”；否则填写“情况属实，拟同意，请所领导审批。”另外，因结算金额低于 500 元的单据不再单独审核，需在批量生成结算单据时将这些单据记录自动跳过，最后以“批量结算单.docx”为文件名保存。

根据题目要求，需要在几个空白单元格中通过合并邮件的形式来设置。操作步骤如下：

（1）单击【邮件】选项卡，在【开始邮件合并】分组中单击【开始邮件合并】，在下拉列表中选择【邮件合并分步向导】，如果已经很熟悉邮件合并操作则可以直接选择相应合并的文档类型进行操作。

（2）在 Word 窗口的右侧会打开【邮件合并】任务窗格，在任务窗格中按其提示的 6 个步骤完成邮件合并操作。

（3）在【邮件合并】任务窗格的【选择文档类型】向导页中选择【信函】单选按钮，并单击【下一步:开始文档】按钮。

（4）在打开的【选择开始文档】向导页中，选择【使用当前文档】单选按钮，并单击【下一步:选择收件人】按钮。

（5）打开【选择收件人】向导页，选择【使用现有列表】单选按钮，并单击【使用现有列表】栏的【浏览】按钮。然后在弹出的【选取数据源】对话框中找到并打开数据源“报账信息.xlsx”，在【选择表格】对话框中选择“Sheet1”（选择包含合并数据的数据表），单击【确定】按钮后，弹出【邮件合并收件人】对话框，显示了数据源的信息内容，可以在该对话框中筛选、排列收件人，单击【确定】按钮返回主界面，再单击【下一步：撰写信函】按钮，打开【撰写信函】向导页。

以上第（5）个步骤如还不够熟悉，请参考《案例 5 批量制作工作证》中邮件合并步骤进行。

（6）将光标定位到主文档中需要插入合并域的位置（单位、经办人、填报日期等），单击【其他项目】，弹出【插入合并域】对话框，然后在主文档相应位置插入合并域中的“域名”，具体参照图 15-15。

经费联审结算单

单位:（单位）　　　　经办人:（经办人）　　　　（填报日期）

预算科目	（预算科目）		
项目代码	（项目代码）	单据张数	（单据张数）
开支内容	（开支内容）	金额（小写）	[金额（小写）]
报销金额（大写）	[报销金额（大写）]		
经办单位意　见			
财务部门意　见			

图 15-15　插入合并域

（7）将光标置于“经办单位意见”右侧的单元格中，在【邮件】选项卡下【编写和插入域】分组中单击【规则】按钮，在下拉列表中选择“如果……那么……否则”，如图 15-16 所示。

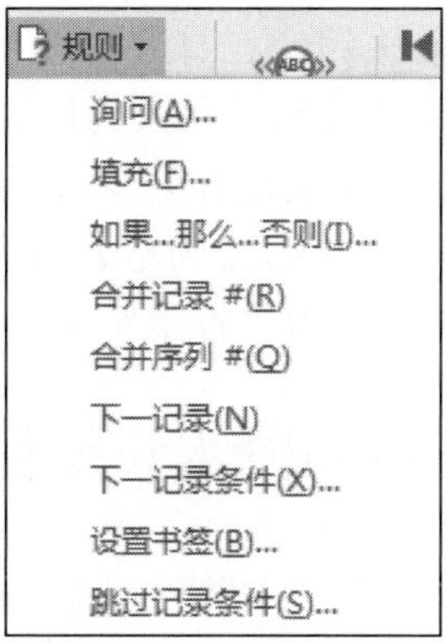

图 15-16　选择规则

（8）打开【插入 Word 域:IF】对话框。在【域名】中选择“金额（小写）”；在【比较条件】中选择“小于等于”；在【比较对象】中输入“5000”；在【则插入此文字】下的文本框中输入文字“同意，送财务审核。”；在【否则插入此文字】下的文本框中输入“情况属实，拟同意，请所领导审批。”，如图 15-17 所示。

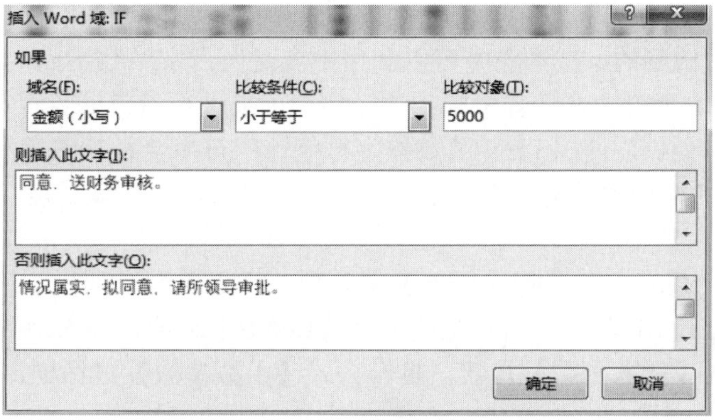

图 15-17　【插入 Word 域:IF】对话框

（9）将光标定位在“财务部门意见”后面的空白单元格中，单击【规则】按钮，在下拉列表中选择【跳过记录条件】，如图 15-16 所示，打开【插入 Word 域:Skip Record If】对话框，在【域名】中选择“金额（小写）”；在【比较条件】中选择“小于”；在【比较对象】下的文本框中输入“500”。单击【确定】按钮，如图 15-18 所示。

图 15-18　【插入 Word 域:Skip Record If】对话框

（10）单击【下一步:预览信函】按钮，在打开的【预览信函】向导页中可以查看信函内容，单击【<<】或【>>】按钮可以预览其他联系人的信函。

（11）确认无误后，单击【下一步:完成合并】按钮，打开【完成合并】向导页，单击【编辑单个信函】，选择【全部】单选按钮，单击【确定】按钮，则所有的记录都被合并到新文档中，设置完成后，另存文件，并将其命名为“批量结算单.docx”。

15.4 城市降水量统计分析

小陈是某环境科学院的研究人员，现在需要使用 Excel 来分析我国主要城市的降水量。请打开“城市降水量统计分析.xlsx”，并根据下列要求，帮助她完成这项工作。

15.4.1 LENB 和 LEN 函数的使用

在“主要城市降水量”工作表中，将 A 列数据中城市名称的汉语拼音删除，并在城市名后面添加文本“市”，如“北京市”。

操作步骤如下：

（1）原理分析：因为城市名称的长度不一，如果单纯使用字符串截取函数 MID 来提取字符串的话显然是无法做到的，在本题中可以利用中英文所占字节数不同的特点（1 个中文在计算机中占 2 个字节，1 个英文在计算机中占 1 个字节）来进行差值计算再截取，使用 LENB 函数按字节统计字符串全长，使用 LEN 函数按字符统计字符串全长，然后利用 LENB 函数计算出来的长度减去用 LEN 函数计算出来的长度，即可得到截取字符串长度，再使用 MID 函数截取即可。

（2）选中“B”列右击，选择【插入】菜单项，插入一列空列后，选中“B2”单元格，单击编辑框输入“=LENB”，双击所弹出的公式【LENB】选项，插入函数，如图 15-19 所示，然后单击编辑框旁的【插入函数】按钮，打开公式【函数参数】对话框，如图 15-20 所示。

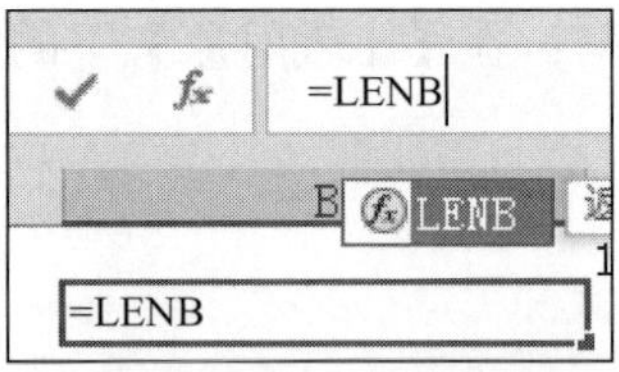

图 15-19 输入 LENB 函数

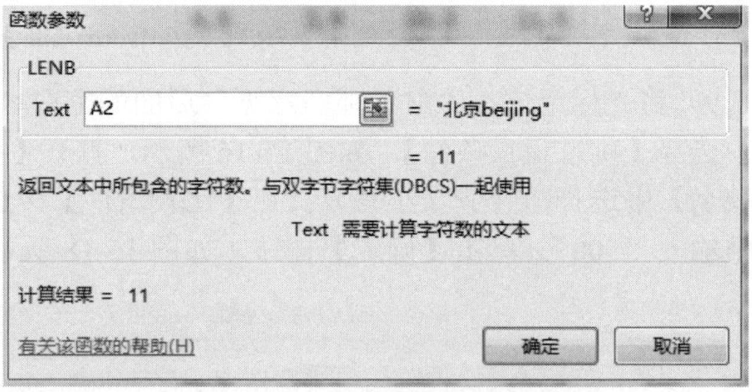

图 15-20 LENB 函数的参数对话框

LENB 是返回文本字符串中用于代表字符的字节数。此函数用于双字节字符。

公式：=LENB (text)

text：文本（字符串）表达式，要计算字节长度的字符串。

本例中首先要计算的是以字节为单位的字符串长度，故参数中选择“A2”单元格，计算“北京 beijing”的字节长度，输入完毕单击【确定】按钮，结果得到“11”。

（3）在公式“=LENB(A2)”后输入“-LEN”，双击所弹出的公式【LEN】选项，插入函数，如图 15-21 所示，然后单击编辑框旁的【插入函数】按钮，打开公式【函数参数】对话框。如图 15-22 所示。

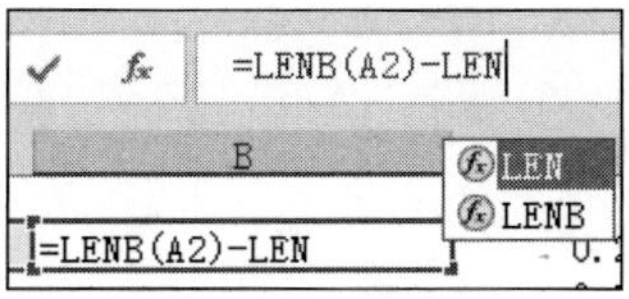

图 15-21　输入 LEN 函数

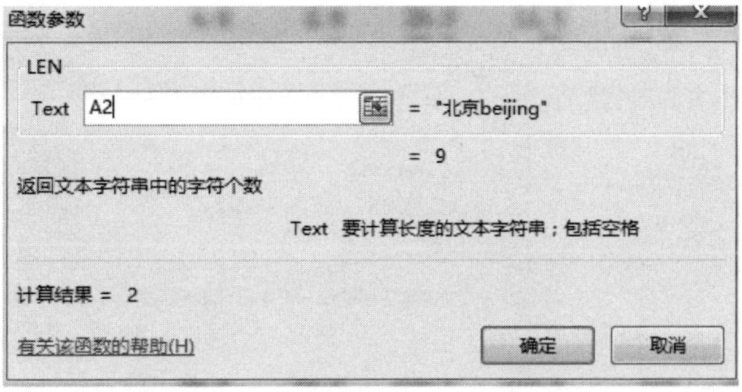

图 15-22　LEN 函数的参数对话框

LEN 是返回文本字符串的字符数。

公式：=LEN (text)

text：文本（字符串）表达式，要计算字节长度的字符串。

本例中首先要计算的是以字符为单位的字符串长度，故参数中选择“A2”单元格，计算“北京 beijing”的字节长度，输入完毕可在预览结果中得到“9”。

单击【确定】按钮后，经过字符串字节数减去字符串字符数得到的数值也就是需要截取的字符串长度。

（4）选择编辑框，将光标置于“=”和“LENB”之间，输入“LEFT(”，在输入的同时系统也会提示公式，如图 15-23 所示。

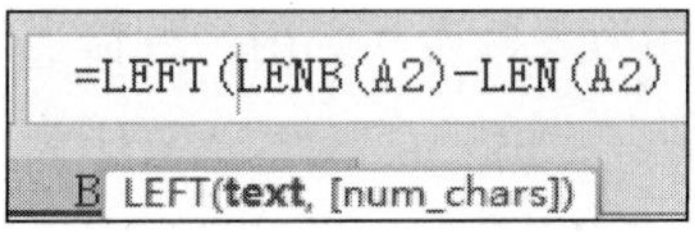

图 15-23　插入 LEFT 函数

输入完公式后，将光标置于“LEFT”中，单击【插入函数】图标，弹出【函数参数】对话框，第一个参数编辑栏中默认填入了“LENB(A2)-LEN(A2)”公式，如图 15-24 所示。

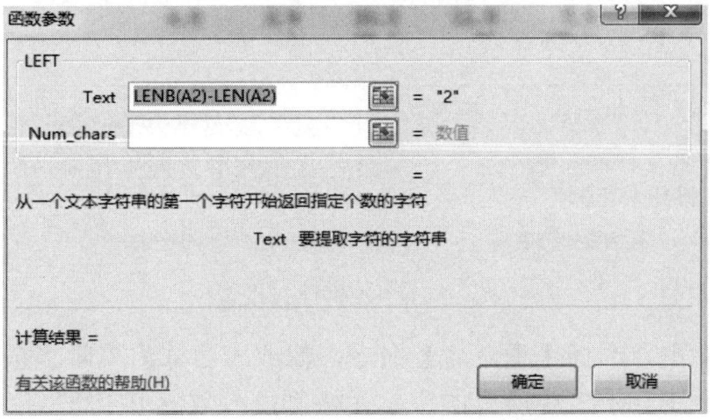

图 15-24　LEFT 函数的参数对话框

第一个参数必须填入文本字符串，第二个参数才是截取长度的值，这时应将光标定位在公式编辑栏“=LEFT(”后输入一个“,”，接着再将光标定位在“LEFT”中，然后【函数参数】对话框原默认的第一个参数中的“LENB(A2)-LEN(A2)”公式部分自动移动到了第二个参数中，如图 15-25 所示。

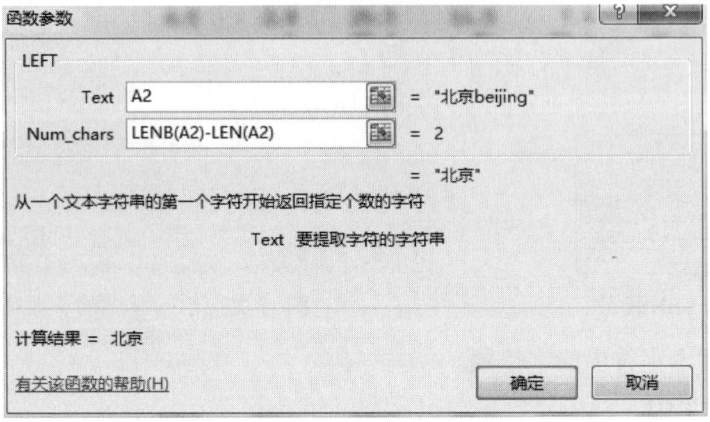

图 15-25 LEFT 函数的参数输入

（5）在公式的后面输入“&"市"”完成完整的城市名输入，将光标指向“B2”单元格右下角，当光标变成“黑色实心十字”形状时，双击，将单元格中的序列内容向下填充。

（6）选中“B2:B32”单元格区域，右击选择【复制】菜单项，选中“A2”单元格并右击，选择【粘贴选项】，再选择【值】命令，选中 B 列并删除。

15.4.2 表格样式与复杂条件格式应用

1．将单元格区域 A1:P32 转换为表，为其套用一种恰当的表格格式，取消筛选和镶边行，将表的名称修改为“降水量统计”。

操作步骤如下：

（1）选中 A1:P32 单元格区域，切换到【插入】卡选择【表格】组中的【表格】，确定所选数据源和是否包含标题后，单击【确定】按钮。

（2）这时表格会套上一个表格样式，然后切换到【设计】选项卡，在【表格样式】区域，单击选择另外任一种表格样式。在【表格样式选项】分组中取消【镶边行】和【筛选按钮】复选框的选中状态，如图 15-26 所示。

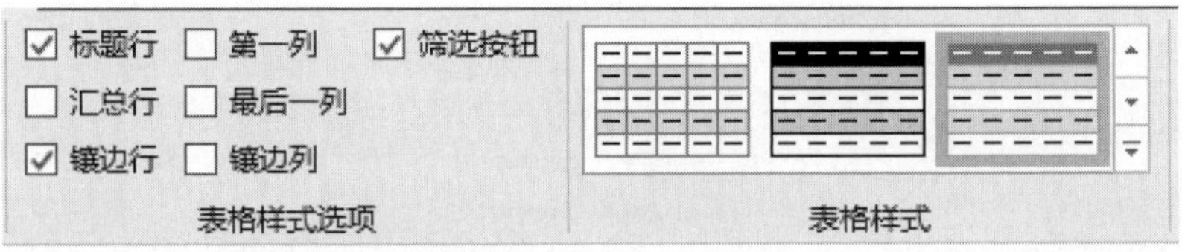

图 15-26 表格样式设置

（3）选择表名右击，选择【重命名】命令，修改表名称为“降水量统计”。

2．将单元格区域 B2:M32 中所有的空单元格都填入数值 0；然后修改该区域的单元格数字格式，使得值小于 15 的单元格仅显示文本“干旱”；再为这一区域应用条件格式，将值小于

15 的单元格设置为“黄色填充深黄色文本”。（注意：不要修改单元格中的数值本身）

操作步骤如下：

（1）选中 B2:M32 单元格区域，单击【开始】→【编辑】→【查找和选择】，在下拉列表中选择【定位条件】（或者直接按 F5 键），打开【定位条件】对话框，选择【空值】单选按钮，单击【确定】按钮。然后在表格上方的编辑区域输入数字 0 或者直接输入，按住 Ctrl 键的同时按下 Enter 键，则会将空值填上“0”。

（2）选中 B2:M32 单元格区域，切换到【开始】选项卡，在【样式】分组中选择【条件格式】→【突出显示单元格规则】→【小于】，将左侧文本框中的数值改为“15”，设置为选择“自定义格式”，在弹出的【设置单元格格式】中选择【数字】选项卡，在左侧【分类】选中“自定义”，右侧选中“0.00”，将【类型】中的内容改为“干旱”，如图 15-27 所示，两次单击【确定】按钮进行确认。

图 15-27　条件格式设置

（3）再次选中 B2:M32 单元格区域，切换到【开始】选项卡，在【样式】分组中选择【条件格式】→【突出显示单元格规则】→【小于】，将左侧文本框中的数值改为“15”，设置为选择“黄填充色深黄色文本”，然后单击【确定】按钮。

3．在单元格区域 N2:N32 中计算各城市全年的合计降水量，对其应用实心填充的数据条条件格式，并且不显示数值本身。

操作步骤如下：

（1）选中 N2 单元格，插入 SUM 求和函数，对 B2:M2 单元格内容进行求和。公式为“=SUM(降水量统计[@[1 月]:[12 月]])”，由于应用了表格样式，计算公式会自动向下填充。

（2）选中 N2:N32 单元格区域，切换到【开始】选项卡，在【样式】分组中选择【条件格式】→【数据条】→【其他规则】，在弹出的【新建格式规则】中勾选【仅显示数据条】复选框，单击【确定】按钮，如图 15-28 所示。

图 15-28 数据条格式设置

15.4.3 降水量排序和迷你图

在单元格区域 O2:O32 中，根据“合计降水量”列中的数值进行降序排名。在单元格区域 P2:P32 中，插入迷你柱形图，数据范围为 B2:M32 中的数值，并将高点设置为标准红色。

操作步骤如下：

（1）选中 O2 单元格，单击【公式】→【插入函数】，或者是单元格编辑栏旁的【插入函数】图标，在【选择函数】列表框中选择【RANK】，选择好后单击【确定】按钮插入，或者在编辑框中输入“=RANK”再单击【插入函数】图标。

（2）本例中要进行排名的数值是“降水量”，故在弹出的【函数参数】对话框【Number】编辑栏中选择“N3”，显示为“[@合计降水量]”，在【Ref】中选择“N3:N32”区域，显示为“[合计降水量]”，【Order】参数可以忽略或者输入“0”，如图 15-29 所示。确定后公式显示为“=RANK([@合计降水量]:[合计降水量])”，并自动向下填充。

（3）选中“P2”单元格，切换【插入】选项卡，在【迷你图】组中选择【柱形图】，数据范围处输入“B2:M2”，单击【确定】按钮。切换【迷你图工具】的【设计】选项卡，在【显示】组中勾选【高点】复选框，在【样式】分组中选择【标记颜色】→【高点】→【标准色 红色】，然后向下填充。

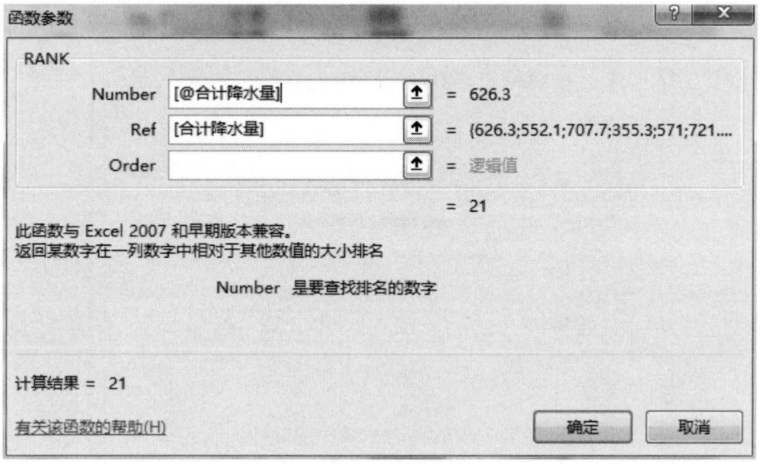

图 15-29　RANK 函数参数设置

15.4.4　数据有效性和定位函数应用

在 R3 单元格中建立数据有效性，仅允许在该单元格中填入单元格区域 A2:A32 中的城市名称；在 S2 单元格中建立数据有效性，仅允许在该单元格中填入单元格区域 B1:M1 中的月份名称；在 S3 单元格中建立公式，使用 INDEX 函数和 MATCH 函数，根据 R3 单元格中的城市名称和 S2 单元格中的月份名称，查询对应的降水量；以上 3 个单元格最终显示的结果为广州市 7 月份的降水量。

数据有效性是对单元格或单元格区域输入的数据从内容到数量上的限制。对于符合条件的数据，允许输入；对于不符合条件的数据，则禁止输入。这样就可以依靠系统检查数据的正确有效性，避免错误的数据录入。数据有效性的具体应用主要有：①利用数据有效性创建下拉列表；②使用数据有效性规则限定不允许输入重复值；③利用数据有效性规则限定输入数据类型。

操作步骤如下：

（1）将光标定位在“R3”单元格，切换到【数据】选项卡，在【数据工具】分组中选择【数据验证】→【数据验证】，如图 15-30 所示，在打开的【数据验证】对话框中，将【设置】选项卡中的【允许】设置为“序列”，【来源】选择“$A$2:$A$32”单元格，如图 15-31 所示，单击【确定】按钮完成，这时在“R3”单元格就会出现下拉列表按钮，单击按钮可以选择“广州市”。

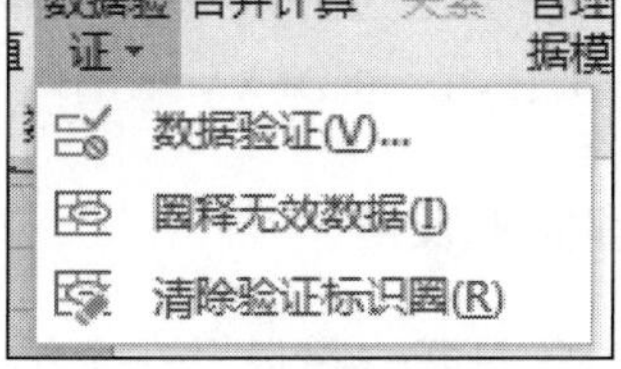

图 15-30　数据验证菜单

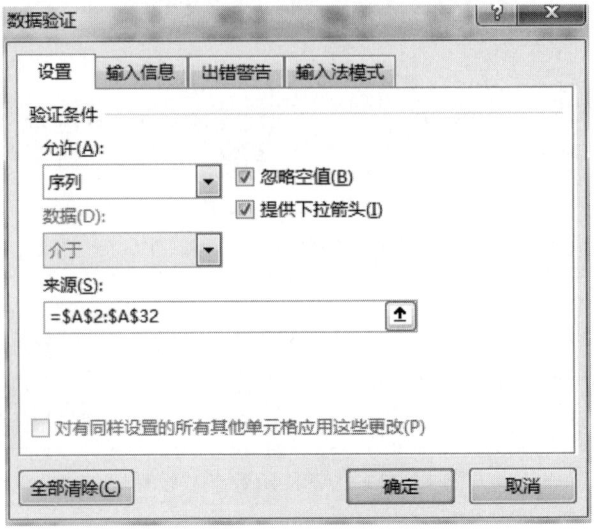

图 15-31 数据验证设置

（2）用同样的方法设置“S2”单元格的数据有效性，在【数据验证】对话框【设置】选项卡中的【来源】处选择“$B$1:$M$1”，单击【确定】按钮完成，这时在“S2”单元格就会出现下拉列表按钮，单击按钮可以选择“7 月”。

（3）在 S3 单元格使用 INDEX 定位函数通过行、列定位到“广州市”所在行和“7 月”所在列取得降水量的值，而所在列和行要使用 MATCH 匹配函数把行号和列号找出来（具体用法请参考【案例 8 人口普查数据统计分析】），具体函数输入如图 15-32 所示，公式为“=INDEX(降水量统计[[1 月]:[12 月]],MATCH(R3,降水量统计[城市(毫米)],0),MATCH(S2,降水量统计[[#标题],[1 月]:[12 月]],0))”。

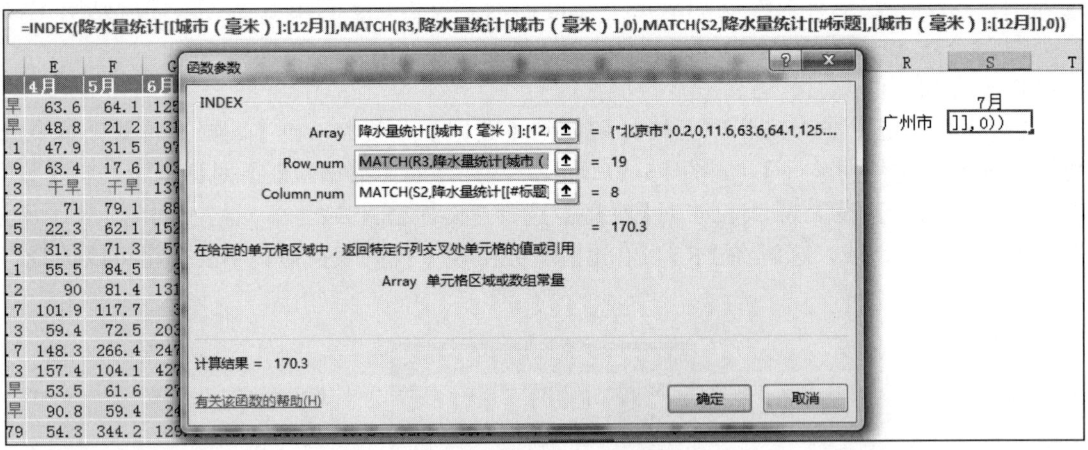

图 15-32 INDEX 函数输入

15.4.5 降水量数据透视分析和完善表格

1．按照如下要求统计每个城市各月降水量以及在全年中的比重，并为其创建单独报告，报告的标题和结构等完成效果可参考考生文件夹下的图片“城市报告.png”。要求：① 每个城市的数据位于一张独立的工作表中，工作表标签名为城市名称，如“北京市”；② 如参考图片“城市报告.png”所示，各月份降水量数据位于单元格区域 A3:C16 中，A 列中的月份按照 1—12 月顺序排列，B 列中为对应城市和月份的降水量，C 列为该月降水量占该城市全年降水量的比重；③ 不限制计算方法，可使用中间表格辅助计算，中间表格可保留在最终完成的文档中。

操作步骤如下：

（1）根据所给的参考图片得出，如果要将月份排列在一列中，则需要借助中间辅助表格计算，选中 A1:M32 单元格区域并复制，插入新表（Sheet1）后在 A1 单元格选择“选择性粘贴”中的“转置”。

（2）为了节省创建各个城市独立表的时间，先建立第一个数据透视表，回到“主要城市降水量”工作表，切换到【插入】选项卡，在【表格】分组中选择【数据透视表】，不要使用默认选中区域，重新选择 A1:A32 单元格区域，然后单击【确定】按钮。在打开的新的工作表中（Sheet2，含有数据透视表），将工作区右侧的“城市（毫米）”拖动至【报表筛选】区域。

（3）建立第二个数据透视表用于数据分析，回到“Sheet1”工作表中，选中 A1:AF13 单元格区域，切换到【插入】选项卡，在【表格】分组中选择【数据透视表】，在【创建数据透视表】对话框中选择【现有工作表】，在【位置】后面的文本框中，选择“Sheet2”表的“A3”单元格，单击【确定】按钮。在打开的新的工作表中（Sheet2，含有数据透视表），将工作区右侧的“城市（毫米）”拖动至“行标签”区域。

（4）选中 Sheet2 工作表的 A1 单元格，切换到【数据透视表工具】的【分析】选项卡。在【数据透视表】分组中选择【选项】→【显示报表筛选页】，单击【确定】按钮后，会自动按表中的城市名创建多个独立的工作表。

（5）选中 Sheet2 工作表的 A1:M32 单元格区域并复制，选中“重庆市”工作表，然后按钮 Ctrl 键的同时，依次单击“扬州市”“长沙市”“长春市”...以选中全部以城市命名的工作表，选中 A3 单元格并粘贴，这时所有的表都把数据透视表粘贴过去，然后删除 Sheet2 工作表。

（6）选中“北京市”工作表，将工作区右侧的“北京市”拖动至【数值】区域（此拖动工作需要操作两遍）。然后在“求和项：北京市 2”所在单元格上双击，将【值显示方式】设置为“总计的百分比”，单击【确定】按钮。

（7）最后按照“北京市”工作表的设置方式，对其他城市工作表进行相同的设置。

2．在“主要城市降水量”工作表中，将纸张方向设置为横向，并适当调整其中数据的列宽，以便可以将所有数据都打印在一页 A4 纸内。

操作步骤如下：

（1）选中 A1:S32 单元格区域，切换到【页面布局】选项卡，在【页面设置】分组中选择【设置打印区域】。将【纸张方向】设置为“横向”、【纸张大小】设置为“A4”。

（2）打开【页面设置】的扩展菜单，在打开的【页面设置】对话框中，将【调整为】设置为“1”页宽，“1”页高。

15.4.6 降水量 3D 地图展示

请选择 8 月份降水量数据，利用 3D 地图功能展示。

Excel 2016 增加了 3D 地图功能，利用这个功能，在日常的数据分析、会议展示上，可以获得非常好的视觉冲击效果，让你的数据更直观，更具说服力。

操作步骤如下：

（1）选择“主要城市降水量”工作表，选取 A1:M32 区域，然后切换到【插入】选项卡，在【演示】组中选择【三维地图】→【打开三维地图】，如图 15-33 所示。

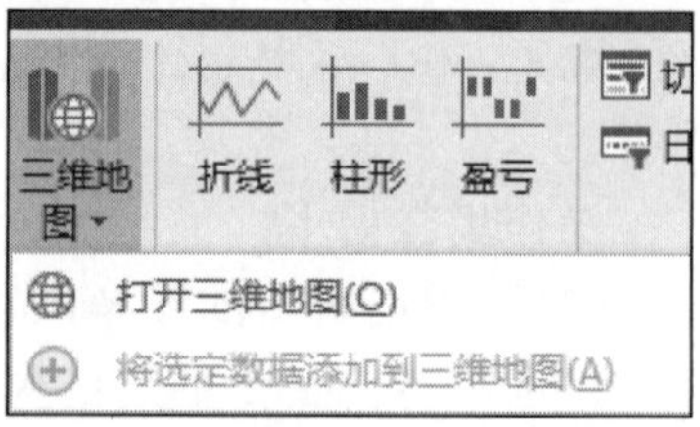

图 15-33 打开三维地图

（2）在弹出的【启动三维地图】对话框中选择【新建演示】，进入到三维地图设置界面，在界面左侧是所创建的三维地图名称，中间是二维地图显示区，右侧是字段设置区，在【位置】中的“城市（毫米）”对应的字段选择“城市”进行匹配，在【高度】中添加“8 月”数据，然后关闭【字段列表】，如图 15-34 所示。

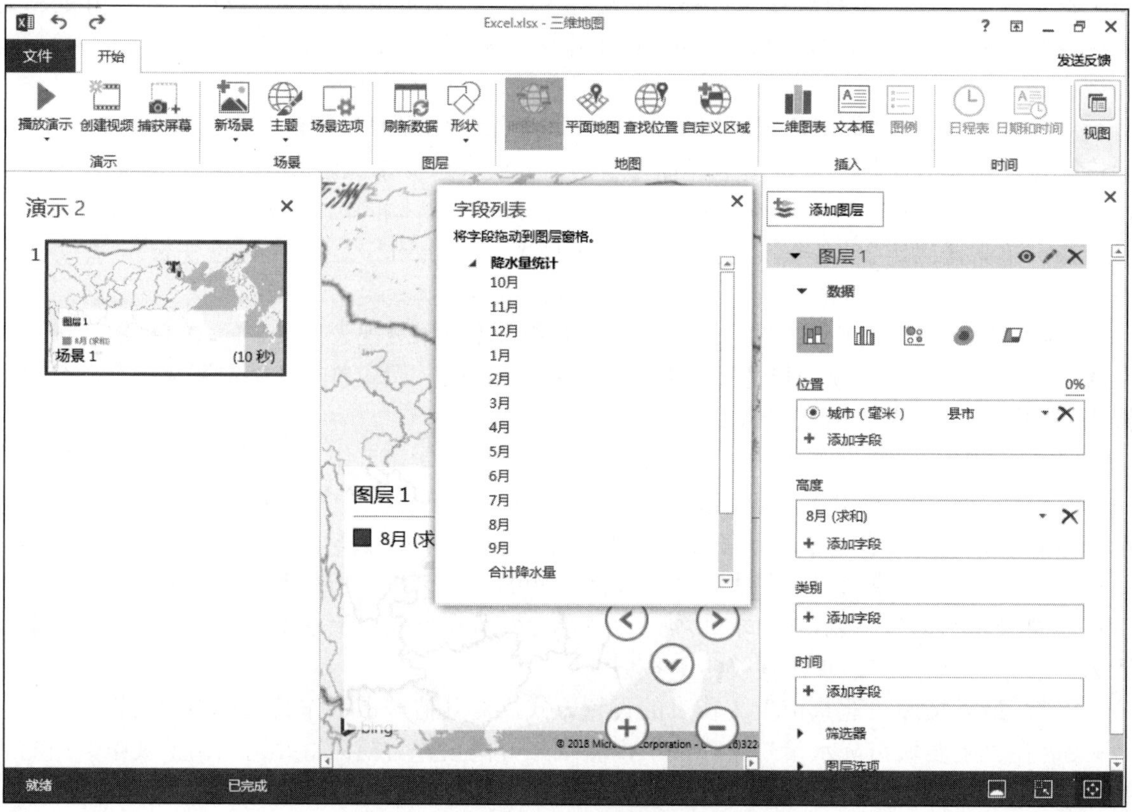

图 15-34 三维地图设置

（3）设定好后可以把左侧三维地图名称窗口和右侧字段设置窗口关闭，在中间地图区域可以看到根据城市名称所显示的三维降水量图，图表可根据用户需要在右下角使用方向按钮和加减按钮切换不同的角度和放大或缩小比例。除此以外，还可以使用三维地图上方工具栏对三维地图图表进行设置，但需要注意的是三维地图是以地图上的信息作为定位，例如可以使用经度、纬度、城市、县市、街道、邮政编码、完整地址等跟坐标位置有关的信息来生成。

15.5　员工档案表

打开“员工档案表.xlsx”，按照实训要求完成各项操作。

15.5.1　提取身份证信息

在“员工档案表”工作表中，利用公式及函数依次输入每个员工的性别“男”或“女”、出生日期“××××年××月××日”、年龄、生肖、星座、生源地省份（直辖市）、生源地地区（县区）和对身份证进行校验。公民身份证号码由17位数字本体码和一位校验码组成，排列顺序从左至右依次为：6位数字地址码、8位数字出生日期码、3位数字顺序码和一位数字校验码。其中，前6位为地址码，表示编码对象常住户口所在县（市、旗、区）的行政区划代码。第7～第14位为出生日期码，表示编码对象出生的年、月、日，年龄需要按周岁计算，满1年才计1岁。第15～第17位为顺序码，表示在同一地址码所标识的区域范围内，对同年、同月、同日出生的人编定的顺序号，顺序码的奇数分配给男性，偶数分配给女性。最后一位是校验码。

操作步骤如下：

（1）提取性别的思路：利用MID函数提取身份证的第17位，然后用MOD函数除以2取余数，当余数为1时为男性，否则为女性。

选中“D2”单元格，在该单元格内输入函数“=IF(MOD(MID(F4,17,1),2)=1,"男","女")”，按Enter键完成操作。然后利用自动的填充功能对其他单元格进行填充。

（2）提取出生日期思路：利用DATE函数（返回代表特定日期的序列号，如果在输入函数前单元格格式为“常规”，则结果为日期格式），在DATE函数中的（year,month,day）参数分别用MID函数提取身份证的第7～10位为年，第11～12位为月，第13～14位为日，最后的公式为“=DATE(MID(F4,7,4),MID(F4,11,2),MID(F4,13,2))”。

DATE(year,month,day)

1）year可以为1～4位数字。Microsoft Excel将根据所使用的日期系统来解释year参数。默认情况下，Microsoft Excel for Windows将使用1900日期系统。

2）month代表每年中月份的数字。如果输入的月份大于 12，将从指定年份的一月份开始往上加算。

3）day代表在该月份中第几天的数字。如果day大于该月份的最大天数，则将从指定月份的第一天开始往上累加。

（3）计算年龄的思路：用今天日期减去出生日期，得出此人迄今活过的天数，然后除以365.25（因为闰年不是365），然后取整数。公式为“=INT((TODAY()-G4)/365.25)”

（4）提取生肖的思路：根据出生日期，利用MOD函数，用年份减去4除以12，得到余数。根据十二生肖“鼠、牛、虎、兔、龙、蛇、马、羊、猴、鸡、狗、猪”，余数为1就属鼠，余2属牛，依此类推。然后再利用MID函数在十二生肖的序列中取相应的生肖，最后公式为“=MID("鼠牛虎兔龙蛇马羊猴鸡狗猪",MOD(YEAR(F4)-4,12)+1,1)”。

注：+1是防止余数为0时不能输出属相。

（5）提取星座思路：根据出生日期，提取月份和日期，然后利用 LOOKUP 函数，将提取出来的月份和日期进行比较，在相应的区间输出相应的星座，公式为："=LOOKUP(--TEXT(G4,"m.dd"),{1.01,1.21,2.19,3.21,4.21,5.21,6.22,7.23,8.23,9.23,10.23,11.22,12.22},{"魔羯座","水瓶座","双鱼座","白羊座","金牛座","双子座","巨蟹座","狮子座","处女座","天秤座","天蝎座","射手座","魔羯座"})"。

LOOKUP 函数：返回向量或数组中的数值，它有两种语法形式：向量和数组。本例使用的是向量形式。

（6）提取生源地省份（直辖市）思路：在"2012 年地址码"工作表中提供了身份证前两位对应的地址信息，只需要利用 MID 函数将身份证的前两位提取出来，用 VLOOKUP 函数进行比较，然后将对应的省份信息填入即可，公式为："=IFERROR(VLOOKUP(MID(F4,1,2),'2012年地址码'!B:C,2,FALSE),"")"。

IFERROR 函数：如果公式的计算结果错误，则返回指定的值；否则将返回公式的结果。使用 IFERROR 函数来捕获和处理公式中的错误。

IFERROR(value, value_if_error)

1）value 必需，检查是否存在错误的参数。

2）value_if_error 必需，公式的计算结果错误时要返回的值。计算得到的错误类型有：#N/A、#VALUE!、#REF!、#DIV/0!、#NUM!、#NAME? 或 #NULL!。

（7）提取生源地地区（县区）与提取省份类似，在提取身份证位数时提取前 6 位作为地址码，公式为："=IFERROR(VLOOKUP(MID(F4,1,6),'2012 年地址码'!B:C,2,FALSE),"")"。

注：由于我国的行政区域每年都有变化，所以提取出来的省份和地区会与实际区域有所差异，本例根据 2012 年区域进行统计。

（8）身份证校验思路：身份证号码的检验的原理是前 17 位数分别乘以权重（身份证前 17 位每个数对应的权重是 7，9，10，5，8，4，2，1，6，3，7，9，10，5，8，4，2），乘积相加之后再除以 11 求余数，然后利用这个余数建立一个数据对比表，以此来计算出身份证号码的最后一位，见表 15-1。

表 15-1 身份证前 17 位计算的余数对应的校验码

余数	校验码
0	1
1	0
2	X
3	9
4	8
5	7
6	6
7	5
8	4
9	3
10	2

也就是说，你的身份证号码的最后一位是由前 17 位按一个公式自动生成的。所以我们只需要倒过来验证此前 17 位的计算结果是不是和最后一位对应，就知道这个号码是否为真。

利用 MID 函数将最后一位数取出，用 MOD 函数计算取前 17 位数乘以权重相加后除以 11 的余数，然后用 LOOKUP 函数对比计算余数的结果，将校验码取出，最后用 IF 语句判断最后一位数是否等于计算出来的校验码，相等就输出“真”，否则就输出“假”，公式为：

“=IF(TEXT(MID(F4,18,1),0)=TEXT(LOOKUP(MOD(MID(F4,1,1)*7+MID(F4,2,1)*9+MID(F4,3,1)*10+MID(F4,4,1)*5+MID(F4,5,1)*8+MID(F4,6,1)*4+MID(F4,7,1)*2+MID(F4,8,1)*1+MID(F4,9,1)*6+MID(F4,10,1)*3+MID(F4,11,1)*7+MID(F4,12,1)*9+MID(F4,13,1)*10+MID(F4,14,1)*5+MID(F4,15,1)*8+MID(F4,16,1)*4+MID(F4,17,1)*2,11),{0,1,2,3,4,5,6,7,8,9,10},{1,0,"X",9,8,7,6,5,4,3,2}),0),"真","假")”。

15.5.2 设置生日提醒

公司为了提高员工的归属感，每年会在员工生日时提前准备并为其庆祝，请根据员工出生日期设置生日提醒（在 10 天内提醒，如果大于 0 则显示“还有 N 天生日”，小于 0 则不显示，等于 0 则显示“今天生日”）。填好后适当调整工作表的行高、列宽、对齐方式等，以方便阅读。

操作步骤如下：

（1）首先，生日当天的日期中的月份=对应员工出生日期中的月份，可以利用 MONTH 函数来确定。其次，假设希望提前 10 天提醒，那么(当天的日期中的“天”)−(员工生日中的“天”)≤10，这个可以用 TODAY 函数和 DAY 函数来确定。而员工生日过了就不需要提醒，所以(当天日期中的“天”)−(员工生日中的“天”)要大于 0。转化为 Excel 的条件如下：

第一个条件：判断月份是否相同，MONTH(G4)=MONTH(TODAY())。

第二个条件：“天”之间的差额是否大于 0，DAY(G4)-DAY(TODAY())>0。

第三个条件：“天”之间的差额是否小于等于 10，DAY(G4)-DAY(TODAY())<=10。

既然要同时满足这 3 个条件，那就用 AND 函数（所有参数的逻辑值为真时，返回 TRUE；只要有一个参数的逻辑值为假，即返回 FALSE）把这 3 个条件框起来，公式为：“=AND(MONTH(TODAY())=MONTH(G4),(DAY(G4)-DAY(TODAY()))>0,(DAY(G4)-DAY(TODAY()))<=10)”。

AND(logical1,logical2, ...)

logical1, logical2, ... 表示待检测的 1～30 个条件值，各条件值可为 TRUE 或 FALSE。

（2）接下来就把 IF 函数套上去，再加上希望显示的提醒内容。如果同时满足月份相同且“0<天数差≤10”，则显示“提醒的内容”，否则显示空白文本。为了显示提醒内容为“还剩 n 天”，这里使用了&连接字符，其中 n 表示天数差额，公式为“=DAY(G4)-DAY(TODAY())”。

最后的公式为：

“=IF(AND(MONTH(TODAY())=MONTH(G4),(DAY(G4)-DAY(TODAY()))>0,(DAY(G4)-DAY(TODAY()))<=10),"还剩"&DAY(G4)-DAY(TODAY())&"天","")”

拓展知识：

利用 Excel 中的隐藏函数 DATEDIF 也可以计算。

DATEDIF 函数是 Excel 的隐藏函数，在帮助和插入公式里面没有。返回两个日期之间的年\月\日间隔数。常使用 DATEDIF 函数计算两日期之差。

DATEDIF(start_date,end_date,unit)

1）start_date 为一个日期，它代表时间段内的第一个日期或起始日期。

2）end_date 为一个日期，它代表时间段内的最后一个日期或结束日期。

3）unit 为所需信息的返回类型。

注：结束日期必须大于起始日期。

DATEDIF(开始日期,结束日期,返回参数)，返回参数有 Y、M、D、YM、YD、MD 6 种，见表 15-2。

表 15-2 参数说明表

参数	说明
Y	计算周年
M	计算足月
D	计算天数
YM	计算除了周年之外剩余的足月
YD	计算除了周年之外剩余的天数
MD	计算除了足月之外剩余的天数

将 DATEDIF 函数应用于本例，希望提前 10 天提醒，那么应为："出生日期-10"。公式为"=DATEDIF(G4-10,TODAY(),"yd")"。

再结合判断函数，公式为：

"=IF(DATEDIF(G4-10,TODAY(),"yd")<=10,"还剩"&10-DATEDIF(G4-10,TODAY(),"yd")&"天","")"

15.5.3 保护工作表

为了保证"员工档案表"的完整性请设置保护工作表，锁定公式不被修改。

操作步骤如下：

（1）选择整个工作表，按"Ctrl+1"组合键，弹出【设置单元格格式】对话框【保护】选项卡，取消勾选【锁定】复选框，单击【确定】按钮。

（2）按"Ctrl+G"组合键弹出【定位】对话框，单击【定位条件】。

（3）在弹出的【定位条件】对话框中选择【公式】，然后单击【确定】按钮。

（4）接着按"Ctrl+1"组合键调出【设置单元格格式】对话框，勾选【锁定】复选框，然后单击【确定】按钮。

（5）单击【审阅】→【保护工作表】，在弹出的对话框中输入密码，然后单击【确定】按钮。

（6）在弹出的对话框中再次输入密码，单击【确定】按钮。

15.6　高级图表制作

打开“高级图表制作.xlsx”，按照实训要求完成各项操作。

15.6.1　特殊图形样式图表

请打开“特殊图形样式图表”工作表，根据表中提供的数据制作图表，图表如图 15-35 所示。

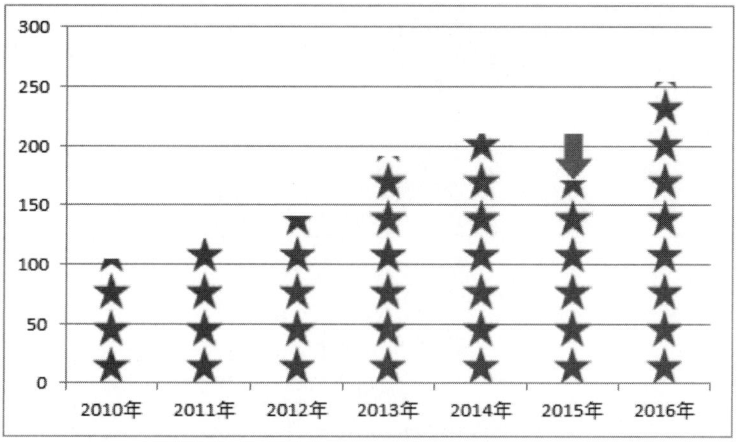

图 15-35　特殊图形样式图表

操作步骤如下：

（1）选取表格中数据，制作【堆积柱形图】。

（2）制作一个五角星，【插入】→【形状】，选择“五角星”，并填充为“红色”。

（3）选择图中的“五角星”，按“Ctrl+C”组合键复制，选中柱状图的“柱形”，按“Ctrl+V”组合键粘贴，如图 15-36 所示。

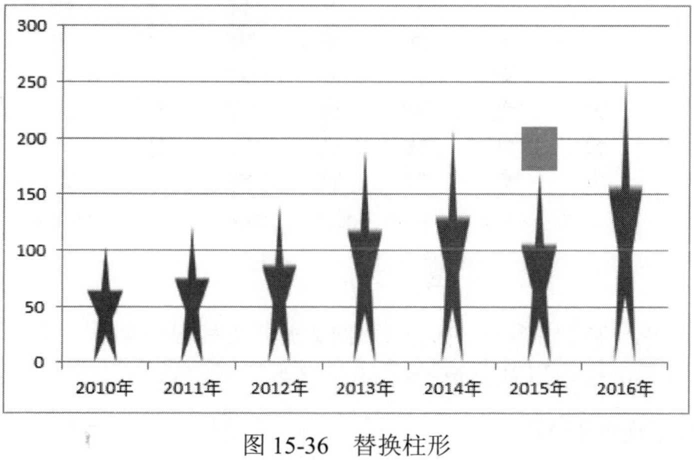

图 15-36　替换柱形

（4）选中图形“五角星”，右击选择快捷菜单中的【设置数据系列格式】，在右侧打开【设置数据系列格式】对话框，选择【填充与线条】选项卡，打开【填充】菜单，选择【层叠】单选按钮，如图 15-37 所示，设置好后关闭，得到如图 15-38 所示的效果。

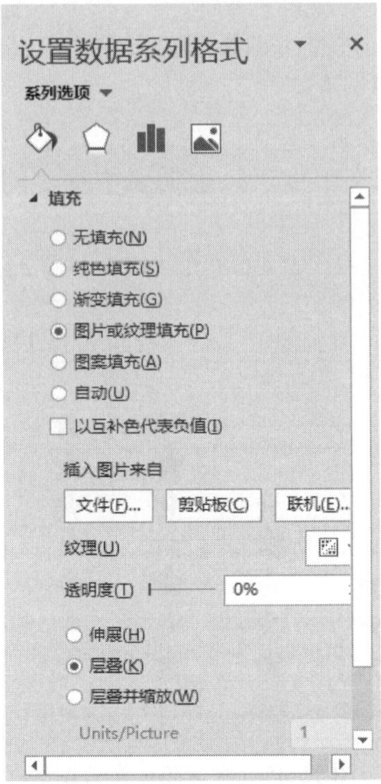

图 15-38　设置层叠

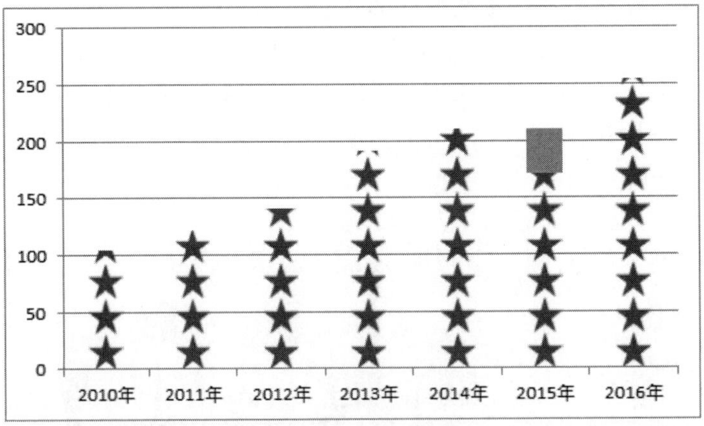

图 15-38　层叠效果

（5）依据上述方法再将堆积的柱形进行修改便可得到最终效果，为了让图表能更直观地显示汽车销量或销售额，还可以在互联网下载“汽车”或“钱袋”的图片进行替换。

15.6.2　对比形簇状条形图

请打开“对比形簇状条形图”工作表，根据表中提供的数据制作图表，图表参照图 15-39。

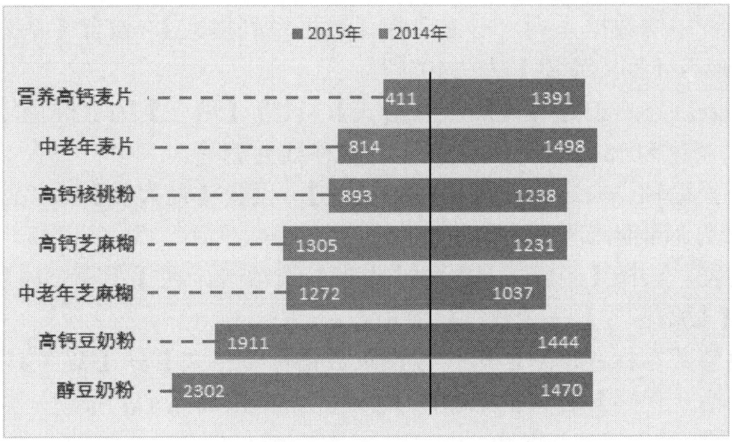

图 15-39　对比形簇状条形图

操作步骤如下：

（1）构建辅助列，在“2015 年数据”的右侧新增一列，将“2014 年数据”更改为负数。

（2）选中数据，单击【插入】选项卡，在【图表】分组中单击【条形图】→【二维条形图】→【簇状条形图】。

（3）插入后选择纵坐标轴，右击选择【设置坐标轴格式】，在【坐标轴选项】中设置【坐标轴位置】为“逆序类别”，【与坐标轴的距离】为“0”，【标签位置】为“低”，【横坐标轴交叉】为“最大分类”，如图 15-40 所示。然后切换到【线条颜色】选项卡，设置【线条】为“实线”，【颜色】为“黑色”，然后修改坐标轴字体。

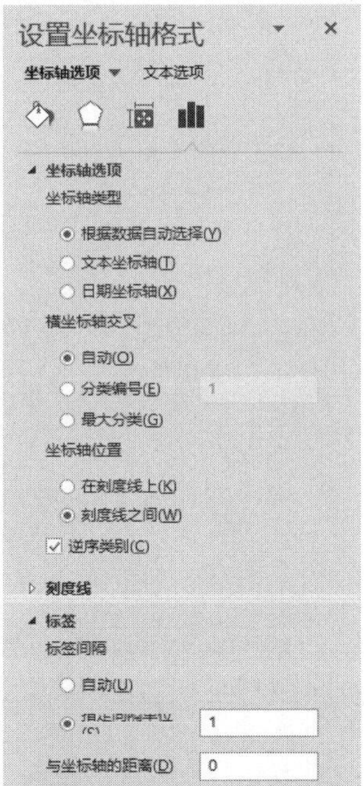

图 15-40　设置坐标轴格式

（4）选中图表中的数据系列，右击选择【数据系列格式】，设置【系列选项】中的【系列重叠】为“100%”，【间隙宽度】为“40%”。

（5）选中图表区，右击选择【图表区格式】，设置【填充】为“纯色填充”，【颜色】为“金色，个性 4，淡色 80%”，再选中图表区的网格线并删除。

（6）选中横坐标轴，右击选择【坐标轴格式】，设置【最大值】为“2500”，【最小值】为“-2500”。修改好后删除横坐标轴。

（7）选中图表，选择【图表工具】→【设计】选项卡，在【图表布局】分组中单击【添加图表元素】→【数据标签】→【数据标签内】。

（8）选中负值数据标签，右击选择【设置数据标签格式】→【数字】→【类别】，选择【自定义】，在【格式代码】编辑框中输入“0;0;0”，单击【添加】按钮，强制将负数显示为正数。然后设置数据标签字体与颜色。

（9）选中“2014 年数据”系列，单击【图表工具】→【设计】选项卡，在【图表布局】分组中单击【添加图表元素】→【误差线】→【标准误差线】，选择“误差线”，右击选择【设置误差线格式】，将【水平误差线】的【方向】设为【正负偏差】，【末端样式】设为【无线端】，【误差量】设为【自定义】，【正错误值】为“50”，【负错误值】为“2500”，如图 15-41 所示。修改误差线后，坐标轴的数值会发生改变，需要重新再修改坐标轴的最大值和最小值，在【线条颜色】选项卡中设置【线条】为“实线”，【颜色】为“金色，个性 4，淡色 25%”。在【线型】选项卡中设置【宽度】为“1.5 磅”，【短划线类型】为“短划线”。

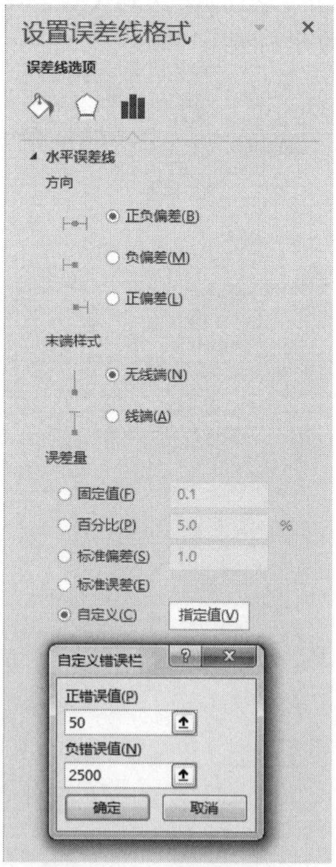

图 15-41　设置误差线格式

（10）设置完后单击【关闭】按钮，适当修改图表大小、字体、图例显示的位置即可。

15.6.3 双层饼图

请打开“双层饼图”工作表，根据表中提供的数据制作图表，图表参照图 15-42。

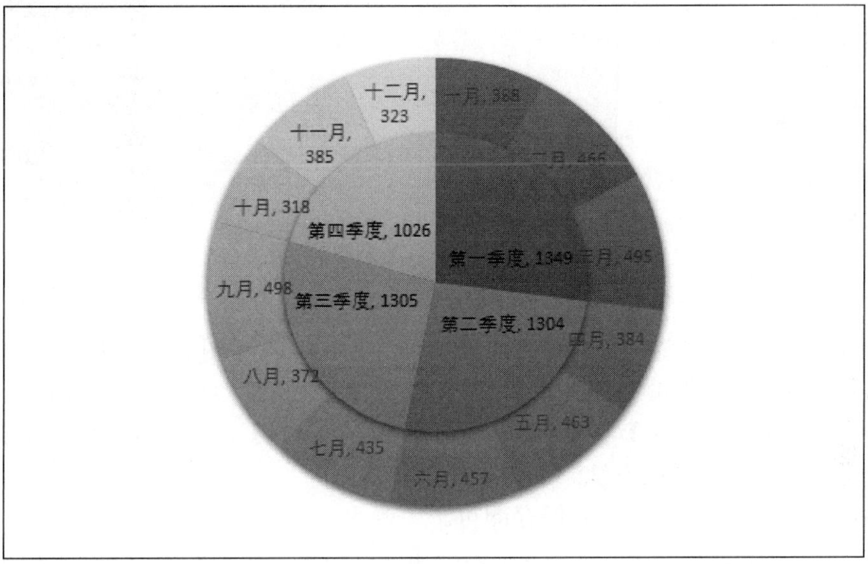

图 15-42 双层饼图

操作步骤如下：

（1）由于饼图以最先出现的系列为表现，所以要先绘制最里面一层的饼图——主饼图，选中营业额小计“B2:B13”单元格区域，选择【插入】选项卡，单击【图表】分组中的【饼图】，插入后格式化图表，删除图例项、图表标题，调整图表大小、边框。

（2）绘制外层饼图，选择图表右击，在快捷菜单中选择【选择数据】，单击【添加】按钮，【系列名称】设置为“月营业额”，【系列值】选择“D2:D13”单元格区域，单击【确定】按钮。然后在弹出的【选择数据源】对话框中，单击【水平（分类）轴标签】下的【编辑】，在【轴标签区域】选择“C2:C13”，单击【确定】按钮。弹出【选择数据】对话框，单击【确定】按钮退出。此时图表似乎没有任何变化。

（3）选中图表右击，在快捷菜单中选择【设置数据系列格式】，在【系列选项】选项卡的【系列绘制在】中选择【次坐标轴】，【饼图分离】调整为 50%，然后关闭。【设置数据系列格式】对话框如图 15-43 所示。

（4）单击选中图表的“营业额小计”系列，再单击“营业额小计”系列中的一个扇区，按住鼠标左键不放，将第一扇区拖至饼图的中央对齐。用同样的方法将其他 3 个扇区拖到饼图中央对齐，如图 15-44 所示。然后选择图表，在【图表工具】→【设计】选项卡，设置【图表样式】为“样式 8”，【更改颜色】为“单色调色板 1”。

（5）选中图表右击，选择【选择数据】，选中“营业额小计”系列，单击【水平（分类）轴标签】下的【编辑】按钮，在【轴标签区域】选择“A2:A13”单元格区域，然后单击【确定】按钮。

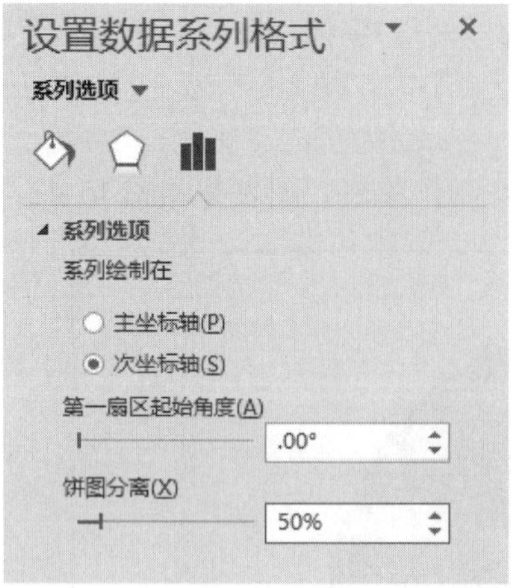

图 15-43 【设置数据系列格式】对话框

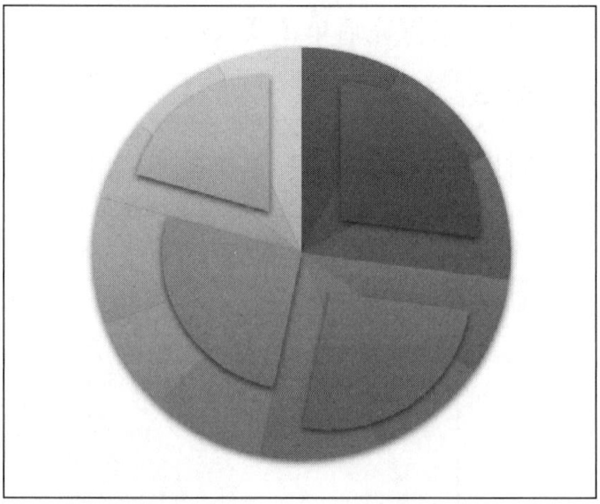

图 15-44 调整内层饼图

（6）添加内层饼图标签。选中“营业额小计”系列，在【图表工具】→【设计】选项卡【图表布局】分组中选择【添加图表元素】，选择【其他数据标签选项】，在【设置数据标签格式】对话框中勾选【类别名称】和【值】复选框，【标签位置】设置为【最佳匹配】，然后单击【关闭】按钮，接着用同样的方法添加外层饼图标签。

（7）最后，进一步美化图表并保存即可。

15.6.4 复杂组合图表

请打开“复杂组合图表”工作表，根据表中提供的数据制作图表，图表参照图 15-45。

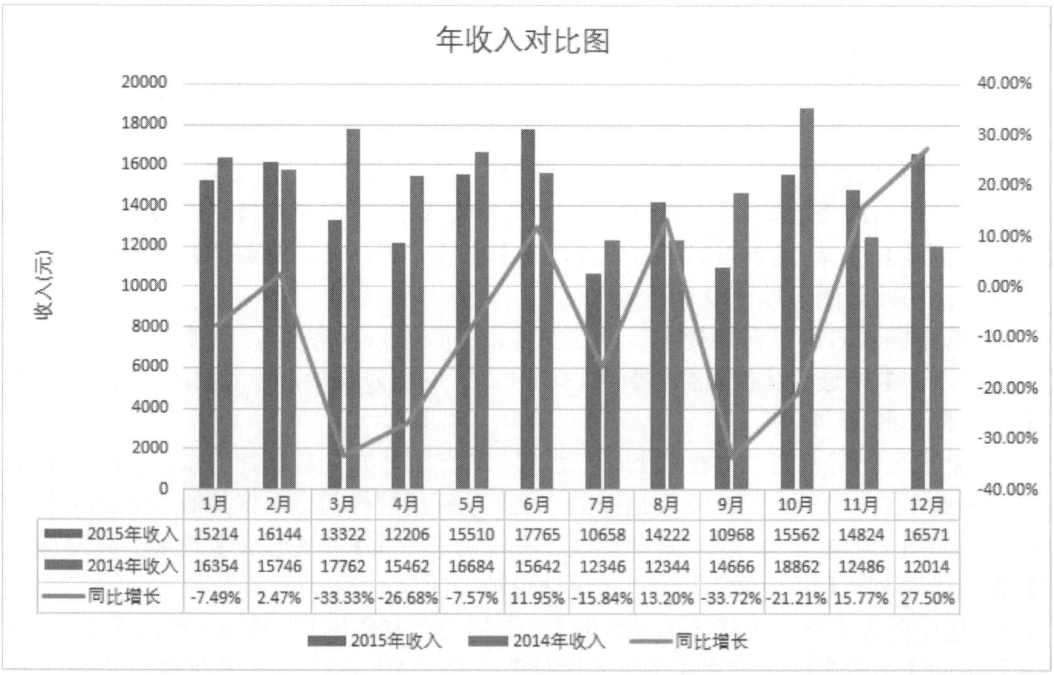

	1月	2月	3月	4月	5月	6月	7月	8月	9月	10月	11月	12月
2015年收入	15214	16144	13322	12206	15510	17765	10658	14222	10968	15562	14824	16571
2014年收入	16354	15746	17762	15462	16684	15642	12346	12344	14666	18862	12486	12014
同比增长	-7.49%	2.47%	-33.33%	-26.68%	-7.57%	11.95%	-15.84%	13.20%	-33.72%	-21.21%	15.77%	27.50%

图 15-45 复杂组合图表

操作步骤如下：

（1）选中表格中的所有数据，选择【插入】选项卡，在【图表】组中单击【柱形图】→【簇状柱形图】。

（2）选中图表的“同比增长”数据系列（由于数据太小，故创建图形的形状很小，选择的时候要耐心），然后右击，在快捷菜单中选择【设置数据系列格式】，在【系列选项】选项卡中设置【系列绘制在】为【次坐标轴】，然后单击【关闭】按钮，将“同比增长”数据调至次坐标，如图 15-43 所示。

（3）选中图表的“同比增长”数据系列，选择【插入】选项卡，在【图表】组中单击【折线图】→【折线图】，将“同比增长”数据系列改为【折线图】。

（4）选中图表，选择【图表工具】→【设计】选项卡，然后对图表的布局、大小、标题、字体等进行修改和微调，最后保存完成操作。

15.7　《小企业会计准则》的培训课件制作

某会计网校的刘老师正在准备有关《小企业会计准则》的培训课件，她的助手已搜集并整理了一份该准则的相关资料存放在“《小企业会计准则》培训素材.docx”中。按下列要求帮助刘老师完成 PPT 课件的整合制作。

15.7.1　利用 Word 文档创建 PowerPoint

在 PowerPoint 中创建一个名为“小企业会计准则培训.pptx”的新演示文稿，该演示文稿需要包含 Word 文档“《小企业会计准则》培训素材.docx”中的所有内容，每张幻灯片对应 Word 文档中的一页，Word 文档中应用了“标题 1”“标题 2”“标题 3”样式的文本内容分别对应演示文稿中每页幻灯片的标题文字、第一级文本内容、第二级文本内容。

操作步骤如下：

（1）由于“《小企业会计准则》培训素材.docx”内容应用了系列标题样式，可以使用 Word 中【发送到 Microsoft PowerPoint】功能快速生成 PowerPoint。

（2）打开“《小企业会计准则》培训素材.docx”，切换到【文件】选项卡，在右侧菜单选择【选项】，选择【自定义功能区】，在【下列位置选择命令】选择【所有命令】，在列表中选中【发送到 Microsoft PowerPoint】，在【自定义功能区】选择【新建组】，单击【添加】按钮。

（3）在【开始】选项卡找到【新建组】，单击【发送到 Microsoft PowerPoint】，文档内容自动发送到 PowerPoint，并生产 19 页的幻灯片，单击演示文稿的【保存】按钮，弹出【另存为】对话框，输入文件名“小企业会计准则培训.pptx”，并单击【保存】按钮。

15.7.2　编辑 PowerPoint

将第一张幻灯片的版式设为“标题幻灯片”，在该幻灯片的右下角插入素材中的“图片.png”，依次为标题、副标题和新插入的图片设置不同的动画效果，并且指定动画出现的顺序为图片、标题、副标题。

操作步骤如下：

（1）选择第一张幻灯片，单击【开始】选项卡【幻灯片】分组中的【版式】下拉按钮，在弹出的下拉列表中选择【标题幻灯片】。

（2）单击【插入】选项卡【图像】分组中的【图片】按钮，找到素材文件夹中的“图片.png”单击【插入】，适当调整剪贴画的位置和大小。

（3）选择标题文本框，在【动画】选项卡的【动画】分组中选择“淡出”动画。选择副标题文本框，为其选择“浮入”动画。选择图片，为其选择“随机线条”动画。单击【高级动画】分组中的【动画窗格】，打开【动画窗格】，在窗格中选择“Picture 6”并拖动至窗格的顶层，则标题为第二层，副标题为第三层，如图 15-46 所示。

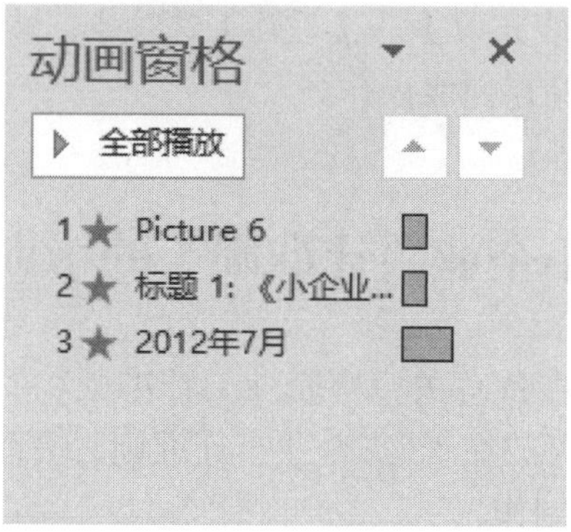

图 15-46 动画窗格

取消第 2 张幻灯片中文本内容前的项目符号，并将最后两行的落款和日期右对齐。将第 3 张幻灯片中用绿色标出的文本内容转换为“垂直框列表”类的 SmartArt 图形，并分别将每个列表框链接到对应的幻灯片。将第 9 张幻灯片的版式设为“两栏内容”，并在右侧的内容框中插入对应素材文档第 9 页中的图形。将第 14 张幻灯片最后一段文字向右缩进两个级别，并链接到文件“小企业准则适用行业范围.docx”。

操作步骤如下：

（1）选中第 2 张幻灯片中的文本内容，单击【开始】→【段落】分组中的【项目符号】右侧的下三角按钮，在弹出的下拉列表中选择【无】选项。选择最后的两行文字和日期，单击【段落】分组中的【文本右对齐】按钮。

（2）选中第 3 张幻灯片中的文本内容，右击，在弹出的快捷菜单中选择【转换为 SmartArt】级联菜单中的【其他 SmartArt 图形】选项，在弹出的对话框中选择【列表】选项。然后在右侧的列表框中选择“垂直框列表”，单击【确定】按钮。

（3）选中“小企业会计准则的颁布意义”文字，右击，在弹出的快捷菜单中选择【超链接】选项，弹出【插入超链接】对话框，在该对话框中单击【本文档中的位置】，在右侧的列表框中选择“4．小企业会计准则的颁布意义”幻灯片，单击【确定】按钮。使用同样的方法将余下的文字链接到对应的幻灯片中。

（4）选择第 9 张幻灯片，单击【开始】选项卡【幻灯片】分组中的【版式】下拉按钮，在弹出的下拉列表中选择【两栏内容】选项。将文稿中第 9 页中的图形复制粘贴到幻灯片中，并将右侧的文本框删除，适当调整图片的位置。

（5）选中第 14 张幻灯片中的最后一行文字，单击【段落】分组中的【提高列表级别】两次，然后右击，在弹出的快捷菜单中选择【超链接】选项，弹出【插入超链接】对话框，在该对话框中单击【现有文件或网页】，在右侧的列表框中选择素材文件夹下的“小企业准则适用行业范围.docx”，单击【确定】按钮。

将第 15 张幻灯片自“（二）定性标准”开始拆分为标题同为“二、统一中小企业划分范畴”的两张幻灯片，并参考原素材文件中的第 15 页内容将前一张幻灯片中的红色文字转换为一个表格。

操作步骤如下：

（1）选择第 15 张幻灯片，切换至【大纲】视图，在【大纲】视图中将光标移至“100 人及以下”的右侧，按 Enter 键，然后单击【段落】分组中的【降低列表级别】按钮，即可将第 15 张幻灯片进行拆分，然后将原幻灯片的标题复制到拆分后的幻灯片中。

（2）删除幻灯片中的红色文字，选择素材文件中第 15 页标红的表格和文字，将其粘贴到第 15 张幻灯片上。然后选中粘贴的对象，在【表格工具/设计】组中，将【表格样式】设置为“主题样式 1-强调 6”，并对表格内文字的格式进行适当的调整。

将素材文档第 16 页中的图片插入到对应的幻灯片中，并适当调整图片大小。将最后一张幻灯片的版式设为“标题和内容”、将图片“pic1.gif”插入内容框中并适当调整其大小。将倒数第 2 张幻灯片的版式设为“内容与标题”，参考素材文件第 18 页中的样例，在幻灯片右侧的内容框中插入 SmartArt 不定向循环图，并为其设置一个逐项出现的动画效果。

操作步骤如下：

（1）选中素材文件第 16 页中的图片，复制粘贴到第 17 张幻灯片中，并适当调整图片的大小和位置。

（2）选择最后一张幻灯片，单击【开始】选项卡下【幻灯片】分组中的【版式】下拉按钮，在弹出的下拉列表中选择【标题和内容】选项。然后在内容框内单击【插入来自文件的图片】按钮，弹出【插入图片】对话框，在该对话框中选择考生文件夹下的“pic1.gif”素材图片，然后单击【插入】按钮，适当调整图片的大小和位置。

（3）选择倒数第 2 张幻灯片，单击【开始】选项卡下【幻灯片】分组中的【版式】下拉按钮，在弹出的下拉列表中选择【内容与标题】选项。然后将右侧内容框中的文字剪切到左侧的内容框内。单击右侧内容框内的【插入 SmartArt 图形】按钮，在弹出的对话框中选择【循环】选项，在右侧的列表框中选择【不定向循环】选项。

（4）单击【确定】按钮，然后选择最左侧的形状，单击【SmartArt 工具/设计】选项卡【创建图形】组中的【添加形状】下拉按钮，在弹出的下拉列表中选择【在前面添加形状】选项。然后在形状中输入文字。

（5）选中插入的 SmartArt 图形，选择【动画】选项卡【动画】分组中的【缩放】选项。然后单击【效果选项】下拉按钮，在弹出的下拉列表中选择【逐个】选项。

15.7.3 PowerPoint 分节

将演示文稿按下列要求分为 5 节，并为每节应用不同的设计主题和幻灯片切换方式。

节名及每节包含的幻灯片：

小企业准则简介　　　1～3

准则的颁布意义 4～8
准则的制定过程 9
准则的主要内容 10～18
准则的贯彻实施 19～20

操作步骤如下：

（1）将光标置入第 1 张幻灯片的上部，右击，在弹出的快捷菜单中选择【新增节】选项。然后选中【无标题节】文字，右击，在弹出的快捷菜单中选择【重命名节】命令，在弹出的对话框中将【节名称】设置为“小企业准则简介”，最后再单击【重命名】按钮。

（2）将光标置入第 3 张与第 4 张幻灯片之间，使用前面的介绍方法新建节，并将节的名称设置为“准则的颁布意义”。使用同样的方法将余下的幻灯片进行分节。

（3）选中“小企业准则简介”节，然后选择【设计】选项卡【变体】→【颜色】中的“蓝色暖调”主题。使用同样的方法为不同的节设置不同的主题，并对幻灯片内容的位置及大小进行适当的调整。

（4）选中“小企业准则简介”节，然后选择【切换】选项卡【切换到此幻灯片】分组中的“涟漪”选项。使用同样的方法为不同的节设置不同的切换方式。

15.8 入职培训课件制作

在某公司人力资源部就职的乐超超需要制作一份供新员工培训时使用的 PowerPoint 演示文稿。按照下列要求，并参考“完成效果.docx”文件中样例的效果，完成演示文稿的制作。

15.8.1 主题的应用

为演示文稿应用考生文件夹下的主题“员工培训主题.thmx”。

操作步骤如下：

（1）切换【设计】选项卡，在【主题】分组单击右侧的下拉箭头，单击【浏览主题】。

（2）找到并选中素材文件夹下的“员工培训主题.thmx”，单击【应用】按钮。

15.8.2 编辑 PowerPoint

在幻灯片 2 中插入考生文件夹下的图片“欢迎图片.jpg”，并应用“棱台形椭圆,黑色”的图片样式，参考“完成效果.docx”文件中的样例效果将图片和文本置于适合的位置。

操作步骤如下：

（1）选中第 2 张幻灯片，切换【插入】选项卡，在【图像】分组中选择【图片】，找到并选中素材文件夹下的“欢迎图片.jpg”，单击【插入】按钮。

（2）切换到【图片工具】的【格式】选项卡，在【图片样式】分组中为图片应用“棱台形椭圆，黑色”样式，参考效果图适当移动图片的位置。

将幻灯片 3 中的项目符号列表转换为 SmartArt 图形，布局为“降序基本块列表”，为每个形状添加超链接，链接到相应的幻灯片 4、5、6、7、8、9、11。

操作步骤如下：

（1）选中第 3 张幻灯片文本框中的内容，右击选择【转换为 SmartArt】→【其他 SmartArt 图形】，选择【列表】→【降序基本块列表】，单击【确定】按钮。

（2）单击第 1 个方框的外边框（使方框处于选中状态）并右击，选择【链接】，左侧选择【本文档中的位置】，右侧选择“4. 公司历史/公司展望”，单击【确定】按钮（注意，是为方框设置超链接，而不是为方框中的文字设置超链接）。

（3）按上述方法，按顺序为后面的方框设置超链接为第 5、6、7、8、9、11 页。

在幻灯片 5 中，参考样例效果，将项目符号列表转换为 SmartArt 图形，布局为“组织结构图”，将文本“监事会”和“总经理”的级别调整为“助理”；在采购部下方添加“北区”和“南区”两个形状，分支布局为“标准”。

操作步骤如下：

（1）选中第 5 张幻灯片，首先选中并删除“总经理”和“监事会”对应的内容。

（2）光标定位在“采购部”文字的后面，按 Enter 键换行后输入“北区”，再按 Enter 键换行输入“南区”。选中“北区”和“南区”字样对应的段落，单击【绘图工具】→【格式】→【段落】分组中的【提高列表级别】。

（3）选中文本框中的文字内容，右击选择【转换为 SmartArt】→【组织结构图】。然后选中“采购部”对应的文本框，选择【SmartArt】→【设计】→【创建图形】→【布局】→【标准】。

（4）选中“董事会”对应的文本框，选择【SmartArt】→【设计】→【创建图形】→【添加形状】→【添加助理】，在添加的文本框中输入“监事会”；重复操作在添加的文本框中输入“总经理”。

15.8.3 图表及动画制作

在幻灯片 9 中，使用考生文件夹下的“学习曲线.xlsx”文档中的数据，参考样例效果创建图表，不显示图表标题和图例，垂直轴的主要刻度单位为 1，不显示垂直轴；在图表数据系列的右上方插入正五角星形状，并应用“强烈效果-橙色，强调颜色 3”的形状样式（注意：正五角星形状为图表的一部分，无法拖曳到图表区以外）。

操作步骤如下：

（1）选中第 9 张幻灯片，单击右侧区域中间【插入图表】图标。在【插入图表】对话框中，选择【折线图】中的第 1 个，单击【确定】按钮。打开素材文件夹下的“学习曲线.xlsx”文件，将 A1:B5 单元格区数据复制到“Microsoft PowerPoint 中的图表”对应 Excel 文件中对应的单元格。将鼠标指针移动至 D5 单元格右下角，当指针变成左上至向下的双向实心箭头时，拖动鼠标至 B5 单元格缩小图表数据区域，关闭 Excel 表格。

（2）回到 PPT，选择【图表工具】→【设计】→【添加图表元素】→【图表标题】→【无】，选择【图表工具】→【设计】→【添加图表元素】→【坐标轴】→【主要纵坐标轴】。

（3）选中“图表”中间的蓝色折线，选择【插入】→【插图】→【形状】→【星与旗帜】→【五角星】，参考完成效果，在指定位置画一个适当大小的五角星（注意画五角星时，要提前按住键盘上的 Shift 键）。选中刚画的五角星图片，在【绘图工具】→【形状样式】分组的下拉菜单中，选择“强烈效果-橙色，强调颜色 6”。

在幻灯片 5 中，为 SmartArt 图形添加“淡出”的进入动画效果，效果选项为“一次级别”。

在幻灯片 9 中，为图表添加“擦除”的进入动画效果，方向为“自左侧”，序列为“按系列”，并删除图表背景部分的动画。

操作步骤如下：

（1）选中第 5 张幻灯片，选中该 SmartArt 图形的整个外边框，选择【动画】选项卡，在【动画】分组的下拉菜单中，选择【淡出】，然后再选择【高级动画】→【效果选项】→【一次级别】。

（2）选中图表区域的外边框，选择【动画】选项卡，在【动画】分组的下拉菜单中，选择【擦除】，选择【动画】→【效果选项】→【方向】→【自左侧】，选择【动画】→【效果选项】→【序列】→【按系列】，选择【高级动画】→【动画窗格】。在右侧【动画窗格】显示区域单击向下的箭头（展开），单独选中第 1 条动画并删除，如图 15-47 所示。

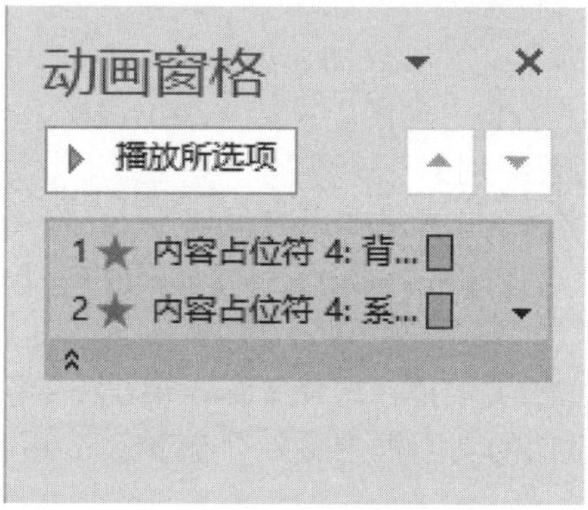

图 15-47　动画窗格

在幻灯片 10 中，参考样例效果，适当调整各形状的位置与大小，将“了解”“开始熟悉”和“达到精通”3 个文本框的形状更改为“矩形：圆角”，但不要改变这些形状原先的样式与效果；为 3 个对角圆角矩形添加“淡出”的进入动画，持续时间都为 0.5 秒，“了解”形状首先自动出现，“开始熟悉”和“达到精通”两个形状在前一个形状的动画完成之后，依次自动出现。为弧形箭头形状添加“擦除”的进入动画效果，方向为“自底部”，持续时间为 1.5 秒，要求和“了解”形状的动画同时开始，和“达到精通”形状的动画同时结束。

操作步骤如下：

（1）选中第 10 张幻灯片，按住 Ctrl 键选中 3 个方框，选择【绘图工具】的【格式】选项卡，在【插入形状】分组中选择【编辑形状】→【更改形状】→【矩形】→【矩形：圆角】。

（2）在选中 3 个矩形的情况下，选择【动画】选项卡，在【动画】分组中选择动画效果为【淡入】；再选中幻灯片中的蓝色箭头图片，选择动画效果为“擦除”，【效果选项】为【自底部】。打开【动画窗格】，选中并拖动“2 Freeform15”项至“1 AutoShape10：了解”项的正下方（或者是按  调整）。

（3）在【动画窗格】中选中第 1 个动画，在【计时】分组中将【开始】设置为【与上一动画同时】；选中第 2 个动画，设置为【与上一动画同时】，并将该项的持续时间修改为“01.50”，如图 15-48 所示；选中第 3 个动画，将延迟设置为“00.50”；选中第 4 个动画，将延迟设置为“01.00”。

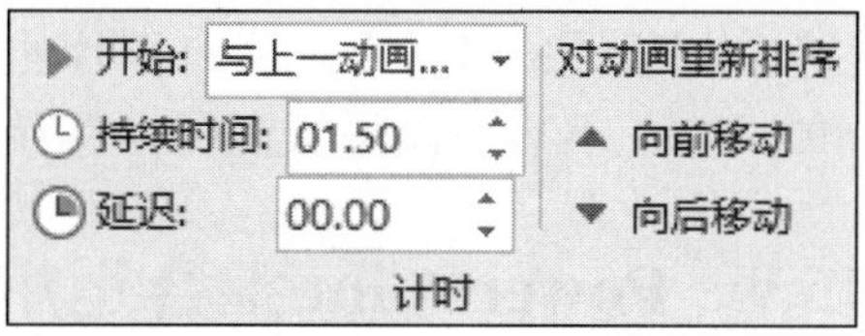

图 15-48　计时设置

将幻灯片 11 的版式修改为“图片与标题”，在右侧的图片占位符中插入图片“员工照片.jpg”，并应用一种恰当的图片样式；为幻灯片左侧下方的文本占位符和右侧的图片添加“淡出”的进入动画效果，要求两部分动画同时出现并同时结束。

操作步骤如下：

（1）选中第 11 张幻灯片，切换到【开始】选项卡，在【幻灯片】分组中选择【版式】→【图片与标题】。单击编辑区的图片图标，找到素材文件夹下的“员工培训.jpg”插入。选中刚插入的图片设置样式为【矩形投影】。

（2）按住 Ctrl 键，同时选中文本框和图片，切换【动画】选项卡，在【动画】分组中选择动画效果为“淡入”。

在幻灯片 13 中，将文本设置为在文本框内水平和垂直都居中对齐，将文本框设置为在幻灯片中水平和垂直都居中；为文本添加一种适当的艺术字效果，设置“陀螺旋”的强调动画效果，并重复到下一次单击为止。

操作步骤如下：

（1）选中第 13 张幻灯片，选中文本框，切换【绘图工具】的【格式】选项卡，在【排列】分组中选择【对齐】→【左右居中】，再重复选择【上下居中】。

（2）选中文本框中的文字，选择【绘图工具】的【格式】选项卡，在【艺术字样式】分组中为文字任意添加一种效果。

（3）然后选中文本框，切换【动画】选项卡，在【动画】分组【强调】中选择动画效果为“陀螺旋”；在右侧的【动画窗格】中，右击动画效果，选择【效果选项】，选择【计时】选项卡，把【重复】修改为【直到下一次单击】。

15.8.4　页面设置

为演示文稿添加幻灯片编号，且标题幻灯片中不显示；为除了首张幻灯片之外的其他幻灯片设置一种恰当的切换效果；插入图片“公司 logo.jpg”于所有幻灯片的右下角，并适当调整其大小。

（1）切换【插入】选项卡，在【文本】分组中选择【插入幻灯片编号】，在弹出的对话框中，勾选【幻灯片编号】复选框，再勾选【标题幻灯片中不显示】复选框，单击【全部应用】按钮。

（2）选中文档中的第 2～第 13 张幻灯片，在【切换】选项卡的【切换到此幻灯片】分组中，为选中的幻灯片设置任意一个切换效果。

（3）切换【视图】选项卡，选择【母版视图】→【幻灯片母版】，选中母版中的第 1 张幻灯片，切换【插入】选项卡，在【图像】分组中选择【图片】，找到考生文件夹下的“公司 logo.jpg”并插入，参考效果适当设置图片的大小和位置。然后复制图片，依次将图片粘贴到每一张幻灯片的指定位置（注意，如果原幻灯片中已经有图片的话，就不用粘贴了），最后一定要检查一遍，确保没有遗漏的操作，然后关闭母版视图，保存完成。

15.9 PowerPoint 综合运用

以“班级风采”为主题制作 PPT，要求：

1．主题明确，版面布局合理美观。

2．演示文稿至少要有 10 张幻灯片（包括首页和封底）。

3．演示文稿要图文并茂。

4．标题和其中的文字应作必要的修饰（如使用艺术字）。

5．上网下载幻灯片模板进行设计，或自行制作模版、主题。

6．对部分图片或文字进行动画设计，动画效果可视需要而定。

7．将演示文稿打包。